电气自动化新技术丛书

微网的预测、控制与优化运行

程启明　著

机械工业出版社
CHINA MACHINE PRESS

本书着重论述了作者在微网的功率预测、协调控制、优化运行等方面所取得的研究成果。全书共分为4部分，其中第1部分为微网的功率预测方法分析与研究；第2部分为交流微网的协调控制方法分析与研究；第3部分为直流微网及混合微网的协调控制方法分析与研究；第4部分为微网的优化运行方法分析与研究。

本书适合微网系统研究、设备研发、工程建设和运行管理等相关领域的科技工作者阅读，也可供高等院校分布式能源与微网相关专业的教师、研究生和高年级本科生参考。

图书在版编目（CIP）数据

微网的预测、控制与优化运行 / 程启明著 . —北京：机械工业出版社，2019.11

（电气自动化新技术丛书）

ISBN 978-7-111-64191-9

Ⅰ.①微… Ⅱ.①程… Ⅲ.①电力系统 – 研究 Ⅳ.① TM7

中国版本图书馆 CIP 数据核字（2019）第 263116 号

机械工业出版社（北京市百万庄大街 22 号 邮政编码 100037）

策划编辑：林春泉 责任编辑：林春泉 间洪庆

责任校对：陈 越 封面设计：鞠 杨

责任印制：张 博

北京铭成印刷有限公司印刷

2020 年 3 月第 1 版第 1 次印刷

169mm × 239mm · 18.5 印张 · 376 千字

标准书号：ISBN 978-7-111-64191-9

定价：79.00 元

电话服务 网络服务

客服电话：010-88361066 机 工 官 网：www.cmpbook.com

010-88379833 机 工 官 博：weibo.com/cmp1952

010-68326294 金 书 网：www.golden-book.com

封底无防伪标均为盗版 机工教育服务网：www.cmpedu.com

微网是一个新型的微电力系统，涉及发电、输电、蓄电（储能）和用电等发电过程各个环节，并且集成了多种分布式发电、储能装置和不同类型负荷。微网利用可再生能源来发电，降低能耗、减少对环境的污染；微网作为大电网的补充，提高了电力系统的可靠性和灵活性。但微网承受扰动的能力相对较弱，考虑到风能、太阳能资源的随机性，系统的安全可能面临更高的风险。

能量管理系统（Energy Management System，EMS）是电力综合自动化系统管理软件，但传统的 EMS 是针对火电为主的大型电力系统，用于大区级电网和省级电网的调度中心。由于微网的特点完全不同于传统的主电网，因此传统的 EMS 不适用于微网管理，微网需要开发适合其特点的微网 EMS。微网 EMS 是微网技术的重要组成，研究与开发微网 EMS，能够加速微网的发展与应用。现有的微网 EMS 在数据采集状态监测等基本功能方面已经比较成熟，但在微网的功率预测、协调控制、经济优化等高级应用功能方面，目前还不成熟，仍处于探索阶段。

本书作者近年来在微网的功率预测、协调控制、优化运行 3 个方面取得了一些研究成果，发表了 28 篇 SCI、EI 期刊论文、4 篇 EI 收录的国际会议论文，授权了 16 项发明专利、9 项实用新型专利，获得了上海市科技进步奖。针对目前国内微网方面的著作不多，且现有的著作没有全面反映微网在功率预测、协调控制、优化运行 3 个方面的情况，本书将着重论述作者在微网的功率预测、协调控制、优化运行等几个关键技术问题所做出的研究成果。

本书分为 4 个部分，各部分的关键内容如下：

（1）微网的功率预测方法分析与研究

风光发电具有较强的随机性、间歇性和波动性，输出功率不稳定，大规模接入电力系统将增加电网安全稳定运行的难度，加重系统备用负担。因此，提高风光发电输出功率的预测水平是充分并合理利用可再生能源的关键所在。光伏发电系统在不同天气类型下的功率输出存在着明显的差别。为此，本书首先分析了影响光伏出力的气象因素，确定了关联性特征维度。基于气象采集和监控，提出了一种密度峰值层次聚类算法，将原始气象样本划分类型，对比不同算法的聚类结果，证明该方法更具适用性，并针对每一类别建立支持向量机（SVM）无监督气象类型标签识别模型，对预测日类型进行定义，然后采用径向基函数建立功率预测模型，结果表明本书提出的模型能够提高预测的精度。风功率预测的关键是风速特性的研究。本书首先考虑风速的波动性，采用集合经验模态分解（EEMD）分解原始风速序列，缩小频域范围，平稳化风速样本，并避免了经验模态分解（EMD）方法出现的模态混叠现象；然后将平稳子序列相空间重构，分别建立最小二乘支持向量机（LS-SVM）风速预测模型，模型参数采用一种改进果蝇优化算法（FOA）实现优化，并证明与遗传算法（GA）和粒子群优化（PSO）算法相比，具有可调参数少、泛化性能良好的优点；最后叠加子序列预测值即为风速预测值，将该值带入风速 - 风功率分段转化函数后最终求出对应时间下的风电功率值，原始转化函数变为分段函数后能够细化风速的变化范围，有助于提高功率曲线的回归精度。基于我们所建的预测模型基础，对比分析多种预测方法，证明了我们提出的光伏和风电功率预测模型具有较高的精度，对电力系统的稳定运行和新能源事业的发展起到了促进作用。

（2）交流微网的协调控制方法分析与研究

微网中每个分布式发电（DG）单元需要通过相应的控制方法接入系统中，而各个 DG 单元之间又需要合理的协调控制策略。微网分为交流、直流及混合 3 种类型，本书分析研究了这 3 种微网的控制方法，并提出了几种新的控制方法。首先对交流微网的协调控制方法进行分析。书中先对微网的基本组成、结构进行介绍，对其运行特点和关键技术进行简单的描述，分析了国内外的控制技术发展情况。其次，在 Simulink 中搭建了光伏电池、升压电路、并网逆变电路的数学模型，并通过仿真验证了模型的正确性；分析与讨论了微网基础技术；研究了光伏并网、控制部分的模型，并对外界环境变化情况下并网模型中各参数进行了仿真与分析。然后，详细介绍了逆变器的控制方法，包括有功 - 无功（PQ）控制（也称恒功率控制）、电压 / 频率（V/f）控制、下垂控制、虚拟同步发电机（VSG）控制等，分别建立其仿真模型，通过算例仿真对控制方法进行验证，并发现各种控制方法的特性与优缺点。在此基础上，提出了新型下垂控制、新型虚拟同步发电机控制两种新的控制方法，并在 Simulink 平台上对其建模与仿真，比较分析了改进前、后的运行情况，说明了新型控制方法的优越性。接着，研究了含有多个分布式电源的微网的协调控制策略，包括对等控制、主从控制、多主从控制、辅助主从控制等。对传统的对等控制、主从控制的原理进行详细的分析，并分别进行了建模仿真；然后根据这两种协调控制表现出的优缺点，提出了多主从控制、辅助主从控制两种新型协调控制策略，并对其进行了算例仿真。最后，对该部分进行了总结与展望，指出了我们所完成的主要工作与不足之处，展望值得进一步深入研究的问题。

（3）直流微网及混合微网的协调控制方法分析与研究

本书对直流微网及混合微网的协调控制方法进行了分析。本书所研究的主要目标是风光储交直流混合微网的协调控制，主要从 DG 的控制策略、直流微网的控制策略、交流微网的控制策略、交直流混合微网的控制策略这 4 个方面展开。首先研究了混合微网中光伏、风电、储能的控制策略，并分别建立了各微源的数学模型以及仿真模型，并对微源的特性及微源的各种控制策略进行了仿真分析。在研究光伏发电系统的最大功率点跟踪（MPPT）控制策略时，本书提出了基于虚拟直流发电机（VDG）的光伏发电系统 MPPT 控制策略；以及在研究光伏发电系统传统的限功率控制策略——恒压控制时，本书创新性地提出了光伏发电系统的变压控制。书中对上述两个创新点进行了建模、仿真和分析，指出了本书所提出的创新点的优势。其次，本书建立了直流微网的数学模型，研究了直流微网的传统控制策略——分级控制，并对直流微网的分级控制进行了仿真分析，发现了分级控制的一些缺点。为了克服分级控制的缺陷，本书在对分级控制进行充分研究的基础上，创新性地提出了直流微网的变功率控制，然后建立了变功率控制的 Simulink 仿真模型，并进行了充分的仿真分析，得出了变功率控制相对于分级控制所具有的优势。然后，本书建立了交流微网的仿真模型，并分析了交流微网中传统的微源控制策略（如 PQ 控制、V/f 控制、下垂控制）的基本原理，由此发现 PQ 控制、下垂控制与光伏发电系统、风电系统的协调性较差，因而本书认为交流微网中光伏发电系统、风电系统采用直流电压控制比较好，为了配合直流电压控制策略的实现，本书对恒压控制进行改进，进而提出了基于直流电压控制与改进型恒压控制的交流微网的协调控制，并分别分析了在孤岛模式与并网模式下上述控制策略的异同，然后建立了交流微网两种模式下控制策略的仿真模型，并进行了仿真分析。最后，本书将直流微网与交流微网通过 AC/DC 双向变换器连接起来构成交直流混合微网，建立了 AC/DC 双向变换器的控制策略及混合微网的仿真模型，并仿真了交直流混合微网工作于不同模式时混合微网的变化情况，以及混合微网在不同模式切换时的混合微网的变化情况。

（4）微网的优化运行方法分析与研究

微网能够整合可再生能源发电等 DG 的优势，协调分布式电源与大电网之间的矛盾，结合负荷、储能单元及控制装置，构成单一可控的单元，向用户同时提供电能、热能和冷能，实现冷热电联产（CCHP）。由于 DG 具有间歇性、随机性、不对称性和多样性等特点，在满足安全性、可靠性和供电质量等约束条件下，对微网内各类微源进行优化调度，合理分配其出力，实现热、电各种能源的综合优化，以达到分布式能源微网系统的优化运行，这已成为现代电力工业领域新的研究热点。本书针对这些问题进行了深入的研究，主要研究内容如下：首先，本书在分析了微网经济优化运行的国内外研究现状的基础上，建立了含光伏发电、风力发电、微型燃气轮机、蓄电池、燃料电池和电动汽车的微网模型，特别考虑了电动汽车同时作为负荷和微源，且计及热电联产制热收益的基础上，以经济效益最大化、环境成本最小化作为微网多目标优化问题。应用非劣排序遗传算法 NSGA-II 进行多目标优化求解，求得 Pareto 前端解，从而获得微网最优调度策略。算例中通过与单目标遗传算法对比分析,验证了所提模型、策略和算法的有效性。然后,针对一个典型风光储互补的微网经济优化模型,在经典量子遗传算法的基础上,通过引入了双链式结构和动态旋转角调整策略,采用了一种改进型量子遗传算法。通过算例分析,并与传统的遗传算法和基本的量子遗传算法进行了对比,验证了该算法在全局寻优、收敛精度和收敛速度上的优越性。最后,为了解决微网中普遍存在的三相负荷不平衡问题,本书详细分析了微网三相负荷不平衡特征,提出了一种新的微网三相负荷计算方法;考虑到大多数微源不能承受较大的微网不平衡,进一步改进了微网分相优化调度模型,并运用改进型量子遗传算法对模型求解,从而获得了最优的三相负荷接入方案,提高了微网运行的可靠性和经济性。

在微网研究方向,本人的课题组已经培养了数十名硕士研究生,本书的一些内容直接引自他们的学位论文,在这里对本书做出贡献的杨小龙、张强、褚思远、黄山等表示感谢。另外,本书除选用自己的一些微网研究成果外,还参考了国内外学者对微网研究的成果,在此也表示感谢。

本书适合微网系统研究、设备研发、工程建设和运行管理等相关领域的科技工作者阅读,也可供高等院校分布式能源与微网相关专业的教师、研究生和高年级本科生参考。

由于作者的写作能力和学术水平有限,书中难免有疏漏之处,敬请读者批评指正,并提出宝贵的意见。

上海电力大学自动化工程学院　程启明教授

2019 年 4 月

目　录

第2部分　交流微网的协调控制方法分析与研究

第 3 部分　直流微网及混合微网的协调控制方法分析与研究

第 4 部分　微网的优化运行方法分析与研究

第 1 部分
微网的功率预测方法
分析与研究

第 1 章

绪 论

本章首先介绍了本研究课题的发展背景及研究意义；然后阐述了国内外微网预测技术的研究现状，详细探讨了当前风电、光伏预测技术的研究方向和关注重点，包括方法类别、气象信息处理、模型结构以及实现方式，并分析了各自的特性和不足。针对当前国内外面临的关键技术问题进行了展望和总结。最后给出了本部分的研究任务目标和结构安排。

1.1 背景及研究意义

全球能源资源短缺、环境恶化的境况改变了能源消费结构，促进了新能源的发展。太阳能、风能等新型能源以其清洁、无污染、可再生的特点，在全球能源战略中愈加受到重视和应用[1]。加大对新能源的开发使用力度，这不仅有利于节能减排，也是我国经济实现可持续发展的战略抉择。

根据全球风能理事会（Global Wind Energy Council，GWEC）发布的 2015 年全球风电发展统计数据，全球风力机产业新增装机 63013MW，实现了 22% 的年度市场增长率，中国由于其年新增市场的卓越表现，累计装机容量上超越了欧盟，达到了145.1GW。到 2030 年全球风电装机总量将达到 2000GW。届时，风能的发电量将达到全球总发电量的 17%~19%，风能产业还会带来约 200 万个就业岗位，并减少 CO_2 排放约 30 亿吨，同时，将会为全球提供 25%~30% 的发电量[2]。图 1-1 为 2006 年至2015 年全球风电装机容量。

目前，我国石油的对外依存度已经突破 50%，70% 以上的发电来自煤炭，能源消费结构亟待调整，大力发展以风电为代表的清洁能源，主要考虑到以下两点[3]：

1）煤炭是中国众多城市空气严重污染的主要原因，需要尽快减少对煤炭的依赖。

2）更加关注气候变化和人口密集带来的压力。

我国风能资源丰富，可利用的陆地风能储量约为 80GW，近海风能储量约为15GW。根据中国电力企业联合会（China Electricity Council，CEC）发布的《中国电力行业年度发展报告 2016》指出，我国新增并网风电 31MW，并网太阳能发电

13MW，新能源的发展已经迈入了一个新阶段，到 2040 年，我国的煤炭需求将减少 15% 左右，煤炭发电量增长率仅为 4%，中国很可能提前实现其能源和减排的目标[4]。

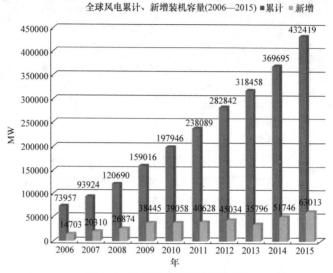

图 1-1　全球风力机装机容量图

　　太阳能资源丰富，对环境无任何污染，据国际能源署（International Energy Agency，IEA）统计表明，到 2020 年，全世界的消费电量将有 1% 来自光伏发电，届时的光伏安装容量将达到 200GW。仅需将全球沙漠面积的 4% 用于太阳能发电即可为全世界的生产发展提供充足的能源。2016 年 11 月 16 日，国际能源署（IEA）发布的报告《世界能源展望 2016》指出全球能源体系将发生重大变化。其中，可再生能源和天然气将成为满足能源需求的"主力军"；未来 25 年内，风能、太阳能将代替煤炭成为主要的能源来源[5]。图 1-2 为全球预计至 2040 年能源的需求增长结构。

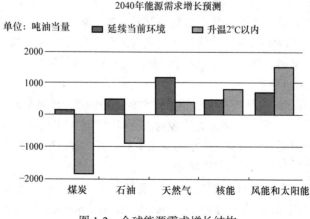

图 1-2　全球能源需求增长结构

微网是小规模、较分散的独立系统，它使用大量的现代电力技术将风力机、光伏、微型燃气轮机、燃料电池、储能装置等连在一起，直接接在用户侧，可以同时提供电能、热能和冷能，实现冷热电联产。微网将各种分布式电源、储能装置、负荷及控制设备等相结合，构成一个单一的可控单元，较好地解决了由分布式发电（Distributed Generation，DG）并网所带来的一系列问题。

准确地预测微网系统中风电、光伏在未来特定时间段内的发电功率，对分布式电源最优组合、经济调度、最优潮流和电力交易等都有着重要意义。微网短期预测研究是实现微网安全、节能、高效运行的重要前提，是实现微网能量优化管理的先决条件和基本依据。由于微网用户侧的负荷基荷小、波动和随机性与微网的发电侧关联性大，因此关于微网的预测研究主要集中在微源的出力预测领域。

与火电、水电、核电等常规电源出力连续可调、可控的特点不同，风力发电系统由于地理位置的风速、风向波动性大，造成功率输出极不稳定[6]。影响光伏发电的关键因素是太阳辐照强度，因受到光照不同会导致发电功率的立即改变，并且在极小时间尺度下，太阳能发电可以对备用电能产生强烈影响[7]。因此，为了提高风电场、光伏电站出力的可预见性，保证电力系统安全、稳定、可靠地运行，为发电计划制定与电网优化调度提供决策支持，缓解电力系统调峰、调频压力，使得电网能够在安全稳定运行的前提下，尽可能多地接纳风光等分布式能源，必须提高微网短期功率预测的精度，这不仅是实现微网智能化管理的重要前提，而且在电站发电量评估、检修计划制订以及智能运维等方面都将发挥重要的作用[8]。

1.2 国内外研究现状及展望

微网能量管理的主要任务是根据负荷需求信息、天气情况、市场信息以及电网运行信息等，在满足运行条件下，协调微网系统分布式电源和负荷等模块的工作，优化微网系统能量的流动和利用，以最小的工作运行成本向用户负荷提供满足需求质量的电能[9]。然而，以风能和太阳能为代表的分布式新能源由于受到天气和气候的影响，其随机波动性给电网的安全稳定运行带来困难。因此，为保证微网经济调度和优化运行，实现微网能量管理系统的广泛应用和推广，迫切需要有效的功率预测技术。

1.2.1 微网能量管理系统

微网能量管理系统（Energy Management System，EMS）是在满足微网负荷及电能质量的前提下，对于微网内部的各类分布式电源、储能设备及与主电网交互的能量优化分配，保证微网的安全性、稳定性和可靠性，并确保微网高效、经济地运行。

DG 与传统电源的发电情况截然不同，例如光伏易受到天气阴晴的影响，风力机易受到季节气候的影响，光伏、风力机和某些特殊微源需经过逆变器实现并网，由于 DG 的惯量较小会引起微网频率和电压的波动，微型燃气轮机易受到热、电负荷变化等影响。随着 DG 渗透率的逐年增高，微网 EMS 与传统电网的 EMS 之间存在较大差异。为了实现可再生能源的有效利用，需要对微网 EMS 进行改进。传统的 EMS 主要是通过监控与数据采集（Supervisory Control and Data Acquisition，SCADA）系统采集实时电网信息，用于调度、管理和控制；微网 EMS 在具备以上功能的基础上，还需具备可再生能源发电预测、负荷预测、经济调度、实时功率平衡、优化运行以及对重要负荷可靠供电等[10]。

目前，微网 EMS 在数据采集、状态监控等基础方面的技术已较为成熟，而微网的协调控制、优化运行、网络分析、能量合理分配等中高级技术研究尚浅，目前仍处于探索阶段，还没取得巨大突破。如何合理利用微网能量，设计并开发出一套标准的微网 EMS，使其能保证微网在不同运行模式下、不同时序下和不同约束条件下安全可靠且经济环保地运行，已成为微网技术发展的重要问题。

微网一般由分布式发电单元、储能设备、用户负荷和中心控制站等组成，通过电力市场信息及电网环境信息，优化内部资源，以最小成本安全、可靠地向负荷提供需求质量的电能。微网系统既可并行运行又可脱离电网独立运行，即联网运行管理（在线）和孤岛运行管理（离线），其能量管理如图 1-3 所示。

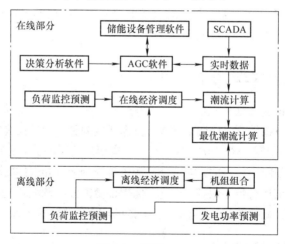

图 1-3 微网 EMS

在联网模式下，微网可视为整个电力系统的一个可控负荷模型，能够接受系统的合理调节来提高区域的供电稳定和优化性能，还可适当地用于峰荷管理和负荷平移等。微网断开与外网的连接成为孤网运行时，EMS 需要调节网内部的资源分配，保证供电的可靠稳定。分布式电源自身的随机性和波动性给电网的电能质量造成的影响在微网表现得更为明显，电压波动和频率偏差需要 EMS 进行调节控制，以保证整个网络功率输出和需求的平衡及电能质量。

微网系统包含多种微源和不同类型的负荷，受到风能、太阳能资源的随机性影响，其波动幅度和速度通常大于用户负荷侧的变化，系统的安全面临更高的风险。风力发电和光伏发电预测技术具有多学科综合应用的特点，需要了解和掌握风能和太阳能资源评估、气象监测、数值天气预报（Numerical Weather Prediction，NWP）、风力发电和光伏发电功率预测系统等相关技术，具有一定的共性，即采用风电场、光伏电站的历史功率、气象、地形地貌、NWP 和设备状态等数据建立输出功率的预测模型，以气象实测数据、功率数据和 NWP 数据作为模型的输入，经计算得到未来时段的输出功率值[11]。

1.2.2　光伏功率预测的研究现状

目前，在光伏功率预测的研究领域，可按照时间尺度和实现方式进行分类[12, 13]。

1. 预测时间划分

功率预测按时间可分为长期、中期、短期和超短期预测[14]。其中，长期预测主要用于光伏、风电场的建设和改造的可行性评估，预测时间为数年延伸至数十年，预测的结果为年发电量[15]；通常情况下中期预测为几个月至两年内，预测的步长时间为月或单周，主要用在系统检修或调试的情况下；短期预测时间可提前至数小时至数日，但通常不超过 3 日，预测单位可细化为数十分钟或几小时，短期预测用于电网的合理调度，确保了电能的质量；超短期预测一般提前数十分钟至几小时，预测单位为 1 分钟或几分钟，主要是为了满足风光机组的控制需求[16]。

2. 实现方式划分

随着光伏预测研究的不断深入，目前主要集中于 NWP 的应用，将气象信息量化处理，然后作为模型的输入部分，为了掌握预测日的大气信息，气象数据的监测和分析处理显得尤为关键[17]。具体实现方法主要有基于太阳辐照度的间接预测方法和利用历史发电量直接预测输出功率值的方法。

辐照度特征因子的研究发展为间接预测法提供了重要的理论依据。基于光伏系统采集的历史样本进行辐照度值预测，在此基础上通过建立功率预测模型得到最终结果。所谓间接，就是建立在较为完备的天气预报系统和较为复杂的太阳辐射模型基础上，对预测日的辐照度值进行回归分析，然后求出功率预测值[18]。这种方法在欧美发达地区应用广泛，我国现阶段并不具有完善的辐照度观测体系，对于光伏资源的理论研究和历史数据的采集也不成熟，因此处于起步阶段。参考文献 [19] 分析总结了当前间接预测技术的发展状况，对于辐照度的研究做了深入探讨；参考文献 [20] 考虑了地基云图对天气的影响，建立未来 4 小时超短期预测模型，对晴空和云层 2 种类型分别讨论，提高了模型对不同天气的适用性；参考文献 [21] 建立了动态贝叶斯短期功率预测模型，考虑多种影响因素，得到未来短期出力的概率分布；参考文献 [22] 通过时间重构将历史辐射数据转化为多维尺度，采用支持向量机进行预测，提高了辐照度的预测精度，但对于突变天气情况，会导致时间尺度复杂化，从而影响了模型的泛化能力。

直接法是建立在光伏电站的设计参数和规格、地理分布和周围气象特征基础之上，监测和分析历史气象及功率样本，利用数学建模直接得出预测值，方法较为简单[23]。由于间接预测方法依赖于历史环境下的气象数据分析，国内当前的气象观测站点数量有限，尚不具备太阳辐射预测能力，因此较多采用直接预测方法，其中人工神经网络因其较高的拟合与泛化能力，广泛应用于预测模型的建立。参考文献[24]采用了模糊粗糙集提取重要因素，用加权欧氏距离改进传统聚类算法，最终得到预测日相似度高的训练数据，但该模型划分类型仅依靠NWP平均值的欧氏距离，该参数并不能确保标签数据的特性表征；参考文献[25]提出一种基于连续时间段聚类的支持向量机预测方法，并改进了K均值（K-means）算法，通过两次聚类把全年分为若干个类型的连续时间段，利用类别相同时间段的日相似性和时间连续性进行功率值的预测；参考文献[26，27]分别利用径向基函数（Radial Basis Function，RBF）和自组织映射（Self-Organizing Map，SOM）网络建立预测模型，通过遗传算法和粒子群算法优化有效改善了模型的适应能力，但针对传统SOM算法，仍存在收敛速度过慢、易陷入局部最优等问题。参考文献[28]提出了一种自适应模型，采用机器学习方法训练小波分析结果，通过挖掘历史数据特性解决了直接预测的精度问题。

1.2.3 风电功率预测的研究现状

风电功率预测是评估风电场运行状态的基础，当前国内外研究主要基于风电场历史数据、NWP、地理位置和气象环境因素、风速－风电功率转化函数，结合物理、统计及组合等预测模型，可实现多时间尺度的风电功率预测[29]。

现阶段有关风电功率预测的研究均建立在NWP及气象采集和监测系统[30]，主要采用的方法有物理法[31]、统计回归[32]和统计学习理论[33]等。

采用物理模型必须依靠成熟的NWP体系，量化分析处理风电场的风速、风向、温度、大气湿度和气压等历史气象数据，将其代入功率转化曲线求出实际功率[34]。该方法受到NWP更新速度慢的影响，故一般在风力机检修或调试时使用，通常为中短期[35]。参考文献[36]对风电集群效应进行了讨论，总结了国内外技术特点，对短期风电预测的研究提供了理论依据；参考文献[37]研究了国内多个地区风电场运行状况，提出了一种风过程的概念，对风电功率不确定性进行评估；参考文献[38]定义了风电时间序列的门限值参数，分解序列为不同形态子集与一个非形态子集，这两种方法均提高了特性误差的识别能力，但对于NWP数据的过多依赖会导致最终精度的下降。

统计回归和学习理论均基于历史统计数据、实时监测值和输出功率之间的映射关系，统计法因其泛化能力强，无需考虑风力机周边的具象特性，广泛应用于风电短期预测，但由于模型依赖于历史数据，不适用于小数据样本的情况，且面对复杂多变的气象环境，模型的鲁棒性有待提高[39]。参考文献 [40] 根据风电场实际运行工况修正了历史功率数据，基于非参数回归实现了风电功率曲线的拟合；参考文献 [41] 采用 Monte-Carlo 模型对风电短期预测的不确定性进行评估，基于随机抽样法可对功率预测的不确定性估计，并得到了良好效果。

统计学习法基于机器学习的思想，弥补了统计法的不足，提高了模型的灵活性[42]。目前，国内外关注的重点是风电功率对风速、风向的波动响应，对于风速的研究是今后发展的重点。参考文献 [43] 提出 4 个参数优化思想，它把风序列相空间重构参数和支持向量机参数整合为一个隶属度指标，提高了风速的回归精度。参考文献 [44] 基于经验模态分解（Empirical Mode Decomposition，EMD）对风电功率平稳化研究，提出了极值点频域划分法，实现了不同频率波形的预测，提高了准确度，但极值点数的阈值选择并未给出明确的分析；参考文献 [45] 基于自适应动态规划建立小波分析神经网络实现风电功率预测，实测数据更新参数实现了在线动态机制，提高了模型适应能力，但在模式切换的临界范围效果仍需改善。

1.2.4　风光发电短期功率预测研究方向的展望

目前，有关风光发电短期功率预测的研究虽然取得了一定进展，但仍存在以下一些不足：

1）历史数据的采集不完备，绝大部分地区并未具备气象监测的能力，无数据可用或不符合当前模型是当前面临的现实问题。

2）模型的运算速度和训练时间有待提高，难以实现微网功率的实时预测。

3）模型的泛化能力不足，适用范围受到很大的局限性。

4）风速研究的课题还存在明显不足，目前我国大量风能资源无法实现合理、有效的利用。

当前，针对微网功率预测的研究方法虽然较多，但并不能普遍适用于各个预测目标。因此，大力发展微网系统中 NWP 投入，提高模型算法效率和泛化性是今后风光预测研究的重点。

本部分通过研究微网 EMS 的光伏、风电预测方法，结合了 NWP 和气象监测站提供的数据，分析了本部分的研究重点，分别建立了短期预测模型，提出了能够有效改进效率的优化算法，提高了模型预测的有效性。

1.3　本部分主要研究内容

本部分基于微网 EMS 实验平台，该平台包括光伏模拟器、风力机模拟器、蓄电池等，SCADA 可提供温度、空气相对湿度、大气压力、风速、风向和辐照度等气象数据。

在保证微网系统安全、稳定、可靠运行的目标下，针对光伏和风电场系统，分别进行了功率预测的研究，任务要求能够解决风电和光伏功率预测的精度，创新点在于针对当前光伏和风电功率预测模型提出了能够提高运行速度或精度的方法，为微网的优化运行和控制提供保障。

1.3.1　光伏短期功率预测的研究内容

为实现光伏电站功率的准确预测，本部分分析了气象特征因素的复性多样性，采用层次分裂聚类的方法，提出一种基于密度峰值的层次聚类算法对天气类型进行聚类[46]。然后，利用支持向量机对未知天气类型进行识别，并采用径向基函数神经网络[47]建立了光伏发电短期功率预测模型，提高了气象类型的分类精度，有效地确定初始聚类参数，并能加快寻优速度，提高离群样本点分离的鲁棒性，证明了在小样本的情况下仍具有较高的精度；另外，将NWP数据聚类识别后利用神经网络建立功率预测模型，能有效提高预测精度，并在天气波动较大时仍能较好地实现功率值的跟踪，有利于光伏发电系统的并网运行和电力安全经济运行。

根据应用需求的不同，预测的时间尺度分为超短期和短期，分别应对未来15分钟~4小时和未来0~72小时的输出功率预测，预测的时间分辨率均不低于15分钟。本部分主要针对未来24小时的输出功率进行分辨率为1小时的短期预测研究。

1.3.2　风电短期功率预测的主要内容

本部分综合分析国内外风力发电预测技术的研究进展，通过当前风电预测技术中的风能资源与发电特性、NWP的应用、功率预测方法的特点，分析预测技术各环节中的影响因素，基于微网EMS建立风电功率短期预测模型，具体工作内容如下：

1）详细分析了影响风电功率的特征因素，确定了影响风电功率的主要气象要素。

2）基于SCADA记录的历史风速数据，采用一种改进的集合经验模态分解[48]对历史风速序列样本进行平稳化处理，划分为频域特性较为单一的子序列。

3）采用相空间重构将子序列转化为高维特征空间，分别建立最小二乘支持向量机（LS-SVM）模型[49, 50]进行风速子序列预测，并采用改进果蝇优化算法对模型的参数进行优化（包括重构空间参数和LS-SVM的参数）。

4）将风速–风电功率转化函数转化为分段函数，功率转化曲线分阶段考虑，最后将本部分所用的模型和经验模态分解（EMD）方法[51]、直接采集LS-SVM的方法进行仿真对比，证明了本部分方法精度更高。

1.3.3　本部分的章节安排

本部分共分为5章，主要分为两个研究方向：光伏功率短期预测和风电功率短期预测，具体章节内容如下：

第1章为绪论。该章介绍了微网能量管理的发展，风光预测的国内外背景及本部分的工作安排。

第 2 章为预测模型的关键技术。该章分析了光伏和风电功率的影响因素，从天气类型角度考虑，提出了一种聚类算法，并介绍了统计学习理论；分析了风电场的影响因素，并提出了风电预测模型使用的参数优化算法，详细介绍了 EEMD（Ensemble Empirical Mode Decomposition，集合经验模态分解）方法，为搭建风光短期预测模型做了理论准备。

第 3 章为基于密度峰值层次聚类的短期光伏功率预测模型。该章建立了基于密度峰值层次聚类的预测模型，并论证了模型的预测效果。

第 4 章为基于 EEMD 的短期风电功率预测模型。该章建立了基于 EEMD 风电功率预测模型，并比较了与 EMD 和 LS-SVM 模型的预测效果。

第 5 章为总结与展望。该章对本部分的研究工作进行总结，并展望了发展趋势。

本部分的主要创新点如下：

1）提出了一种基于密度峰值的层次聚类算法，能够更精确地实现未知天气类型的无监督聚类识别，并证明了该聚类模型的时间复杂度更优于传统算法[52]。

2）改进了 FOA（Fruit Optimization Algorithm，果蝇优化算法）参数优化算法，在模型优化中收敛速度更快，迭代次数更少，可调参数只有一个，与改进之前相比，该算法优化了搜索路径，扩展了寻优空间，提高了模型的效率[52]。

3）考虑 LS-SVM 的可调参数和风速序列的相空间重构参数之间相互影响，实现 4 个参数整体优化和确定，使重构后相空间参数更匹配 LS-SVM 预测模型[53]。

第2章

预测模型的关键技术

季节更迭和天气变化的分析研究对于短期功率预测尤为关键，本章以气象数据分析为出发点，介绍了本部分所采用的光伏发电功率预测方法中的关键技术。针对传统聚类算法不易选取初始聚类中心、对噪声值较敏感、收敛速度慢及易陷入局部最优等问题，本部分考虑气象特征因素的复性多样性，提出一种基于密度峰值的层次聚类算法对天气类型进行聚类。然后，阐述了统计学习理论的基本原理，分析了支持向量机（Support Vector Machines，SVM）的原理和特点，具备了良好的分类和识别能力，非常适合用于天气类型标签的定义，并介绍了径向基函数（RBF）神经网络具有的良好泛化能力和收敛速度。

针对风电预测模型可调参数的选取，提出了一种改进型果蝇优化算法，证明该算法能够提高搜索时间，具有较少的可调参数，实现了网络参数的优化，与改进前算法相比，扩大了搜索范围，缩短了搜索路径，避免了易陷入局部极值的可能，能够达到提高模型预测精度的要求。考虑风速的不平稳特性，介绍了经验模态分解（EMD）的原理，并采用集合经验模态分解（EEMD）消除了可能出现的模态混叠现象，有利于风速时序波形的分解。为建立光伏和风电短期功率预测模型做了基础理论工作。

2.1 基于密度峰值的聚类算法

2.1.1 气象特征因子的影响

光伏系统输出功率受太阳辐照度、大气温度、湿度和风速等多种气象因素的影响，其随机波动性会在大规模光伏并网时对电网造成冲击，给电力系统的功率平衡和安全运行带来挑战。因此，气象历史数据特征因子的预处理是有效预测光伏系统功率的前提。

由于训练样本的相似度对预测模型精度的影响很大，故选取相似性较高的数据进行模型的训练可以有效提高模型的泛化能力。因此输入变量类别的划分与数据样本的特征选取尤为关键。

本部分以日气象特征信息为基础，通过分析特征因子之间的相关性，提出了一种基于密度峰值的快速搜索层次聚类算法，对历史气象数据进行无监督的天气类型聚类识别；基于不同类别建立数据集，采用 SVM 对预测日的类型标签进行识别，然后将 NWP 按不同天气状态分类，最终建立基于 RBF 神经网络的光伏发电系统短期功率预测模型。在 MATLAB 仿真软件上，通过与传统聚类算法进行对比，最终结果表明本部分所建模型具有更高的精度。

2.1.2　密度峰值聚类算法

天气类型作为一种描述气象物理状态的标签，综合了温度、湿度、风速、云层等特征因素在时间和空间上的分布，能够较为全面地表征天气状态的变化。虽然根据 NWP 数据已经定义天气类型，但对于缺失天气类型标签的历史气象数据，需要通过对气象特征进行采样分析，划分所属类别即聚类，以便能够实现有效建模。聚类是将给定的数据集划分成互不相交的非空子集的过程，每个非空子集代表一个类别，其子空间内部样本点具有较大的相似性，而不同子空间的样本点之间具有较大的差异性。

根据应用对象的不同和处理过程的差异，聚类算法有多种分类，其中 K-means 是应用范围最广的聚类算法，但它适用于凸数据集，对非凸数据集易陷入局部最优；另外，它对初始聚类中心较为敏感，且需要指定聚类数目。

因此，本部分采用一种基于密度峰值的聚类算法，此法能够实现快速搜索聚类中心，从而确定其参数；另外，考虑到气象特征维数众多，关联性复杂，对采样数据直接进行聚类会引起特征冗余，异常值也会有所影响，从而造成很大误差，故而提出了一种两层分裂层次聚类法，此法根据不同层次特点分别提取特征因子，最终确定一种基于密度峰值的分层聚类算法，完成对特征数据的分解，实现了最终的分类。本部分所提的方法对于初始聚类中心的确定具有很好的直观性，且鲁棒性好、适用性强。

目前，聚类算法中主要有两种，即基于划分的方法和基于层次的方法。本部分提出的密度峰值聚类算法结合两者特点，首先考虑簇类中心点的 2 个性质：①簇内样本点中密度大的点更接近聚类中心点；②与密度更高的点距离相对更远。

根据这两个性质，设待聚类的数据集 S 为 n 个待分类样本，即

$$S=\{x_1,\ x_2,\ \cdots,\ x_n\} \tag{2-1}$$

其指标集为

$$I_s=\{1,\ 2,\ \cdots,\ n\} \tag{2-2}$$

数据点 x_i 和 x_j 之间采用欧氏距离为

$$d_{ij}=\left(\sum_{k=1}^{n}(x_i^k-x_j^k)^2\right)^{1/2} \tag{2-3}$$

这样共得到 $M=n(n-1)/2$ 个距离值，将其按升序排列，即 $d_1\leqslant d_2\leqslant\cdots\leqslant d_M,$

定义截断距离为 $d_c=d_q$，其中下标 $q=[0.02M]$（[ ] 为取整符号）。对于数据集 S 中的任意点 x_i，引入特征参数（ρ_i，δ_i），其中 ρ 为局部密度、δ 为距离，采用高斯核函数定义局部密度为

$$\rho_i = \sum_{j \in I_s,\ j \neq i} \exp(-(d_{ij}/d_c)^2) \tag{2-4}$$

由于高斯核为连续值，可减小不同数据点具有相同局部密度值的概率。定义 $Q=\{q_1,\ q_2,\ \cdots,\ q_n\}$ 为 ρ_i 的一个降序排列的下标序列，即

$$\rho_{q_1} \geq \rho_{q_2} \geq \cdots \geq \rho_{q_n} \tag{2-5}$$

则可得距离为

$$\delta_{q_i} = \begin{cases} \min_{j<i}\{d_{q_i q_j}\}, & i \geq 2 \\ \max_{j \geq 2}\{\delta_{q_j}\}, & i=1 \end{cases} \tag{2-6}$$

因将 ρ_i 值降序排列，若存在 2 点同属一个类别且距离较近的情况，可避免将其都确定为聚类中心，使得原属一个簇类的点归为两类。由此对于数据中的每一个 x_i，均存在参数（ρ_i，δ_i），将其对应于 2 维坐标轴，得出决策图，聚类中心点即可直接从图中得出。将参数（ρ_i，δ_i）归一化后得到（$\overline{\rho_i}$、$\overline{\delta_i}$），定义综合评价指标为

$$\gamma_i = \overline{\rho_i}\ \overline{\delta_i}, i \in I_s \tag{2-7}$$

将 $\{\gamma_1,\ \gamma_2,\ \cdots,\ \gamma_n\}$ 降序排列，以下标为横轴，γ 为纵轴做图，可得到聚类中心点与非聚类中心点之间存在较大的隔断距离。

2.1.3　层次聚类算法的实现

设待聚类样本集为

$$X=\{x_{hl}\},\ h=1,\ 2,\ \cdots,\ m,\ l=1,\ 2,\ \cdots,\ n \tag{2-8}$$

式中　m ——特征因子个数；

n ——样本数。

由于采集的历史气象数据特征维数较多，关联度复杂，进行直接聚类运算并不能得到较高的精度，故本部分采用两层分裂的层次嵌套法进行，分裂层次自上而下由顶层和底层两部分组成，设簇类数 $\xi=4$，分别为 4 种天气类型，数据集 $U=\sum_{\xi=1}^{4}\chi_\xi$，顶层聚类将 χ_1 划分为第 1 类，$\chi_2 \sim \chi_4$ 划分为第 2 类，定义 $U_1=\{\{\chi_1\},\ \{\chi_2,\ \chi_3,\ \chi_4\}\}$；底层聚类将顶层中的第 2 类 $\chi_2 \sim \chi_4$ 划分为 3 类，定义 $U_2=\{\{\chi_2\},\ \{\chi_3\},\ \{\chi_4\}\}$，此法将聚类 $U_2=\{\{\chi_2\},\ \{\chi_3\},\ \{\chi_4\}\}$ 嵌套在 U_1 中，即为 $U=\{\{\chi_1\},\ \{\chi_2\},\ \{\chi_3\},\ \{\chi_4\}\}$。不同层之间采用的特征需根据气象分析确定。将提取的气象特征因子进行归一化处理

后，再根据式（2-4）和式（2-6）求出参数（ρ_i，δ_i），利用密度峰值聚类算法对数据进行顶层及底层聚类，画出决策图并求出综合评价指标 γ，最终得出聚类中心点。

采用两层聚类法避免了特征冗余，降低了划分法等传统聚类算法可能出现的局部最优及对离群噪声点的分离，结合密度峰值聚类算法最终能够直观地得到数据样本集的簇类个数，并求出类别的中心点，实现快速聚类的目的。

2.2　统计学习理论

2.2.1　统计学习理论的概念

统计学习理论（Statistical Learning Theory，SLT）由 Vapnik 于 20 世纪 60 年代开始研究并提出，与传统的统计学理论不同，它是一种针对小样本情况下机器学习估计和预测的理论 [28]。SLT 将函数集构造为一个函数子集序列，使各个子集按照 VC 维（Vapnik-Chervonenkis dimension）的大小排列，在每个子集中寻找最小经验风险，在子集间折中考虑经验风险和置信范围，取得实际风险的最小值，又称为结构风险最小化（Structural Risk Minimization，SRM），同时 SLT 也发展了一种新的学习算法——SVM [22]。

2.2.2　VC 维和 SVM

SVM 是建立在 SLT 基础上的学习算法，能够通过求解一个凸二次规划问题得到全局最优解。SVM 的主要思想是建立一个超平面作为决策曲面，使得正例和反例之间的隔离边缘被最大化。

SLT 对于机器学习算法在学习过程中所具有的一致收敛的速度和泛化性进行了定义，从而产生了一些有关函数集性能的指标，其中最为关键的就是 VC 维。VC 维表征了在一个函数指标集内函数所能够分离的最大样本数，VC 维越大，则机器学习的复杂度越高。

考虑训练样本 $\{x_i, y_i\}_{i=1}^{N}$，其中 x_i 为第 i 个样本，$y_i \in \{-1, +1\}$。

设分离超平面方程为

$$\boldsymbol{\omega} \cdot \boldsymbol{x} + b = 0 \tag{2-9}$$

式中　$\boldsymbol{\omega}$——超平面的法向量；

$\quad\quad b$——超平面的常数项。超平面是比原特征空间少一个维度的子空间。设最优
分类超平面为

$$\boldsymbol{\omega}_0 \cdot \boldsymbol{x} + b_0 = 0 \tag{2-10}$$

支持向量即为满足下列条件的样本点（x_i, y_i）：

$$\boldsymbol{\omega} \cdot \boldsymbol{x}_i + b = \pm 1, \ y_i = \pm 1 \tag{2-11}$$

由图 2-1 可见，支持向量是最靠近决策面的数据点，虚线表示分类超平面。

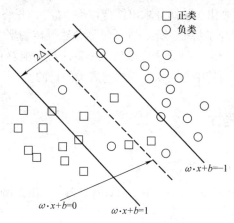

图 2-1　支持向量和分类超平面

定义正负两类样本任意各一个支持向量为 $\boldsymbol{x}_1$、$\boldsymbol{x}_2$，则可得间隔为

$$\text{dist} = \frac{\boldsymbol{\omega}}{\|\boldsymbol{\omega}\|} g(\boldsymbol{x}_1 - \boldsymbol{x}_2) = \frac{2}{\|\boldsymbol{\omega}\|} \tag{2-12}$$

这样就可以得出，寻找最优超平面最终可归结为求一个二次规划问题：

$$\min_{\omega} \frac{\|\boldsymbol{\omega}^2\|}{2}$$

$$\text{s.t}\quad y_i(\boldsymbol{\omega}\cdot\boldsymbol{x}_i + b) \geqslant 1,\ \forall\, i = 1,\ 2,\ \cdots,\ N \tag{2-13}$$

利用拉格朗日乘数法可得

$$J(\boldsymbol{\omega}, b, a) = \frac{1}{2}\boldsymbol{\omega}^{\mathrm{T}}\boldsymbol{\omega} - \sum_{i=1}^{N} a_i[y_i(\boldsymbol{\omega}\cdot\boldsymbol{x}_i + b) - 1] \tag{2-14}$$

式中　a_i——非负变量，称为拉格朗日乘子。

对 $\boldsymbol{\omega}$ 和 b 求偏 δ 导，有

$$\begin{cases} \dfrac{\partial J}{\partial \boldsymbol{\omega}} = 0 \Leftrightarrow \boldsymbol{\omega} = \displaystyle\sum_{i=1}^{N} a_i y_i \boldsymbol{x}_i \\[3mm] \dfrac{\partial J}{\partial b} = 0 \Leftrightarrow 0 = \displaystyle\sum_{i=1}^{N} a_i y_i \end{cases} \tag{2-15}$$

最终可得到二次规划问题的对偶问题

$$\max_{a} Q(a) = J(\boldsymbol{\omega}, b, a) = \sum_{i=1}^{N} a_i - \frac{1}{2}\sum_{i=1}^{N}\sum_{j=1}^{N} a_i a_j y_i y_j \boldsymbol{x}_i^{\mathrm{T}} \boldsymbol{x}_j$$

$$\text{s.t} \quad \sum_{i=1}^{N} a_i y_i = 0, a_i \geqslant 0, i = 1, 2, \cdots, N \tag{2-16}$$

由于线性约束的凸二次规划问题存在唯一解，函数 $Q(a)$ 的最大值仅依赖于样本点的集合 $\{\boldsymbol{x}_i^{\mathrm{T}}\}$，此时原问题的最优解为

$$\boldsymbol{\omega}_0 = \sum_{i=1}^{N} a_i^* y_i \boldsymbol{x}_i \tag{2-17}$$

$$b_0 = 1 - \boldsymbol{\omega}_0 \boldsymbol{x}^{(s)}, y^{(s)} = 1 \tag{2-18}$$

即可得到决策函数为

$$\text{sign}(\sum_{i=1}^{N} a_i^* y_i \boldsymbol{x}_i \boldsymbol{x} + b) \tag{2-19}$$

式中　$\boldsymbol{x}$——待预测数据集中的样本；

a_i^*——最优解所对应的 a_i 值。

2.2.3　Mercer 定理和软间隔分离

通常情况下样本数据存在噪声值，而且并不能简单地用超平面直接划分出来，为了解决离群噪声和线性不可分的状况，就需要用到核函数和软间隔分离器。

数据集特征如果是线性可分的，就能实现全部样本点的正确分离，即条件 y_i $(\boldsymbol{\omega} \cdot \boldsymbol{x}_i + b) \geqslant 1$，但现实情况下因采集的数据并不能达到最为理想的状况，通常是非线性不可分的，即不存在超平面能够将样本分离，故可通过非线性变换将其映射到高维空间中，如图 2-2 所示。

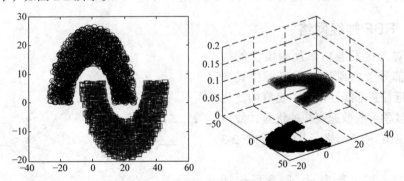

图 2-2　低维空间映射到高维空间

令式（2-16）变换为

$$\min_{\boldsymbol{\alpha}} \frac{1}{2} \boldsymbol{\alpha}^{\mathrm{T}} \boldsymbol{Q} \boldsymbol{\alpha} - e^{\mathrm{T}} \boldsymbol{\alpha}$$

$$\text{s.t}\quad \boldsymbol{y}^{\mathrm{T}}\boldsymbol{\alpha}=0, 0 \leq \alpha_i \leq C, i=1,2,\cdots,l \qquad (2\text{-}20)$$

式中

$$Q_{ij} \equiv y_i y_j K(\boldsymbol{x}_i,\ \boldsymbol{x}_j) \qquad (2\text{-}21)$$

定义 $K(\boldsymbol{x}_i,\ \boldsymbol{x}_j)=\phi(\boldsymbol{x}_i)^{\mathrm{T}}\phi(\boldsymbol{x}_j)$ 为核函数。这样就实现了将训练数据样本 $\boldsymbol{x}_i$ 从低维到高维的映射。

Mercer 定理是保证核函数 $K(\boldsymbol{x}_i,\ \boldsymbol{x}_j)$ 一致收敛（某特征空间中内积运算）的充分必要条件，即对于任意有限子集 $\boldsymbol{x} \in \{\boldsymbol{x}_1,\ \boldsymbol{x}_2,\cdots,\boldsymbol{x}_i\}$，矩阵

$$K = [k(\boldsymbol{x}_i,\boldsymbol{x}_j)]_{i,j=1}^{l} \qquad (2\text{-}22)$$

半正定，或 $\forall f(\boldsymbol{x}) \in l(\boldsymbol{x})$，有

$$\int_{x \times z} k(\boldsymbol{x},\boldsymbol{z}) f(\boldsymbol{x}) f(\boldsymbol{z}) \mathrm{d}\boldsymbol{x}\mathrm{d}\boldsymbol{z} \geq 0 \qquad (2\text{-}23)$$

由于寻找最大化间隔分类超平面时要考虑异常值的可能，故针对离群样本点，可以定义松弛变量 ξ 来处理，并对其加以限制，在最小化函数中加入一个惩罚参数 C 衡量分类器的鲁棒性能，即

$$\min_{\boldsymbol{\omega},b,\xi} \frac{1}{2}\boldsymbol{\omega}^{\mathrm{T}}\boldsymbol{\omega} + C\sum_{i=1}^{l}\xi_i$$

$$\text{s.t}\quad y_i(\boldsymbol{\omega}^{\mathrm{T}}\phi(\boldsymbol{x}_i)+b) \geq 1-\xi_i, \xi_i \geq 0, i=1,2,\cdots,l \qquad (2\text{-}24)$$

当 C 值较大时，对于离群样本点较敏感，即形成过学习状态；当 $C \in 0$ 时，则会忽略离群样本点的影响，对学习结果会造成很大的误差，即欠学习状态，故需要对松弛变量 ξ 和惩罚参数 C 进行多次的尝试，以便求得一个最优的结果。

2.2.4 RBF 神经网络

针对光伏发电功率预测模型的搭建，本部分考虑到 RBF 神经网络具有能够逼近任意非线性函数，良好的泛化能力，且学习收敛速度快的优点，故最终采用 RBF 神经网络，其结构如图 2-3 所示。

设输入层个数为 m，隐含层包括 h 个隐含层神经元和一个偏置神经元，输出层个数为 m，则输入权值为一组 $h \times m$ 型全 1 矩阵，隐含层由一组 RBF

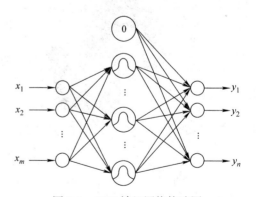

图 2-3　RBF 神经网络构造图

构成，通常采用高斯核函数：$\exp(-d^2/(2\sigma^2))$，网络的输入与输出之间存在着映射

关系。

　　网络中神经元个数和函数中心需要在建立模型前确定，本部分规定神经元个数等于模型训练样本个数，并采用 2.1 节所述聚类算法确定函数的中心；方差 $\sigma = d_{\max} / \sqrt{2N}$（$d_{\max}$ 为选取中心点之间的最大距离）。输出层权值和隐含层偏置则需要不断地训练和学习迭代，从而达到较为理想的状态。

2.3　改进优化算法的原理

2.3.1　FOA

　　果蝇优化算法（FOA）是一种全局搜索学习算法，相比较目前几种成熟的优化学习算法如遗传算法（GA）和粒子群算法（PSO），其可调参数较少、鲁棒性较好、搜索时间短、学习速度快等，但因该算法发展较晚，目前国内外关于 FOA 的研究和改进均处于初步发展阶段，还有很大的发展空间。

　　FOA 算法由果蝇觅食行为得以演变出一种全局寻优的算法，其算法寻优过程如图 2-4 所示。

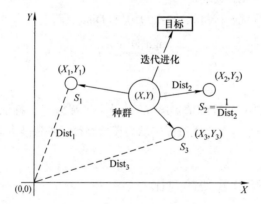

图 2-4　FOA 迭代觅食过程

　　由图 2-4 可见，首先在二维空间内定义果蝇种群搜寻目标的随机方向：

$$X_i = x_i + \Delta\delta_x , Y_i = y_i + \Delta\delta_y$$

$$\text{s.t} \quad \Delta\delta = \forall R \in \{-1,1\} , i=1,2,\cdots,n \tag{2-25}$$

式中　$\Delta\delta$ ——-1~1 之间任意随机数；

　　(x_i, y_i)——随机初始果蝇群体的坐标；

　　N——种群规模。距离为

$$\text{Dist}_i = \sqrt{X_i^2 + Y_i^2} , i=1,2,\cdots,n \tag{2-26}$$

从而将 Dist_i 代入适应度函数得该果蝇个体坐标的味道浓度为

$$S_i = f\left(\frac{1}{\text{Dist}_i}\right), i = 1, 2, \cdots, n \qquad (2\text{-}27)$$

最后求出种群中最大值 $S_{\max}$ 和该值所对应的个体（$x_{S_{\max}}, y_{S_{\max}}$），该个体即为所求最佳路线目标值，将其代入式（2-25）中，确定搜索方向，最终实现了寻优迭代的学习过程。

2.3.2 改进 FOA

由 2.3.1 节所述算法原理可知，因 $\text{Dist}_i > 0$，导致算法只能在坐标的 1、4 象限搜寻最值，若所求问题的适应度函数极值在 2、3 象限时，会陷入局部极值。故需要对果蝇个体坐标的味道浓度 Dist_i 进行调整以提高搜索范围。

1）首先在计算适应度值时，可将式（2-26）改为

$$\text{Dist}_i = \frac{\text{sign}(\Delta\delta)}{\sqrt{X_i^2 + Y_i^2}}, i = 1, 2, \cdots, n \qquad (2\text{-}28)$$

$\text{sign}(\Delta\delta)$ 确保了 Dist_i 符号的随机多变性，避免了陷入 1、4 象限寻优的可能，使得算法在寻优过程中跳出极值。

2）然后在迭代寻优时，将式（2-26）中的 Dist_i 更新迭代为

$$\text{Dist}_i' = \frac{\text{sign}(\text{Dist}_i)}{\sqrt{X_i^2 + Y_i^2}}, i = 1, 2, \cdots, n \qquad (2\text{-}29)$$

式中　Dist_i'——每次迭代更新后的浓度值。

这样就保证了更新后浓度值 Dist_i' 的符号（果蝇搜寻目标的方向）与原浓度值 Dist_i 保持一致，使得个体在寻优过程中缩短搜索路径，加快搜索时间，达到全局搜索的目的。

2.3.3 与 GA、PSO 算法的对比

目前，应用较为成熟的是 GA 和 PSO 算法。GA 是通过选择、交叉、变异进行参数的优化，在进行最优值搜索前要确定遗传代数、交叉概率和变异概率共 3 个可调参数。PSO 算法的搜索优化需考虑位置、速度和适应度值 3 项指标，可调参数为惯性权重因子、空间速度、加速因子。本部分所提出的 FOA 只需考虑 0~1 范围内的方向随机参数，其算法的鲁棒性更高。

2.4　集合经验模态分解

风速 - 风功率信号具有不平稳、波动性大的性质，在风电功率预测时往往会造成无规律变动功率序列响应能力不足的问题，为此，本章基于信号尺度分解降维的思想提出了一种基于改进型经验模态分解的方法用来建立预测模型，有效地处理了非线性

的时序风电信号，提高了功率预测的精度。

2.4.1　EMD 原理

经验模态分解（Empirical Mode Decomposition，EMD）是由 Huang 于 1998 年提出的一种针对信号分析的自适应数据挖掘方法。通过将非线性序列分解为若干不同尺度的本征模态函数（Intrinsic Mode Function，IMF）分量和一个剩余分量，以获得平稳序列，实现数据维度的降维。其中 IMF 分量需符合以下两个条件：

1）信号过零点个数与局部极值点数最多相差一个。

2）整个定义域范围内的序列均值趋于 0。

EMD 在分解过程中基于信号的自身尺度，保留了原始数据的性质，非常适合用来处理波动性较大的风速波形，理论上可以应用于任何类型的时间序列信号，在分解复杂波动的非线性数据时基于以下 3 个条件：

1）序列的波形至少存在两个极值（最大和最小值）。

2）数据的局部时域特性是由相邻极值点的时间尺度确定，并且是唯一的。

3）若信号不存在极值点，但存在拐点，则可求取一阶或高阶微分获得极值，再通过积分获取分解结果。

基于以上 3 个条件，具体分解过程如下：

1）求出原始信号 $X(t)$ 中所有极值点（包括极大值和极小值），采用 3 次样条差值函数拟合出原数据的上、下包络线 $l_1(t)$、$l_2(t)$。

2）求出上、下包络线的中位值

$$m_1(t) = \frac{l_1(t) + l_2(t)}{2} \tag{2-30}$$

3）令 $h_1(t) = X(t) - m_1(t)$，若 $h_1(t)$ 不满足 IMF 分量的两个充分条件，则继续重复步骤 1）、2），直至 k 次迭代后求出 $h_{1k}(t)$ 满足这两个条件，即可得 $C_1(t) = h_{1k}(t)$。

4）将 IMF$_1$ 分离出原始信号，得剩余分量 $r_1(t) = X(t) - C_1(t)$ 作为原始信号，再重复上述步骤，重新分解序列信号，得到 n 个 IMF 分量，当剩余分量 $r_n(t)$ 满足单调性时即为最终结果，分解后信号如下式所示：

$$x(t) = \sum_{i=1}^{n} C_i(t) + r_n(t) \tag{2-31}$$

式中　$C_i(t)$——IMF 分量；

　　　$r_n(t)$——剩余分量。

与小波分解、傅里叶变换等传统信号分析方法相比，EMD 由于基函数不需要定义，故自适应能力更好。

2.4.2　抑制白噪声

由于 EMD 序列的过程对于原始数据所包含的信息影响很大，所以在有些复杂的特征信号下分解得到的 IMF 序列会出现模态混叠，即单个 IMF 样本中包含很大差异性的时间尺度，或不同 IMF 样本具有相似的特征时间尺度，造成这两个序列的波形混叠，相互之间影响区分，难以辨识。

风电数据的监测和采集往往会发生信号间断、噪声和设备故障引起异常脉冲干扰，在模态分解的过程中会导致错误的 IMF 分量，极易出现模态混叠现象，从而不能实现较为理想的效果。目前，解决该现象较好的方法是集合经验模态分解（Ensemble Empirical Mode Decomposition，EEMD）。该方法改进过程如下：

1）首先在原始风电功率信号中加入服从正态分布 $(0,(\alpha\varepsilon)^2)$ 的白噪声序列，构成新的目标序列，其中定义 α 为噪声幅值，ε 为标准差。

2）对该目标序列进行 EMD，求出 k 个 IMF 分量 $C_i(t)$ 和一个剩余的残差分量 $r_n(t)$。

3）将步骤 1）、2）循环迭代 m 次，每次采用不同幅值的白噪声序列，对 m 组不同的 IMF 分量求平均值，作为原始时序信号的 IMF 分量。

EEMD 算法需考虑两个重要的参数：总体平均次数 m 和噪声幅值强度 α，本部分在进行风速序列的模态分解时采用了改进的 FOA 对这两个参数的确定进行了优化，具体优化过程见第 3 章。

2.5　本章小结

本章主要讲述了本部分对于光伏和风力发电短期功率预测的关键技术问题，即无监督的气象聚类识别、统计学习理论、模型参数的优化和模态分解。首先介绍了本部分提出的基于密度峰值的层次聚类算法，分析了其中具有的优点；然后阐述了统计学习理论，以及 SVM、RBF 的学习原理；讲述了一种改进型的 FOA，并分析了与 GA 和 PSO 之间各自的优缺点；最后介绍了 EMD 方法的原理，并对该方法出现的不足提出了改进型的 EEMD 方法，为分解风电时序信号波形做了理论的准备工作。

第 3 章

基于密度峰值层次聚类的短期光伏功率预测模型

本章的主要内容是建立光伏短期功率预测模型。首先详细分析对比了不同天气状态的特点及对于光伏功率的影响，提取了相关气象因子，然后根据第 2 章所阐述的理论，实现了密度峰值层次聚类算法对于预测日天气类型的无监督聚类，得到了训练样本标签，根据不同的训练数据样本建立了基于支持向量机（SVM）的天气类型识别模型，对预测日的标签类型定义。最后采用径向基函数（RBF）神经网络建立光伏短期功率预测模型。

3.1 气象特征分析及聚类算法实现

本部分所建立的光伏功率短期预测模型以上海市科委项目——微网能量管理实验平台为研究对象，以光伏电站数据采集系统的历史发电数据和气象信息数据为依据，对影响光伏出力的特征因子进行相关性计算并分析，将关联度大的因素作为光伏出力预测的输入因子。

3.1.1 天气状态与光伏出力的相关性分析

由于 4 个季节中春季波动范围较广，其样本特征聚类难度较大，故选用上海地区的光伏电站 2015 年春季（3 月~5 月）共 92 日的光伏出力作为样本数据，将天气类型划分为晴天、阴天、小雨和大雨共 4 类。由于在同一个季节中，不同的天气类型，其气象因子的影响权重具有显著的差别，因此不能采用相同的气象特征因子对所有天气类型进行划分。

图 3-1 为 5 种气象特征因子在 4 种天气类型下的每小时平均值，其中，阴天、小雨和大雨 3 类均归为阴雨天气类型。由图可见，阴天、小雨和大雨 3 类曲线特征较为接近，它们与晴天存在较大的区别。其中，晴天的温度、能见度和辐照度均明显高于阴雨天；而湿度则与温度成反比，晴天明显低于阴雨天；对于风速，由于阴雨天其波动范围较大，而晴天则呈现较为平稳的变化，故考虑风速的波动变化是区别于晴天与阴雨天的关键特征。由此可得，晴天-阴雨天的气象特征因子为温度、湿度、风速、

能见度和辐照度。

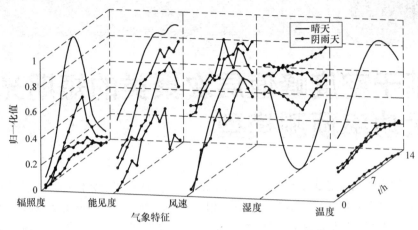

图 3-1　晴天和阴雨天各气象特征实测平均值曲线

　　对于阴雨天气下所包含的阴天、小雨和大雨 3 种类型，其温度、湿度和风速的特征较为相似，区分阴雨天气类型并不具有代表性，而能见度和辐照度的辨识度较为明显，故考虑这两个特征，得到图 3-2 关于阴雨天气的对比曲线。由图 3-2 可见，虽然曲线之间的差异与图 3-1 的晴－阴雨特征分析相比有所接近，但考虑该数据样本只针对阴雨天气类型，仍可以作为关键特征。

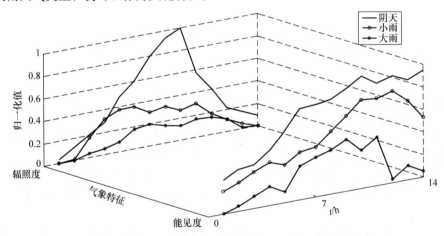

图 3-2　阴天、小雨和大雨各气象特征实测平均值曲线

　　为进一步分析验证，可计算归一化的平均最大欧氏距离，见表 3-1。

　　由表 3-1 可知，采用温度、湿度、风速、能见度和辐照度 5 维气象因子组成的特征向量解释晴天和阴雨天时，晴天样本的欧氏最大距离为 0.84，而阴雨天达到了 1.25，这说明该特征向量将阴雨天气样本归为一种类型，其特征因子的解释程度存在不足，仍需进一步对其进行分类，但具体至阴雨天的 3 种类型时，欧氏距离仍然很大，说明该特征向量并不足以实现阴雨天的划分；而采用能见度和辐照度对阴雨天气进行区分时，整体样本的欧氏距离仍然达到 1.2，但针对每一具体天气类型，最大欧氏距离均较整体数据样本有所下降，这说明采用能见度和辐照度作为区分阴雨天气类型的关键因子是有效的。

表 3-1　数据样本欧氏距离

天气类型	特征因子	
	晴 − 阴雨	阴 − 小雨 − 大雨
晴	0.8376	—
阴雨	1.2489	1.2101
阴	1.1489	0.7053
小雨	1.1571	0.5610
大雨	0.8940	0.5971

3.1.2　层次聚类算法的实现

由 3.1.1 节的气象分析可以得到区分天气类型的关键因子。温度、湿度、风速、能见度和辐照度可作为区分晴天和阴雨天气类型的特征因子，能见度和辐照度可作为区分阴天、小雨和大雨天气类型的特征因子。温度、湿度、能见度和辐照度均可提取最大值作为特征因子。由于风速存在波动性，可以利用其导数作为刻画局部变化特征的指标。4 种天气类型的归一化风速值与平均值差对时间的 3 阶导数曲线用 V_d''' 表示如图 3-3 所示，其中横轴 Δt 为时间变化率。由图 3-3 可见，晴天风速变化较为平缓，波动范围基本维持在 −0.1~0.1 之间，而阴雨天则波动很大，考虑计算复杂度和对天气状态变化的敏感程度，采用 3 阶导数最大值作为特征因子，能够表征风速数据随机变化的局部特征。

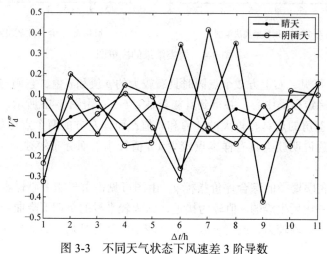

图 3-3　不同天气状态下风速差 3 阶导数

由于太阳辐照度对于天气类型起决定作用，所以还应考虑日实时辐照度与平均辐照度差对时间的 3 阶导数。因此，取每日温度最大值 T_{max}、湿度最大值 H_{max}、能见度最大值 W_{max}、辐照度最大值 G_{max}，日实时风速与日平均风速差 3 阶导数最大值 V_d''' 和辐照度差 3 阶导数最大值 G_d''' 共 6 维特征因子实现对气象类型的顶层聚类，即

$$F_1 = [\, T_{max}, H_{max}, W_{max}, G_{max}, V_d''', G_d''' \,] \qquad (3-1)$$

由图 3-2 可知，由于区分阴雨天气类型的特征量较少，考虑增加特征因子解决聚类时可能出现的泛化不足问题。经过比较分析，选取导数最大值对天气类型的辨识度良好。这里取每日能见度最大值 W_{max}、能见度差 3 阶导数最大值 W_d'''、辐照度最大值 G_{max} 和辐照度差 3 阶导数最大值 G_d''' 共 4 维特征因子实现底层聚类，即

$$F_2 = [\, W_{max}, W_d''', G_{max}, G_d''' \,] \qquad (3-2)$$

1. 聚类中心点的决策分析

图 3-4 为聚类结果的决策图，横轴为局部密度值 ρ，纵轴为距离值 δ，均为无量纲参数值。其中，图 3-4a 为晴天 - 阴雨天的顶层聚类决策图；图 3-4b 为关于阴天 - 小雨 - 大雨的底层聚类决策图。

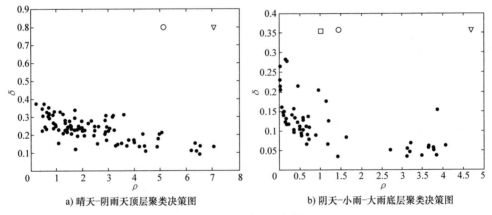

a) 晴天-阴雨天顶层聚类决策图   b) 阴天-小雨-大雨底层聚类决策图

图 3-4　聚类结果的决策图

由图 3-4a 可见，右上方 2 个点同时具有较大的 ρ 值和 δ 值，它们与其余点分离出来，即可快速确定聚类中心，并得到其簇类数 $\xi = 2$；由图 3-4b 所示，上方 3 个点为聚类中心，右上角的点具有较大的 ρ 值和 δ 值，而偏左方的两个点虽然其 ρ 值较小，但 δ 值很大，这说明簇类具有样本点较少（ρ 值较小）而分布较独立（δ 值很大）的特征。

图 3-5 为底层聚类的综合评价指标 γ。由图可见，由于非中心样本的分布性质较为相似，故归一化后生成的 γ 值较为接近，即为较平滑的单调下降曲线；而聚类中心点可能存在 ρ 和 δ 均较大，或者 ρ 较大而 δ 较小的 2 种性质（若 ρ 较小而 δ 大则说明

该样本为噪声），保证了 γ 值较大的属性，与其余样本点之间存在较大的间断，即为图中左侧的 3 个离散点。这样可以得到底层聚类中心并确定簇类数 $k = 3$。

由于非聚类中心点的两个参数 ρ 和 δ 均较小，而对于底层聚类中心，偏左方两个点的 ρ 较大而 δ 较小，由综合评价指标可得，非聚类中心点可视为离散化单调收敛曲线，与聚类中心点存在较大的间断距离。

根据所有样本点的 γ 值可得，其个数为样本个数 n，按降序排列，计算相邻点 γ 的差，得到 n 个差值，记 $\{d_1, d_2, \cdots, d_n\}$，可得图 3-6 所示。存在 k 个差值，对应 k 个聚类中心点，有 $d_1 > d_2 > \cdots > d_{k-1} > d_k$，这 $k-1$ 个差值的幅值均明显小于 d_k。

2. 聚类结果分析

求出气象数据的聚类中心和簇类数后，可以得到多维尺度变换聚类分布图，如图 3-7 所示。由图 3-7a 可见，晴天的数据采样点在 2 维坐标下表现较为密集，而阴雨天气类型则较为分散；而由图 3-7b 可见，大雨和小雨的分布比较密集，而阴天则较为松散，这是由于阴天类型包含了较为广泛的突变天气等复杂情况。采用基于密度峰值聚类算法的结果见表 3-2。

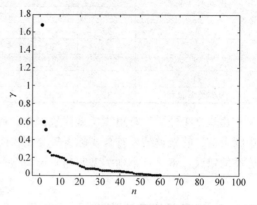

图 3-5　底层聚类综合评价指标 γ

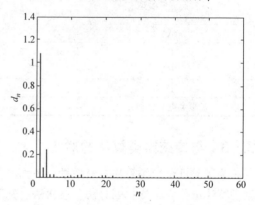

图 3-6　差值比较图

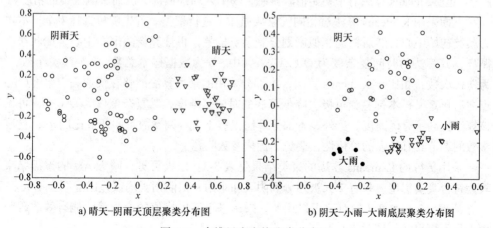

a) 晴天-阴雨天顶层聚类分布图　　b) 阴天-小雨-大雨底层聚类分布图

图 3-7　多维尺度变换聚类分布图

表 3-2　聚类结果

实际天气类型	聚类结果（两种方法）				实际类型总和
	A	B	C	D	
A	32				32
B		31			31
C		1	21		22
D			1	6	7
聚类类型总和	32	32	22	6	92

由表 3-3 可知，对角线位置代表聚类正确天数，其余位置则代表错误的天数。表中晴天 A'的聚类结果符合实际天气类型，而阴天 B'、小雨 C'和大雨 D'则出现了分类的错误，将 1 日小雨类型归为阴天类型，1 日大雨类型归为小雨类型。

表 3-3　聚类结果

实际天气类型	聚类结果（两种方法）				实际类型总和
	A'	B'	C'	D'	
A'	32				32
B'	1	22	7	1	31
C'		4	15	3	22
D'	1		1	5	7
聚类类型总和	34	26	23	9	92

3.1.3　与传统聚类算法的对比

为了验证该聚类算法的有效性，下面将其与传统的算法进行对比。目前，主要的聚类算法可分为 4 类：划分法、层次法、基于密度的方法和基于模型的方法，其中最为常用的方法为基于划分的 K-means 算法，此法简单高效，在大规模数据中应用较为广泛。但 K-means 算法对于初始值较敏感，易陷入局部最优，从而影响聚类的精度。

下面采用 K-means 算法对相同气象数据样本进行聚类。首先随机选择 k 个样本作为簇类初始中心，然后根据相似度划分剩余点标签，再计算新的聚类中心，如此迭代循环，其算法的时间复杂度为 $O(nki)$，其中，n 为数据样本总数，k 为簇类个数，i 为迭代次数；相比于 K-means 算法，本部分采用的聚类算法能够在快速确定聚类中心点之后再定义样本标签，可极大降低算法的时间复杂度，其复杂度仅为 $O(n)$，可见该算法提高了寻优速度。另外，本部分算法仅有 1 个可调参数（即调节比例 q），且该参数的调节具有较强的鲁棒性，避免了优化参数问题。

采用传统的 K-means 算法的聚类结果见表 3-3。由表可见，晴天 A'的聚类结果较为符合真实类型，只有 2 天被划分到阴天和小雨；但阴雨天的误差已经明显增大。

从表 3-2 和表 3-3 的对比可以说明，采用基于密度峰值的聚类算法能有效改善阴雨天气类型聚类的精度。

3.2　基于 SVM 的天气类型聚类识别

SVM 是基于风险最小化原则的一种统计学习算法，在高维空间中寻找最优分类超平面作为最大分类间隔来进行分类，通过求解凸二次规划问题得到全局最优解，不存在过学习、局部极小等传统学习算法所面临的问题，且在小样本条件下仍具有良好的泛化能力。本部分基于 3.1.2 节天气类型聚类后的结果，采用 SVM 对未定义标签的预测日气象类型进行识别。

3.2.1　SVM 模型的建立

由于 SVM 起源于线性分类，最初应用于二分类问题，当处理多类问题时要构造多类分类器。本部分采用间接实现多类分类器的构造，即训练时依次将某类别样本归为一类，其余样本归为另一类，k 类样本可构造出 $k-1$ 个 SVM 模型。

因晴天与阴雨天气的特征因子并不相同，所以并不能建立统一的训练数据进行预测日类别的识别，而是对其分别处理。具体实现 SVM 天气类别识别模型如图 3-8 所示。

首先将晴天类别定义为 A，阴雨天定义为 B，其识别模型为 M_{AB}；然后将阴雨天分为阴天和雨天两类，定义阴天为 B_1，雨天定义为 B_2，识别模型为 $M_{B_1B_2}$；最后将雨天分为小雨和大雨两类，小雨定义为 B_{21}，大雨定义为 B_{22}，识别模型为 $M_{B_{21}B_{22}}$。其中，模型 M_{AB} 采用式（3-1）的特征因子 F_1，若预测样本的气象特征在模型中识别为 A 类，则该样本即表示为晴天，反之若为 B，则该样本就为阴雨天；然后进行阴雨

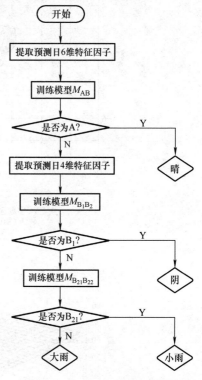

图 3-8　SVM 天气类别识别模型

天的识别，采用式（3-2）的特征因子 F_2，若预测样本在模型 $M_{B_1B_2}$ 中识别为 B_1，则为阴天，若为 B_2，则使用模型 $M_{B_{21}B_{22}}$ 识别，最后将标签定义为小雨 B_{21} 或大雨 B_{22}。

3.2.2　SVM 训练参数的确定及识别结果评估

为提高 SVM 实际分类识别的精度和泛化能力，本部分采用 K 折交叉验证（K-fold Cross Validation，K-CV）的方法实现样本集的优化。

由于 SVM 采用 RBF 核函数，故需优化惩罚参数 C 和高斯核函数参数 ξ。C 值过小易发生过拟合，太大则增大误差；ξ 的取值直接影响到最优超平面的确定。因此采用网格搜索法（Grid Search）来确定最佳参数，以分类误差最小为评价指标，若存在

多个误差最小值，则选择 C 最小的一组参数。相比启发式算法，该算法运算速度快，结构简单。图 3-9 为采用网格算法对 SVM 回归模型中的 M_{AB} 寻优图，图 3-9a 为等高线搜索图，图 3-9b 为 3 维视图。经过优化后得到的参数见表 3-4。

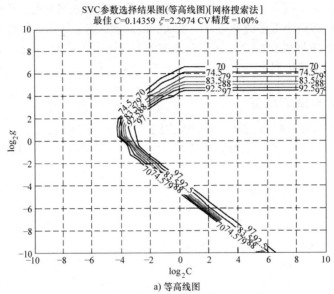

a) 等高线图

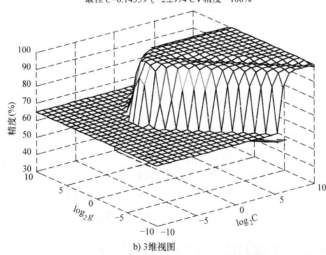

b) 3 维视图

图 3-9　网格搜索法确定模型 M_{AB} 参数

表 3-4　SVM 模型参数

参数值	M_{AB}	$M_{B_1B_2}$	$M_{B_{21}B_{22}}$
C	0.1436	6.9644	1.3195
ξ	2.2974	0.4353	1.3195

3.3　光伏短期功率预测模型设计

本部分采用 RBF 神经网络建立光伏功率短期预测模型,包括输入层、隐含层和输出层共 3 层。训练数据由归一化的 NWP 和光伏发电功率实时数据值组成,采样间隔为 1 小时,从早上 5:00~下午 18:00 共 14 个采样点。

3.3.1　预测模型的结构设计

设预测日为 t,RBF 网络的输入量由 NWP 得到,包括预测日最高温度 $T_{\max}(t)$、最大湿度 $H_{\max}(t)$、最大能见度 $W_{\max}(t)$ 以及 14 小时辐照度值 $G_1(t) \sim G_{14}(t)$。输出 $P_1(t) \sim P_{14}(t)$ 为预测日的 14 小时发电量,其可表达为

$$P(t) = f(\boldsymbol{X}(t)) \tag{3-3}$$

式中

$$\boldsymbol{X}(t) = [T_{\max}(t), H_{\max}(t), W_{\max}(t), G(t)] \tag{3-4}$$

网络中隐含层激励函数选用高斯核函数为

$$\varphi_i(t) = \exp\left(-\frac{(X_{\mathrm{in}}(t) - c_i)^2}{2\sigma^2}\right), \quad i = 1, 2, \cdots, N \tag{3-5}$$

RBF 神经元数 N 依据训练数据的类型而定,函数中心 c 采用聚类算法选取确定;方差 $\sigma = d_{\max} / \sqrt{2N}$,$d_{\max}$ 为选取中心点之间的最大距离。

因此,最后所建立的光伏系统短期功率预测模型结构如图 3-10 所示。

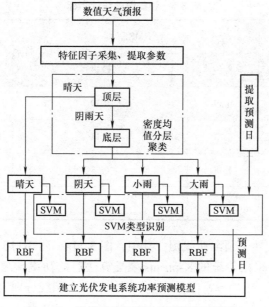

图 3-10　光伏系统短期功率预测模型结构

3.3.2 预测结果及评估

本部分选用上海地区的光伏电站，总装机容量 30kW，2017 年 3 月至 2017 年 5 月底的实际运行数据作为样本建立预测模型，分别在 4 种不同天气类型下对未来 24 小时光伏功率进行预测。同时，为验证所采用的聚类算法对预测模型的有效性，与传统聚类算法对比。

为评价预测的精度，预测值与实测值采用平均绝对误差百分比（MAPE）和方均根误差（RMSE）衡量系统的预测性能，它们分别定义为

$$\text{MAPE} = \frac{1}{Z}\sum_{i=1}^{Z}\left(\left|\frac{P_h(i) - P_y(i)}{P_y(i)}\right|\right) \times 100\% \tag{3-6}$$

$$\text{RMSE} = \sqrt{\frac{1}{Z}\sum_{i=1}^{Z}\left(P_h(i) - P_y(i)\right)^2} \tag{3-7}$$

式中　$P_h(i)$——功率预测值；

$P_y(i)$——功率实测值；

$Z=24$——一日小时采样点个数。MAPE 可评估模型的预测误差程度，而 RMSE 可衡量预测结果的整体精度。预测误差统计指标见表 3-5。

表 3-5　预测误差统计指标

误差指标	RMSE		MAPE	
	传统	改进	传统	改进
晴天	0.59	0.39	11.79%	7.85%
阴天	0.73	0.48	61.06%	30.17%
小雨	1.38	0.53	108.08%	61.52%
大雨	1.54	0.53	137.55%	75.87%

图 3-11 为光伏功率预测曲线图，其中，图 3-11a、图 3-11b 分别为采用本部分的提出聚类算法、采用传统的 K-means 聚类算法后的功率预测结果。图中，纵坐标变量 P 为每小时发电功率，图上的空心圆线、实心圆线分别表示预测功率、实际功率。

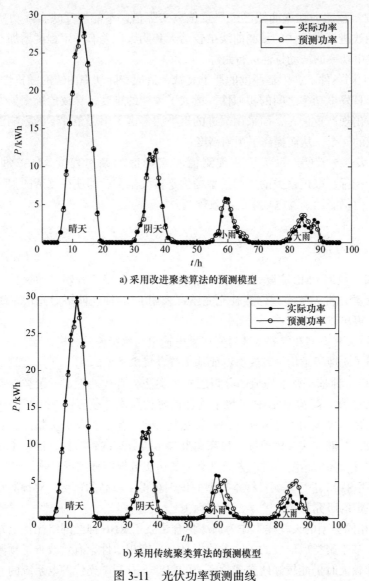

a) 采用改进聚类算法的预测模型

b) 采用传统聚类算法的预测模型

图 3-11　光伏功率预测曲线

从图 3-11 和表 3-5 的分析可以得出

1）晴天条件下辐照度良好，气候平稳，其聚类结果基本一致，两种方法均与实际值接近，其预测误差相对较小。

2）阴天时实际功率有所下降，波动变化增加，采用传统方法与本部分方法相比其聚类精度已有一定程度下降。但从表 3-5 可知，传统方法预测的误差程度在 1kW 范围内，整体精度也保持在 60% 左右，仍能与实际发电功率的变化保持一致。

3）当在气象状况差的小雨条件下时，辐照度大幅衰减，采用传统聚类方法已不能保证精度，预测的功率曲线已经严重偏离实际值，不能够反映实际功率的变化趋势；而采用改进聚类算法的预测曲线虽较晴天和阴天误差有一定程度增加，但依然能够对实际发电功率的波动特性进行跟踪。

4）在大雨条件下，因辐照度的严重衰减，造成实际功率曲线的随机性变化增加，降低了相邻日发电功率之间的相似性，增大了预测的难度，导致传统聚类方法的预测值与实际值出现严重偏差，而采用改进的聚类法考虑了雨天条件下的影响因子，减少了特征信息的冗余，从而提高了预测精度。

5）由表 3-5 可见，对于反映预测值和实际值的偏离程度 RMSE 和整体精度 MAPE 两个指标，改进聚类的预测模型均优于传统聚类，即使在复杂的天气状态下误差量较大，但仍能达到发电功率的有效预测。

3.4 本章小结

本章基于微网 EMS 实际采集的气象历史数据，基于一种新型的聚类算法对天气类型进行聚类，将天气类型标签补充完整，采用 RBF 神经网络对光伏系统功率进行短期预测，得出以下结论：

1）通过天气类型和气象特征对光伏发电输出功率影响的分析，利用 NWP 数据对气象影响因子实现了重构，其簇类特征基本符合气象类型。

2）采用一种基于密度峰值的分裂层次聚类法，有效地确定了聚类参数，实现了天气类型的划分，在 MATLAB 环境下将密度峰值层次分裂算法与传统的聚类算法进行对比，仿真结果表明本部分所采用的算法能提高气象类型的分类精度，有效确定初始聚类参数，并能加快寻优速度，提高离群样本点分离的鲁棒性，证明了在小样本的情况下仍具有较高的精度，对缺失天气类型的历史数据能够进行有效预测。

3）采用 SVM 进行预测日样本类型的识别获得了较高的精度，对预测日的天气类型判别有一定的研究意义。

4）将相同类型的天气样本作为训练集合建立了 RBF 神经网络光伏电站短期功率预测模型，基于聚类后形成的各输入数据具有高度相似性，有效改善了预测精度，并在天气波动较大时仍能较好地实现功率值的跟踪，有利于光伏发电系统的并网运行和电力安全经济运行。但针对复杂多变的天气状况误差量大的问题，还需要考虑大数据样本下神经网络的泛化性能，以便能提高功率随机化波动的预测性能。

第 4 章

基于 EEMD 的短期风电功率预测模型

由于风速－风功率原始序列随机性、波动性强烈，简单地进行风电功率预测，一般无法满足较高精度的要求，因此，对原始数据进行分析处理，将变化规律相近的特征信息进行融合，分别根据不同的数据建立预测模型，能够提高风电功率预测的精度，这是近年来风电功率预测的趋势。

本章首先讲述了风力发电功率预测模型的整体框架，概括了本部分研究的微网EMS中采用的模拟风电场的基本概况，包括风电机组的装机容量和额定功率、气象数据的采集监测和记录标准等，分析影响风电功率出力结果的气象因素，总结了各因素的特点及处理异常数据的方法。针对 SCADA 提供的风速历史数据采用 EEMD实现了模态分解，将实际风速信号按不同尺度分解成相对平稳的分量，每个子序列的频域特性较为稳定，同时对于该模型中的两个参数采用了改进 FOA 进行优化；针对分解后的子序列，本部分采用相空间重构对其进行处理，并对每个序列分别建立LS-SVM 预测模型，针对空间重构和预测模型的参数，本部分考虑相互之间的影响，采用改进 FOA 对整体误差进行全参数优化；将预测的子序列叠加后，求出了预测日的风速值，并通过风速－风功率转化模型，最终建立了预测日的风电功率短期预测模型。

4.1 风电功率短期预测的影响因素分析

本章以微网能量管理实验平台为研究对象，针对风电短期功率进行建模。该平台风力发电系统模拟风力机容量为 1.5MW，采样数据分辨率为 5 分钟，提供每个预测日288 个预测数据点，包括风速、风向、温度、大气压力和相对湿度等特征数据。短期风力发电功率预测模型的建立过程如图 4-1 所示。

风力发电短期功率预测主要针对预测时间在 72 小时以内的功率预测，本部分关于风功率预测的研究限定在未来 24 小时，模型的基本建立过程大致分为采集气象历史数据、数据分析和处理、筛选输入因子、建立预测模型几个过程。

4.1.1 风电场历史数据的处理

本章采用微网实验平台 SCADA 提供的风力机在 2017 年 1 月 27 日~3 月 9 日之间运行时的历史数据作为实验数据进行风电功率预测模型的搭建，包括了 NWP 提供的气象数据，其分辨率为 5 分钟。

实现风力发电风速 - 风功率的准确预测，首先要做好历史气象数据的采集。风速、风向、大气压力等是影响风能的关键因素，所以需要对这些气象要素进行检测和记录。为了获得准确、可靠的气象要素，气象传感器性能指标必须满足一定的要求，具体气象要素监测技术指标见表 4-1。

在实际运行过程中，数据采集系统不可避免地会发生一些故障，导致一些异常数据的产生，从而严重影响风电预测模型的精度。因此，需要对系统采集的数据进行预处理，将缺失数据补充完整，将异常数据进行合理替换，以保证能够符合预测模型的运行要求。

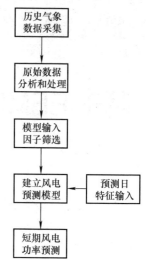

图 4-1 风力发电短期功率预测模型建模示意图

表 4-1 气象要素监测技术指标

气象要素	测量范围	分辨率	最大容许误差
大气温度	±50℃	1℃	±2℃
相对湿度	0~100%RH	1%RH	±8%RH
大气压力	500~1100hPa	1hPa	±2hPa
风速	0~60m/s	1m/s	$\pm(2+0.1v)$m/s，v 为实际风速
风向	0°~360°	1°	±3°

系统采集到的风速、风向和功率等数据发生异常时，通常由以下情况产生：

1）输出功率值过大，超过了风力机的装机容量，这种情况可用装机容量额定值取代。

2）当风速值小于切入风速时，现实情况下风力机输出功率应为零，但实际记录数据不为零，设输出功率为零，将所有风速值为负的值置为零。

3）当存在缺失数据时，采用线性差值法补充完整。

4.1.2 气象特征参数分析

在风力发电中，风力机受风能影响并将所获动能转化为电能。风电场的风能受到多种气象特征因素的影响，主要有风速、风向、气温、气压和湿度等，若未经处理直接将这些气象因素作为预测模型的输入，会导致模型复杂度过高，影响模型的泛化性能，降低模型的鲁棒性。因此，在建立预测模型之前，应该分析特征数据的性质，提取与风电场功率输出相关性显著的输入因子。

1）风速。地球表面受太阳辐射，造成不均匀受热所形成的气压梯度力，其度量指标即为风速。风速预测对于提高整体风电场稳定运行和改进风电功率预测具有重要意义，对于风电功率而言，风速无疑是影响最大的气象特征因素。风速的波动性和不平稳性研究是风功率预测的关键。由式（4-1）可以看出，风能与气流速度的立方成正比。

$$W = \frac{1}{2}\rho A v^3 \tag{4-1}$$

式中　ρ——空气密度；

　　　A——气体对流的截面积；

　　　v——风速。

图 4-2 为分辨率为 1 小时的 8 日归一化风功率、风速对比图。由图可见，风速值和对应时间内该风电场风力机所发出的功率具有高度相似性，通过数据分析其相关性可得其相关系数达到 0.9 以上。

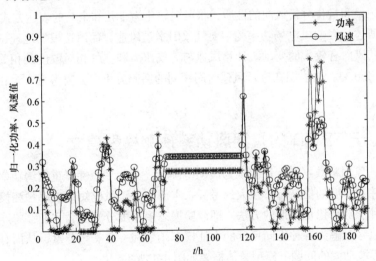

图 4-2　风速风功率归一化曲线

2）风向。对风电场的环境进行资源状况分析评价时，风况数据不仅包括风速，还需考虑风向的变化。风向一般包括 16 个方位：N（北），NNE（北北东），NE（北东），ENE（东北东），E（东），ESE（东南东），SE（南东），SSE（南南东），S（南），SSW（南南西），SW（南西），WSW（西南西），W（西），WNW（西北西），NW（北西），NNW（北北西）。为了更直观地刻画这一变化，通常采用风玫瑰图进行风能资源测量数据的统计，风能玫瑰图如图 4-3 所示。

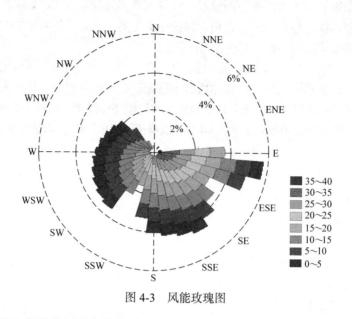

图 4-3   风能玫瑰图

为了记录和量化分析风向的性质，将风向转化为正弦和余弦的表达方式。

综上所述，影响风电场功率的主要气象因素是风速，而风速根据地理位置和时间的不同，其风向有较大的变动。计算风速与大气压力和空气相对湿度的相关系数分别约为 0.54 和 0.33，这表明在进行风速时间序列的回归分析时，需考虑多个相关气象因素的特征。

4.2   基于 EEMD 的短期风功率预测模型建立

风速－风功率数据的特征表现为波动范围大，其非平稳性严重制约功率预测模型的建立，并对精度的提高有着很大的考验。本部分关于风电短期功率预测模型的搭建采用了一种能够平稳化波形的方法，即经验模态多尺度分解法，它能够将非线性非平稳的序列信号分解为各种不同尺度的本征模态函数和一个剩余分量，从而有效地解决了预测波形波动大的问题。模型整体框架如图 4-4 所示。

EEMD 实际分解得到的序列个数 n 确定了风速预测模型的数量，首先将 n 个分解的序列样本进行相空间重构，以 NWP 预报未来风速值作为输出，建立基于 LS-SVM 的风速预测模型，该模型采用滚动预测方法，即 t 时刻的预测值作为 $t+1$ 时刻的输入训练值，并结合 SCADA 监测采集的风向角的正弦和余弦值、大气压力值作为风速预测模型的输入，得到 n 个风速时序预测子序列，叠加后即为风速预测值。然后将风速预测值带入风速－风功率转化曲线，得到未来 24 小时风功率预测值对应模型输出，最终建立风电短期功率预测模型。

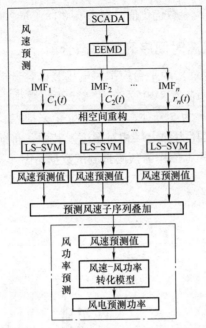

图 4-4　基于 EEMD 风电短期功率预测模型

4.2.1　EEMD 的参数优化

EEMD 在 EMD 时序信号波形中加入了服从正态分布的白噪声序列，有效地抑制了模式混淆问题。但其中的两个重要参数：白噪声的幅值系数 α 和总体平均次数 m 的选取，对于模态分解的整体效果具有重要的物理意义。由 $e = \alpha / \sqrt{m}$ 可得两参数之间的关系，其中 e 为加入白噪声时造成的总体分解误差，即

$$e = \sqrt{\frac{1}{m} \sum_{l=1}^{m} \left[\left(\sum_{i=1}^{n} C_i^l(t) + r_n^l(t) \right) - x(t) \right]^2} \qquad (4-2)$$

考虑两参数之间的平衡关系，显然 α 值不能过大，因为过大的白噪声幅值系数会导致模态分解后出现较大的误差，严重时会覆盖原始信号的幅频特性，失去分解的目的；若 α 选取得过小，虽然有助于提高分类的精度，但会导致不足以改变原始信号的局部极值点，从而不能实现通过改变信号局部时间跨度获取原始信号信息的目的；从运算时间成本考虑，m 值并非越大越好，会增加计算成本。

由于在 $e \le 0.01$ 时，残留噪声引起的分解误差能够达到较为理想的效果，序列重构处于稳定的状态，故本部分可采用改进 FOA 对 EEMD 参数进行确定，其适应度函数可定义为 $f_{\alpha, m}(e)$。

对两参数进行优化选取时，首先限制定义域。设噪声幅值 $\alpha \in [0.1, 0.3]$，总体平

均次数 $m \geq 100$。最终得两参数优化值分别为 $\alpha=0.18$，$m=200$。

4.2.2 EEMD 对于风速时间序列的模态分解

本部分以微网能量管理实验平台模拟风电场装机容量 1.5MW 为例，基于 SCA-DA 2017 年 2 月的数据，结合 NWP 发布的气象预报数据搭建功率预测模型，时间跨度为 10 日，采样分辨率为 5 分钟，共计 2880 个采样点。气象采集信息包括风功率、风速、风向角、大气压力和大气相对湿度。其中，将前 9 日样本作为历史数据用来训练，第 10 日功率样本值作为预测日测试数据，图 4-5 为系统记录的原始风速序列曲线图。

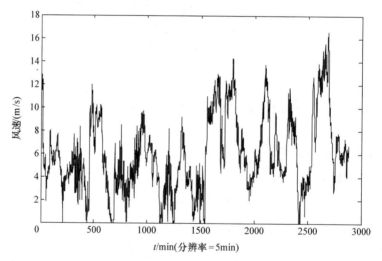

图 4-5　风电场 10 日风速时间序列

首先应将风速数据预处理化，将风速值为负的数据设为 0，大于切出风速值设为等于切出风速。

规定前 2592 个数据样本点为训练集，后 288 个数据样本点为测试集，采用 EEMD 将 SCADA 记录的风电样本数据中风速时间序列进行模态分解，采用 4.2.1 节优化得到的参数值：$\alpha=0.18$，$m=200$。最终得到 9 个本征模态函数分量 $IMF_1 \sim IMF_9$ 和 1 个剩余分量 $r_n(t)$，共计 10 个波形，如图 4-6 所示。由图可见，分解后的 IMF 分量与图 4-5 所示的原始风速序列相比，其波动变化较为平稳，频谱特征也由 IMF 分量从高频到低频依次表征出来。

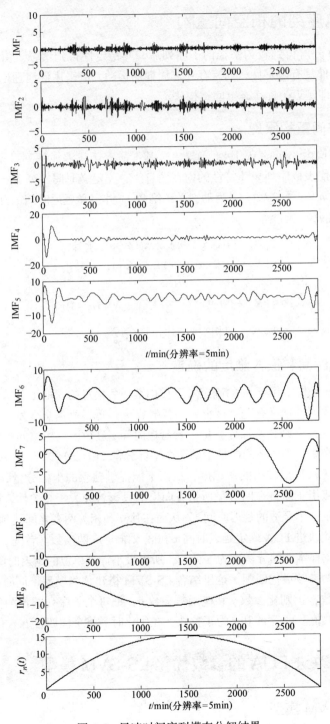

图 4-6　风速时间序列模态分解结果

4.3 风电序列的相空间重构

经 EEMD 分解得到较为平稳的子序列后，其稳定性得到增强。由于风速信号不仅对于原始条件具有敏感性，而且存在非周期的运动，故采用混沌理论分析风速序列的内在属性，即延迟坐标状态空间重构法。

4.3.1 相空间重构原理

相空间重构由 Takens 于 1981 年提出，其本质在于将混沌序列升至高维空间中，以便获取能够代表该序列规律特性的内在信息。首先定义时间序列 $X=\{x_1, x_2, \cdots, x_n\}$，设嵌入维度为 m（$m \geq 2d+1$，d 为动力系统维数），并定义延迟时间 τ 为相空间采样间隔，得到重构的相空间为

$$\begin{cases} X_1 = [x(1), x(1+\tau),...,x(1+(m-1)\tau)] \\ X_2 = [x(2), x(2+\tau),...,x(2+(m-1)\tau)] \\ \qquad\qquad\vdots \\ X_N = [x(N), x(N+\tau),...,x(N+(m-1)\tau)] \end{cases} \tag{4-3}$$

原序列扩展至 N 个样本，即相空间重构的个数。

4.3.2 延迟时间和嵌入维度的确定

延迟时间 τ 和嵌入维度 m 的确定对于重构空间后信息的获取十分重要，这两个参数的选取会对预测的精度有着直接影响。若维数 m 过低，则信息会发生重合导致吸引子出现自相交，过高则会增加计算量；若延迟时间 τ 过短，重构空间中各点坐标之间相关性会过于密集，则相空间向量中的两个坐标分量 $x(i+j\tau)$ 和 $x(i+(j+1)\tau)$ 在数值上非常接近，无法形成较高的辨识度，从而不能提供独立的坐标分量；若延迟时间 τ 太长，则混沌吸引子轨迹在两分量所指方向上的投影就失去了相关性，因此需要利用合适的方法确定一个合适的延迟时间 τ，从而在独立和相关两者之间达到一种平衡。

本部分采用改进 FOA 确定延迟时间 τ 和嵌入维度 m 两参数。首先，因为 SCADA 采集的风速数据样本时间分辨率为 5 分钟，所以最小计算单位的延迟时间 τ 为 5 分钟。其次，为保证两参数最优匹配，这里结合 LS-SVM 搭建预测模型，同时考虑 LS-SVM 模型的 2 个参数：正则化参数 γ 和核函数参数 σ，把每个子序列的预测值误差作为最终优化目标函数值。由于 m 和 τ 为正整数，在优化时需将个体四舍五入化为整数。

4.4 基于改进 FOA 的参数优化 LS-SVM 模型

4.4.1 LS-SVM 模型

由式（2-24）可知，标准 SVM 是一个线性不等式约束的凸二次规划问题。LS-

SVM 是 SVM 的改进，是将线性最小二乘系统代替二次规划作为损失函数，用等式约束取代标准 SVM 的不等式约束，有效提高了计算时间，减少了计算量，提高了泛化能力。由于风速预测子序列数量较多，计算量较大，本部分采用 LS-SVM 建立风速预测模型。

首先将式（2-24）的不等式约束变为等式约束为

$$\min_{w,b,e} J(w,e) = \frac{1}{2} w^T w + \frac{1}{2} \gamma \sum_{k=1}^{N} e_k^2$$

$$\text{s.t.} \quad y_k[w^T \varphi(x_k) + b] = 1 - e_k, \quad k = 1, \cdots, N \tag{4-4}$$

式中，γ 与 C 相似，也是一个常数，作为一个权重，平衡寻找最优超平面，最小化偏差；e_k 为误差向量。

同样采用拉格朗日乘数法将原问题转化为对参数 α 的求极值问题：

$$L(w,b,e;\alpha) = J(w,e) - \sum_{k=1}^{N} \alpha_k \{ y_k[w^T \varphi(x_k) + b] - 1 + e_k \} \tag{4-5}$$

对参数 w、b、e_k 和 α_k 求导得

$$\begin{cases} \partial L/\partial w = 0 \Leftrightarrow w = \sum_{k=1}^{N} \alpha_k y_k \varphi(x_k) \\ \partial L/\partial b = 0 \Leftrightarrow \sum_{k=1}^{N} \alpha_k y_k = 0 \\ \partial L/\partial e_k = 0 \Leftrightarrow \alpha_k = \gamma e_k, \ k = 1, \cdots, N \\ \partial L/\partial \alpha_k = 0 \Leftrightarrow y_k[w^T \varphi(x_k) + b] - 1 + e_k = 0, \ k = 1, \cdots, N \end{cases} \tag{4-6}$$

由式（4-6）可列出线性方程组为

$$\begin{bmatrix} 0 & y^T \\ y & \Omega + I/\gamma \end{bmatrix} \begin{bmatrix} b \\ \alpha \end{bmatrix} = \begin{bmatrix} 0 \\ y \end{bmatrix} \tag{4-7}$$

式中，核矩阵元素为

$$\Omega_{kl} = y_k y_l \varphi(x_k)^T \varphi(x_l) = y_k y_l K(x_k, x_l), \ k、l = 1, \cdots, N \tag{4-8}$$

最终得到 LS-SVM 分类表达式为

$$y(x) = \text{sign}[\sum_{k=1}^{N} \alpha_k y_k K(x, x_k) + b] \tag{4-9}$$

因该式为线性方程组，故加快了求解速度，提高了模型的泛化能力。

4.4.2　基于改进 FOA 优化 LS-SVM 的参数

关于 LS-SVM 模型中预测精度受到影响的几个参数：模型数据嵌入维度 m、时间延迟 τ、正则化参数 γ 和核函数参数 σ，它们采用基于改进 FOA 来确定，本部分定义核函数为高斯核函数 $\exp(-\|x_i - x_j\|^2/(2\sigma))$。模型参数的优化过程如下：

1）初始化模型参数，维度 m 设为 2，时间延迟 τ 为 1（采样点为 5 分钟），正则化参数 γ 和核函数参数 σ 均设为随机化初始值。

2）建立改进 FOA 优化参数模型，定义适应度函数以训练数据样本均方差为准则。

3）提取优化后的最佳参数，将预测日测试数据代入模型，最终得到预测结果。

优化模型的参数值见表 4-2。

表 4-2 子序列预测模型 4 个参数优化值

子序列	相空间重构		LS-SVM 参数	
	嵌入维度 m	延迟时间 τ	正则化参数 γ	核函数参数 σ
IMF_1	5	2	74.393	353.342
IMF_2	9	1	128.498	224.430
IMF_3	6	2	147.584	82.423
IMF_4	8	1	88.485	143.320
IMF_5	8	1	45.958	64.394
IMF_6	10	1	45.485	39.000
IMF_7	12	1	89.454	93.212
IMF_8	6	2	89.433	379.482
IMF_9	8	2	95.493	65.320
$r_n(t)$	8	2	90.340	44.238

为了验证本部分所用的改进 FOA 对于参数优化的优越性，采用了遗传算法（GA）、粒子群优化算法（PSO）和未经改进的 FOA 分别优化上述 4 个参数，图 4-7 所示为 4 种算法的适应度值迭代曲线。

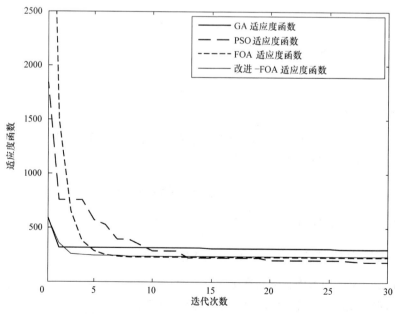

图 4-7 不同学习算法优化参数的适应度曲线

从图中可以看出，采用改进 FOA 优化模型参数时，其迭代次数最少，只有 4 次就能达到收敛；而未经改进的 FOA 若实现收敛，需迭代 8 次；虽然采用 PSO 优化参数最终能够得到更小的结果，但达到稳态收敛需要迭代 14 次左右，显然在模型参数的优化方面，改进 FOA 整体效果更为理想。

未经改进的和改进的 FOA 的种群搜索寻优路径如图 4-8 所示，可以看出，显然经过改进后，种群搜索范围（宽度）更广，搜索路径更短，有利于优化参数的选取，避免陷入局部最优，缩短计算时间。

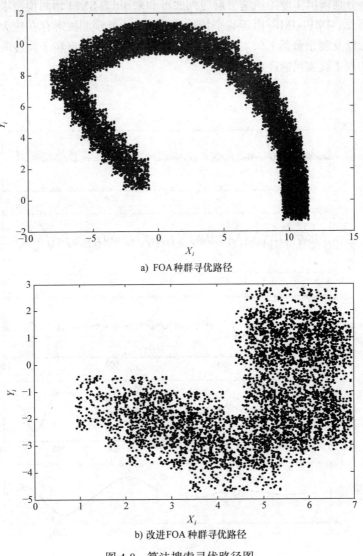

a) FOA 种群寻优路径

b) 改进 FOA 种群寻优路径

图 4-8　算法搜索寻优路径图

4.5　基于 EEMD 的风速－风功率预测模型

4.5.1　风速短期预测仿真结果

由改进 FOA 优化参数后，得到了原始风速时序信号模态分解的相空间重构参数和 LS-SVM 模型参数，结合这些参数值建立基于 LS-SVM 的风速预测模型。风速各自序列预测结果如图 4-9 所示。

图 4-9 分别画出了原始风速分解序列波形和采用 LS-SVM 预测模型求出的序列波形。由图可见，$IMF_1 \sim IMF_3$ 由于频率特性波动较大，其预测波形存在较大的误差，而 $IMF_4 \sim IMF_9$ 以及剩余分量 $r_n(t)$ 比较平缓，频率较为稳定，有利于曲线的拟合，预测波形基本实现了真实风速序列的回归。

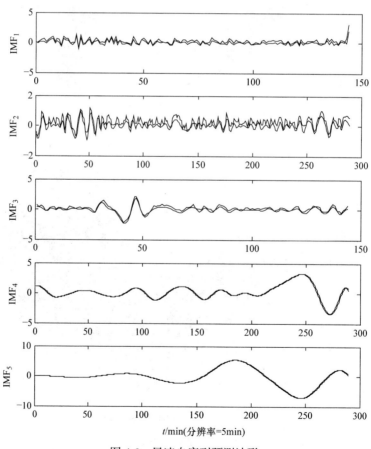

图 4-9　风速自序列预测波形

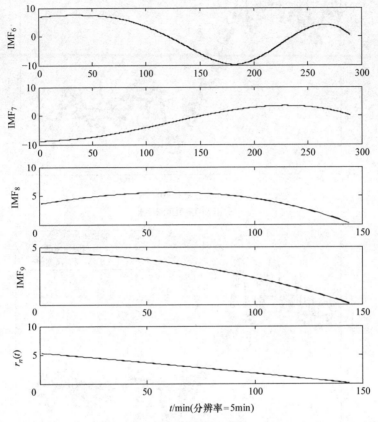

图 4-9　风速自序列预测波形（续）

将风速预测子序列叠加后即可得最终风速的预测值。本部分分别采用基于 EEMD 模型、EMD 模型和 LS-SVM 模型对风速进行短期预测，通过对比证明本部分采用方法的有效性和优越性。对比波形图如图 4-10 所示。由图可见，基于 EEMD 模型的风速预测模型精度更高，有效地实现了风速值的跟踪。

为了能够更加直观地评估这两种模型的整体预测性能，本部分分别将两模型的波形误差量化分析，采用了平均绝对误差百分比（Mean Absolute Percentage Error，MAPE）和方均根误差（Root Mean Square Error，RMSE）进行对比，这两种误差指标表达式见式（3-6）与式（3-7），具体误差评价指标见表 4-3。

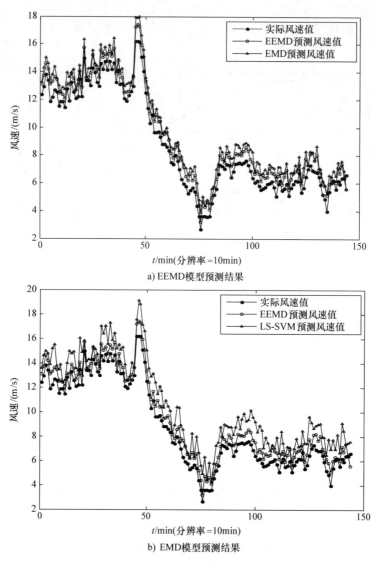

a) EEMD模型预测结果

b) EMD模型预测结果

图 4-10　风速预测结果对比

表 4-3　风速误差评价指标

预测模型	评价指标	
	MAPE(%)	RMSE
EEMD	9.15	0.71
EMD	14.41	1.10
LS-SVM	22.99	1.80

从表 4-3 风速预测误差指标值和图 4-10 风速预测波形对比可见：

1）采用基于 EEMD 和 EMD 的方法对风速序列进行模态分解后建立的预测模型其预测精度高于直接采用 LS-SVM 模型的结果，这说明对于风速这种具有不平稳、波动性大的时间序列，考虑波形的模态分解能够有效改善预测的精度。

2）采用 EEMD 模型与 EMD 模型的结果对比可以发现，改进后的模型在一定程度上提高了精度，有效避免了模态混叠这种现象对于波形分解的干扰，验证了本部分所建模型的合理性。

4.5.2　风功率短期预测的实现

风速特征量是风电功率转换模型的主要变量，提高风速的超短期预测精度能够有效改善短期风功率波动变化响应不足的问题。考虑风功率相关气象特征因素，利用 NWP 提供的天气预报数据结合 EEMD 短期风速预测结果，考虑风力机可获功率为

$$P = \frac{1}{2}\rho A C_{\mathrm{p}} v^3 \qquad (4\text{-}10)$$

式中　P ——风轮输出功率；

　　　ρ ——空气密度；

　　　A ——风轮扫掠面积；

　　　C_{p} ——风能利用系数，取最大利用系数 $C_{\mathrm{p,max}}=16/27$；

　　　v ——风速。

其中，对于单个风力机而言，A 为常数，通常认为空气密度也保持在恒定值，同时考虑风力机的最大输出功率、风力机的切入风速（v_{in}）和切出风速（v_{off}），可以得到微网 EMS 模拟 1.5MW 风力机的理想输出功率拟合曲线如图 4-11a 所示。由于风力机运行期间，实际出力不可能严格服从理想功率曲线，风力机受外界随机因素的影响，会出现一些浮动，如图 4-11b 所示。

将风速 - 风功率拟合曲线线性化，划分为 4 个阶段：

1）初始低风速阶段（$v<v_{\mathrm{in}}$），小于切入风速不足以带动风力机输出功率。

2）中风速上升阶段（$v_{\mathrm{in}} \leqslant v < v_{\mathrm{N}}$），大于切入风速且小于额定风速 v_{N} 时，较小的风速变化会产生明显的功率输出。

3）高风速饱和阶段（$v_{\mathrm{N}} \leqslant v < v_{\mathrm{off}}$），大于额定风速但小于切出风速时，风力机输出功率为恒定值即额定功率，风速的变化不会造成功率的变化。

4）风力机停止运行阶段（$v \geqslant v_{\mathrm{off}}$），大于切出风速时，为保护风力机，此时风力机应停止工作，输出功率为 0。

可得风速 - 风功率之间函数关系式：

$$P(v) = \begin{cases} 0 & ,\ 0 \leqslant v < v_{\mathrm{in}} \\ f(v) & ,\ v_{\mathrm{in}} \leqslant v < v_{\mathrm{N}} \\ P_{\mathrm{N}} & ,\ v_{\mathrm{N}} \leqslant v < v_{\mathrm{off}} \\ 0 & ,\ v \geqslant v_{\mathrm{off}} \end{cases} \qquad (4\text{-}11)$$

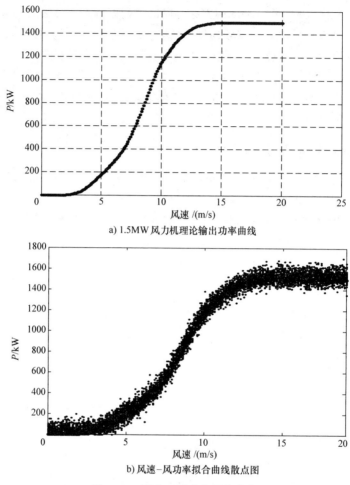

a) 1.5MW 风力机理论输出功率曲线

b) 风速-风功率拟合曲线散点图

图 4-11　风速-风功率拟合曲线

　　最终,风速-风功率转化曲线建立数学模型后,结合风速预测值便可求得风电功率的预测值。

　　预测值的误差评价指标和风电功率短期预测曲线分别见表 4-4 和图 4-12 所示。

表 4-4　功率误差评价指标

预测模型	评价指标	
	MAPE(%)	RMSE
EEMD	19.73	29.36
EMD	34.32	58.04
LS-SVM	55.38	121.91

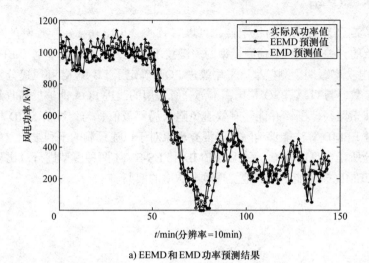

a) EEMD 和 EMD 功率预测结果

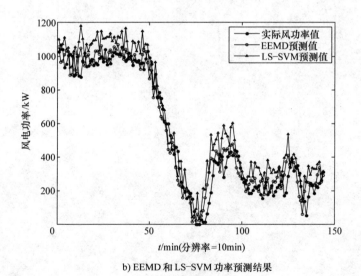

b) EEMD 和 LS-SVM 功率预测结果

图 4-12　风电功率短期预测模型结果对比

　　由表 4-4 和图 4-12 可得，采用 EEMD 建立的短期风电功率预测模型精度高于采用 EMD 和 LS-SVM 模型，这是由于 EEMD 模型将风速序列信号分解为较为平稳的波形，有利于波形的回归，并且避免了分解后的子序列之间产生的模态混叠。在风力机处于风速波动大的外界环境下，仅针对历史风速数据无法有效改善功率预测的精度，本部分建立的风电预测模型通过间接法改进预测风速的模型，最终提高了风电功率预测的精度。

4.6　本章小结

通过提高预测日风速的稳定性，可以有效改善风电功率短期预测的精度。根据第 2 章介绍的有关风电功率预测模型的关键技术问题，本章建立了基于 EEMD 和 LS-SVM 的风电功率短期预测模型。采用改进 FOA 确定了 LS-SVM 和风速分解子序列空间重构的参数，与 GA、PSO 相比，本部分所采用的改进 FOA 能够提高收敛和迭代速度，扩大搜索路径范围，并能够有效避免陷入局部极值；与传统的 EMD 相比，本部分采用改进 EEMD 算法能够消除模态混叠现象对于风速预测的不利影响。最后，为了体现本部分所建模型的优点，采用与 EMD 和 LS-SVM 两种模型进行对比分析，结果证明采用 EEMD 模型能够更好地实现风电功率的回归。

第5章

总结与展望

5.1 总结

微网作为新型可再生能源发电网络，有效地促进了分布式能源的发展。风电、光伏短期功率预测技术的研究，为电力系统稳定性提供了有效的支持，缓解了微网系统输出功率的并网对大电网造成的冲击，有利于电力调度的有效进行。

本部分以微网 EMS 实验平台实际监测的数据为基础，分别对光伏系统和风电场建立短期功率预测模型。针对光伏系统，本部分采用一种基于密度峰值的快速搜索层次聚类算法结合统计学习理论建立预测模型，并与传统的 K-means 聚类算法进行对比，证明本部分提出的预测模型其精度更高[52]；针对风力发电系统的功率预测，本部分采用了间接预测方法，首先分析与风电功率相关的一些环境因素和气象特征，然后建立了基于 EEMD 和 LS-SVM 的短期风速预测模型，在风速预测的基础之上，最终建立风电功率短期预测模型，并与 EMD 和 LS-SVM 建立的模型结果进行对比分析，证明本部分建立的预测模型提高了功率预测精度[53]。

在研究和分析微网光伏电站的基础上，本部分关于光伏短期功率所做的主要工作如下：

1）首先研究和分析了光伏出力的气象影响因素，证明了不同的季节对功率值的影响有很大差别，天气状况也影响着光伏功率的输出，由于此将气象划分为晴天、阴天、小雨和大雨 4 种类型；对于未定义标签类型的气象样本，提出了一种基于密度峰值的层次聚类算法进行无监督的标签定义，并与传统的 K-means 算法进行对比，表明本部分所用方法收敛速度、划分误差及鲁棒性均存在优势。

2）在气象类型划分后，采用了基于 SVM 的预测日气象类型识别，针对 SVM 识别模型的参数选取，采用了传统的二维网格搜索算法，选择较为波动的春季时节小样本数据进行训练，其识别误差结果较为理想。

3）采用 RBF 神经网络建立了不同气象类别的短期功率预测模型，将预测日代入气象类型相同的模型中，最终得到待求功率值。

本部分有关风电场风电功率短期预测的工作如下：

1）首先分析了风速、风向和大气压力等风电场气象要素，确定了相关性大的几个特征，为风速预测做了准备工作。

2）针对波动性大的风速特性，本部分采用了一种改进的模态分解方法——EEMD 进行时序信号的分解，将风速分解为不同频域下较为平缓的波形，并避免了 EMD 产生的模态混叠现象对预测的不利影响。

3）采用相空间重构对风速子序列进行预处理，然后建立 LS-SVM 风速预测模型，在参数优化方面，本部分考虑空间重构和 LS-SVM 模型的整体性，采用了一种改进 FOA 实现全参数优化，并与 GA 和 PSO 进行了对比，其结果表明本部分采用的算法收敛速度更快，且可调参数更少。

4）对风速 - 风功率转化模型进行分析，将功率曲线划分为 4 段，把求出的风速预测值代入模型后得到最终风功率预测值。

本部分的创新点在于：

1）对天气类型进行无监督的聚类识别，比 NWP 对天气类型的划分更加明确，最终提高了光伏功率预测模型的精度。

2）提出了基于密度峰值的层次聚类算法，并证明与传统算法相比，该算法具有较快的收敛速度，更强的鲁棒性能。

3）对 FOA 进行了改进，使算法的搜索范围更广，速度更快，可调参数更少，有利于模型参数的确定。

5.2 展望

本部分所建立的光伏短期功率预测模型和风电短期功率预测模型有效地提高了预测精度，但由于历史数据样本采集时间跨度较短，并未考虑大数据条件下对结果的影响，对于异常天气情况下其模型的泛化性能有待提高，精度方面的改进也有较大的提升空间，今后还有以下几个方面需要进一步的研究和探索：

1）光伏预测是基于辐照度参数进行的，对于一些无法提供辐照度数据条件的地区，还需要提前进行短期辐射强度的分析和预测。因此，今后需加大对辐照度特征性质的分析。

2）基于大数据的条件有利于数理统计的分析，如何在考虑近 3 年甚至近 5 年的数据采集样本时更加合理地对天气的类型进行划分标识，同时考虑年周期相似性的特性，需要在今后的研究中进一步展开。

3）考虑时间序列的相互关联度，本部分关于风速的预测研究只提取了 10 日的风电历史数据，并未针对天气波动大时的风速进行处理，从而提高了模型预测的泛化性。

第 1 部分

参考文献

[1] Amrouche B, Pivert X L. Artificial neural network based daily local forecasting for global solar radiation[J]. Applied Energy, 2014,130（5）:333-341.

[2] 李俊峰, 蔡丰波. 2015 中国风电发展报告 [R]. 全球风能理事会, 2016: 6-20.

[3] Troncoso A, Salcedo-Sanz S, Casanova-Mateo C, et al. Local models-based regression trees for very short-term wind speed prediction[J]. Renewable Energy, 2015,(81):589-598.

[4] 钱政, 裴岩, 曹利霄, 等. 风电功率预测方法综述 [J]. 高电压技术, 2016, 42（4）:1047-1060.

[5] 吴迪, 王法程. 中国光伏产业行业现状及分析 [J]. 科技经济市场, 2014,（2）: 32-38.

[6] 薛禹胜, 雷兴, 薛峰, 等. 关于风电不确定性对电力系统影响的评估 [J]. 中国电机工程学报, 2014, 34（29）:5029-5040.

[7] Chowdhury M A, Shen W X, Hijazin I, et al. Impact of DFIG wind turbines on transient stability of power systems-a review[C]. Proceedings of 2013 8th IEEE Conference on Industrial Electronics and Applications（ICIEA）, 2013:73-78.

[8] 叶燕飞, 王琦, 陈宁, 等. 考虑时空分布特性的风速预测模型 [J]. 电力系统保护与控制, 2017, 45（4）: 114-120.

[9] 徐玉琴, 张林浩, 王娜. 计及尾流效应的双馈机组风电场等值建模研究 [J]. 电力系统保护与控制, 2014, 42（1）:70-76.

[10] 张建华, 苏玲, 陈勇, 等. 微电网的能量管理及控制策略 [J]. 电网技术, 2011, 35（7）: 24-28.

[11] 赵唯嘉, 张宁, 康重庆, 等. 光伏发电出力的条件预测误差概率分布估计方法 [J]. 电力系统自动化, 2015, 39（16）:8-15.

[12] 薛禹胜, 郁琛, 赵俊华. 关于短期及超短期风电功率预测的评述 [J]. 电力系统自动化, 2015, 39（6）: 141-151.

[13] 贾星蓓, 窦春霞, 岳东, 等. 基于多代理系统的微电网多尺度能量管理 [J]. 电工技术学报, 2016, 31（17）: 63-73.

[14] Smith A, Kern F, et al. Space for sustainable innovation: solar photovoltaic electricity in the UK[J]. Technological Forecasting and Social Change, 2014, 81（1）:115-130.

[15] Kliansuwan T, Heednacram A. Feature extraction techniques for ground-based cloud type classification[J]. Expert Systems with Applications, 2015,42（21）:8294-8303.

[16] 陈志宝，丁杰，周海，等.地基云图结合径向基函数人工神经网络的光伏功率超短期预测模型 [J].中国电机工程学报，2015,35（3）:561-567.

[17] Amrouche B, Pivert X L. Artificial neural network based daily local forecasting for global solar radiation[J]. Applied Energy, 2014,130（5）:333-341.

[18] Neumann J, Schnorr C, Steidl G. SVM-based feature selection by direct objective minimization[J]. Lecture Notes in Computer Science, 2015, 31（75）:212-219.

[19] Antonanzas, J Osorio N, Escobar R, at al. Review of photovoltaic power forecasting [J]. Solar Energy, 2016, 136:78-111.

[20] 朱想，居蓉蓉，程序，等.组合数值天气预报与地基云图的光伏超短期功率预测模型 [J].电力系统自动化，2015,39（6）: 4-10.

[21] 董雷，周文萍，张沛，等.基于动态贝叶斯网络的光伏发电短期概率预测 [J].中国电机工程学报，2013, 33（S1）:38-45.

[22] 黄磊，舒杰，姜桂秀，等.基于多维时间序列局部支持向量回归的微网光伏发电预测 [J].电力系统自动化，2014,38（5）:19-24.

[23] 袁晓玲，施俊华，徐杰彦.计及天气类型指数的光伏发电短期出力预测 [J].中国电机工程学报，2013, 33（34）: 57-64.

[24] 刘兴杰，岑添云，郑文书，等.基于模糊粗糙集与改进聚类的神经网络风速预测 [J].中国电机工程学报，2014,34（19）:3162-3169.

[25] 李乐，刘天琪.基于近邻传播聚类和回声状态网络的光伏预测 [J].电力自动化设备，2016,36（7）:41-46.

[26] 叶林，陈政，赵永宁，等.基于遗传算法－模糊径向基神经网络的光伏发电功率预测模型 [J].电力系统自动化，2015, 39（16）: 16-22.

[27] 单英浩，付青，耿炫，等.基于改进 BP-SVM-ELM 与粒子化 SOM-LSF 的微电网光伏发电组合预测方法 [J].中国电机工程学报，2016, 36（12）: 3334-3343.

[28] 高阳，张碧玲，毛京丽，等.基于机器学习的自适应光伏超短期出力预测模型 [J].电网技术，2015, 39（2）:307-311.

[29] 王铮，Rui Pestana，冯双磊，等.基于加权系数动态修正的短期风电功率组合预测方法 [J].电网技术，2017,41（2）:500-507.

[30] 李湃，管晓宏，吴江，等.基于天气分类的风电场群总体出力特性分析 [J].电网技术，2015, 39（7）: 1866-1872.

[31] 丁华杰，宋永华，胡泽春，吴金城，范晓旭.基于风电场功率特性的日前风电预测误差概率分布研究 [J].中国电机工程学报，2013, 33（34）: 136-144.

[32] Lobo G M, Sanchez I. Regional wind power forecasting based on smoothing techniques, with application to the Spanish peninsular system[J]. IEEE Transactions on Power Systems, 2012, 27（4）: 1990-1997.

[33] Osorio G J, Matias J C O, Catalao J P S. Short-term wind power forecasting using adaptive neuro-fuzzy inference system combined with evolutionary particle swarm optimization, wavelet transform and mutual information[J]. Renewable Energy, 2015, 75（33）: 301-307.

[34] 王成山，武震，李鹏.微电网关键技术研究 [J].电工技术学报，2014, 29（2）: 1-12.

[35] 刘燕华, 刘冲, 李伟花, 等. 基于出力模式匹配的风电集群点多时间尺度功率预测 [J]. 中国电机工程学报, 2014, 34（25）: 4350-4358.

[36] 彭小圣, 熊磊, 文劲宇, 等. 风电集群短期及超短期功率预测精度改进方法综述 [J]. 中国电机工程学报, 2016, 36（23）: 6315-6326.

[37] 王铮, 王伟胜, 刘纯, 等. 基于风过程方法的风电功率预测结果不确定性估计 [J]. 电网技术, 2013, 37（1）: 242-247.

[38] 郁琛, 薛禹胜, 文福拴, 等. 按时序特征优化模型后在线选配的超短期风电预测 [J]. 电力系统自动化, 2015, 39（8）: 5-11.

[39] 王焱, 汪震, 黄民翔, 等. 基于 OS-ELM 和 Bootstrap 方法的超短期风电功率预测 [J]. 电力系统自动化, 2014, 38（6）: 14-19.

[40] 王铮, 刘纯, 冯双磊, 等. 基于非参数回归的风电场理论功率计算方法 [J]. 电网技术, 2015, 39（8）: 2148-2153.

[41] 王勃, 刘纯, 张俊, 等. 基于 Monte-Carlo 方法的风电功率预测不确定性估计 [J]. 高电压技术, 2015, 41（10）: 3385-3391.

[42] 杨锡运, 关文渊, 刘玉奇, 等. 基于粒子群优化的核极限学习机模型的风电功率区间预测方法 [J]. 中国电机工程学报, 2015, 35（S1）: 146-153.

[43] 朱霄珣, 韩中合. 基于 PSO 参数优化的 LS-SVM 风速预测方法研究 [J]. 中国电机工程学报, 2016, 36（23）: 6337-6342.

[44] 杨茂, 陈郁林. 基于 EMD 分解和集对分析的风电功率实时预测 [J]. 电工技术学报, 2016, 31（21）: 86-93.

[45] 高亚静, 刘栋, 程华新, 等. 基于数据驱动的短期风电出力预估－校正预测模型 [J]. 中国电机工程学报, 2015, 35（11）: 2645-2653.

[46] Rodriguez A, Laio A. Clustering by fast search and find of density peaks[J]. Science, 2014, 344（6191）, 1492-1496.

[47] 张程熠, 唐雅洁, 李永杰, 等. 适用于小样本的神经网络光伏预测方法 [J]. 电力自动化设备, 2017, 37（1）: 101-106.

[48] 江岳春, 杨旭琼, 贺飞, 等. 基于 EEMD-IGSA-LSSVM 的超短期风电功率预测 [J]. 湖南大学学报（自然科学版）, 2016, 43（10）: 70-78.

[49] 李元诚, 白恺, 曲洪达, 等. 基于粒子群－稀疏贝叶斯混合算法的光伏功率预测方法 [J]. 太阳能学报, 2016, 37（5）: 1153-1159.

[50] Mellit A, Pavan A M, Benghanem M. Least squares support vector machine for short-term prediction of meteorological time series[J]. Theoretical and Applied Climatology, 2013,111（1-2）:297-307.

[51] 阳霜, 罗滇生, 何洪英, 等. 基于 EMD-LSSVM 的光伏发电系统功率预测方法研究 [J]. 太阳能学报, 2016, 37（6）: 1387-1395.

[52] 程启明, 张强, 程尹曼, 等. 基于密度峰值层次聚类的短期光伏功率预测模型 [J]. 高电压技术, 2017, 43（4）: 1214-1222.

[53] 程启明, 陈路, 程尹曼, 等. 基于 EEMD 和 LS-SVM 模型的风电功率短期预测方法 [J]. 电力自动化设备, 2018, 38（5）: 21-29.

第 2 部分
交流微网的协调控制方法
分析与研究

第 6 章

绪　论

6.1　研究背景与意义

近年来，伴随着国民经济的不断进步和快速发展，人们对于电力的需求也随之加大，煤、石油、天然气等一次能源消耗随之增加，衍生出的环境问题日益凸显。根据相关的数据显示，按照目前的开发能源速度计算，全球已探明的煤炭储量大约可供应使用 170 年，石油和天然气储量分别只能使用 40 多年和 60 多年，可见一次能源岌岌可危，我们将面临能源枯竭问题。随着能源匮乏与环境污染问题的日益严峻，开发新能源和可再生能源已迫在眉睫。

与传统的发电模式相比，分布式发电有着不可比拟的优点：安装灵活、功率很小、比较分散、即插即用。分布式电源包括风能、潮汐能、光伏以及生物质等新型清洁能源发电，可以解决能源供求矛盾，对大电网起到补充的作用。同时，分布式发电采用的新型发电能源多具有输出功率波动大的特点，不可避免地有一些弊端。当周围环境发生改变，分布式发电将对系统造成功率波动，无论从系统稳定性还是分布式发电的利用效率，都将是不利的，极大地制约了分布式发电的发展。为了充分利用分布式发电，解决其不利的因素，微网技术得到了迅速发展。

现有的技术表明，将分布式发电与本地负荷等连接在一起的微网是发挥分布式电网效率的有效方式，有助于提高分布式发电的稳定性，可避免间隙式电网对大电网或负荷的影响，提高电能质量，具有重要的社会价值和经济性[1-3]。

交流微网的结构如图 6-1 所示，图中有分布式电源、逆变器和电力负荷。分布式电源包括了风力发电、光伏发电以及燃气轮机等可再生能源发电系统，微网的负荷既包括常规的电力负荷，也可以含有商业建筑或者家庭的冷、热负荷。微网要求既可运行在孤岛模式，也可运行在并网模式。一般情况下微网通过公共连接点（Point of Common Connection，PCC）与大电网并网运行，此时微网整体作为大电网的一个可定制电源，可对大电网提供补充和支撑，充分利用新能源发电合理分配能源，优化了系统的结构。当大电网出现较大故障时，可以通过 PCC 的开关将微网切除与大电网分离。微网进入孤岛运行模式，分布式电源仅向微网本地负荷供电。

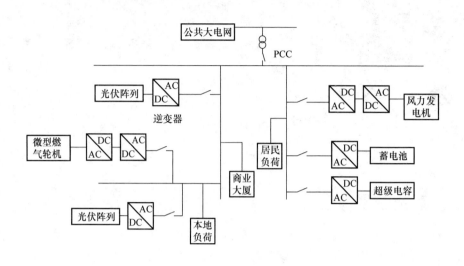

图 6-1　典型的交流微网结构

由图 6-1 可见,分布式电源是通过逆变器等电力电子设备接入到微网中的,与传统的发电模式相比,缺少同步发电机转轴的惯性,负荷跟踪能力不足,同时电力设备响应速度快导致了负荷能力差的特性。并网运行时可由大电网提供频率和电压的支撑,弥补微网负荷能力差的特性。当微网孤岛运行时,微网的频率和电压要由分布式电源提供支撑,而分布式电网的控制策略由逆变器控制决定,与原动机(光伏发电、风力发电)没有必然联系,可见微网的运行不同于大电网。逆变器控制方法决定了微网的电能质量,且在微网中包含了多个分布式电源,不同微源需要采用不同的控制器,且各个分布式电源之间又需要进行合理的协调控制。

综上所述,微网不仅结构复杂多样化,而且运行方式灵活多变,对于控制方法具有较高的要求,需要对不同类型的分布式电源进行相应的并网控制策略设计并相互协调[4]。因此,一个完善的、成熟的控制技术有助于推动微网的发展与应用,研究微网多种运行方式的协调控制是关键的技术环节[5, 6]。

6.2　国内外微网发展状况

6.2.1　国内外微网发展现状

随着微网概念的提出,立刻引起全世界范围内相关部门和研究机构的关注和重视,并对微网的基础理论进行了研究。其中美国、欧洲及日本等发达国家对微网的基础理论研究相对成熟,并且根据各自的国情、能源结构状况和电力系统,提出了不同的微网概念以及发展规划,表 6-1 为美国、日本和欧洲的微网发展目标。

表 6-1 各国微网研究方向

目标	美国	欧洲	日本
降低成本	▲		
环境问题		▲	▲
可否孤岛运行		▲	▲
分布式电源多样性			▲
利用率	▲	▲	
可靠性	▲		

由表 6-1 可见，各个国家所研究微网的侧重点也是不尽相同的。美国历史上出现的大面积停电事故，造成了重大经济损失。所以，美国对电能的质量和电网的可靠性是相当注重的，美国的微网特点是对等和"即插即用"，其在快速性与灵活性上更有优势 [6、7]。而欧洲比较注重电力市场的交易和电网的互联，所以欧洲的电源都离负荷较近，其首次提出"智能电网"，主要关心的是用户的利益、对大电网稳定性的影响以及环境因素等 [8]。对于日本国土面积小、资源有限的国情，其对微网的控制技术和储能装置技术较为侧重，分布式能源种类多且微网系统中存在交流与直流混合系统 [9]。

我国的微网发展还处于起步阶段，有待深入研究。但有的学者已经发现微网的潜力，且也逐步认识到微网的重要性和必要性，许多大学和研究机构也都构建了微网实验平台或示范工程 [10、11]。

6.2.2 微网控制技术现状

微网有着众多的优点，然而要实现微网的众多功能都离不开一个核心，即控制技术。在微网中有着相当大数量的分布式能源，电源控制器、能量管理器、继电保护装置和负荷管理器等中央控制器很难对各个单元做出快速有效的反应，当任意一个单元出现故障，对于整个系统的冲击将是灾难性的。所以微网应当能够基于本地的信息如电压的跌落、暂降、出现故障和停电的一系列故障，做出快速的反应并及时解决问题。微网的控制技术可分为分布式电源的控制方法和整体微网的协调控制策略。

1. 分布式电源控制方法

分布式电源的控制方法主要有恒压恒频控制、恒功率控制、下垂控制、虚拟同步发电机控制 [12]。其中：

1）恒压恒频（v/f）控制方法最重要的作用就是在微网孤岛运行模式时承担系统的频率和电压，并且在有负荷变动时能进行功率跟踪。为达到控制逆变器出口的电压和频率，需要设置相应的参考数值，通过 PI 等控制器实现实时控制。

2）恒功率（PQ）控制在并网运行模式时按照设定值输出有功功率和无功功率，电网负荷投切时引起的波动由大电网支撑。而在孤岛运行时，恒功率控制对电压与系统频率没有贡献，这时候微网的电压与频率需要恒压恒频控制实现。

3）下垂控制的基本原理是来自电厂发电机的下垂特性，将传统电网中的有功-频率与无功-电压的关系应用到逆变器控制中。下垂控制通过调节电压和频率可来实现有功功率和无功功率的解耦。通过下垂控制，就可以实现电压幅值和频率的调节以及功率的自动分配。

4）虚拟同步发电机控制结合了同步发电机和逆变器两者各自的特点，模拟了同步发电机频率和电压的调节，可以提高逆变器控制系统的稳定性。

2. 微网的协调控制策略

根据微网的结构与分布式电源的控制方法，目前比较成熟的微网协调控制策略有主从控制、对等控制、分层控制[13, 14]。其中：

1）主从控制策略是孤岛时的重要控制策略。在孤岛模式下，选取一个分布式电源作为主控单元，其他单元作为从控部分。作为主控单元的微源采用 V/f 控制，输出恒定的电压和频率，同时负责平衡当负荷投切时所引起的功率分配不均。从属单元部分采用 PQ 控制，负责输出恒定的功率。而当并网运行时，无论是主控单元还是从属单元均采用 PQ 控制，此时的系统频率和电压由大电网承担，微源只要按照设定的功率值输出即可。因此，主控单元和从属单元所采用的控制方法完全取决于微网的运行模式。

2）对等控制策略没有主、从的地位分别，每个分布式电源都是"平等"的。各个设备之间不需要通信设备，因为各个分布式电源基于本地的信息来进行控制，所以成本会减少。可以看出，并离网前后分布式电源都采用下垂控制，任意一个分布式电源的退出，对其余的分布式电源与电力负荷都不会产生过大的影响。对等控制策略的基础是下垂控制，其根据系统接入点的频率和电压的本地信息通过下垂特性就可以实现频率和电压自动调节及功率的均匀分配。这种策略不仅成本低，可靠性也相对较高。

3）分层控制策略是将传统多代理技术应用到微网中。代理技术具有自治性能、响应快速的能力和自主发生的行为等一系列的特点，与微网分散控制的理念是不谋而合的，而且不需要管理人员经常到现场，大大减少了劳动力。虽然多代理系统有着诸多的优点，但目前仅仅在能量管理方面得到应用。

以上几种控制策略中，主从控制是最简单、容易实现的，但有过分依赖主控单元的缺点，因为孤岛模式运行时主控单元一旦出现故障，那么从属单元的频率和电压将无法获得支撑，这是致命的。对等控制的基础是下垂控制，其本质上是有差控制方法，当微网收到重创，系统的电能质量得不到保障。分层控制对于系统频率和电压的控制还未达到要求，仅停留在研究阶段。

6.3 本部分主要研究内容

本部分主要针对微网的控制技术进行研究和仿真分析，具体安排如下：

第 6 章为绪论，叙述了本部分的研究背景、必要性以及国内外的发展现状，然后介绍了本部分的主要研究内容。

第 7 章主要研究光伏发电系统、微网技术基础知识以及光伏并网技术等。首先对光伏发电做详细介绍；其次介绍交流微网的基础入门知识，为后面文章的展开做铺垫；最后主要分析光伏并网技术的实现与控制分析，是前两节的一个综合应用。

第 8 章主要分析分布式电源的控制方法，包括恒功率控制、恒压恒频控制、下垂控制、虚拟同步发电机控制，还对下垂控制、虚拟同步发电机控制两种方法进行改进。该章分别对这几种控制方法进行建模，通过算例仿真分析各种控制方法的性能。

第 9 章主要研究含有多个分布式电源的微网的协调控制策略，包括对等控制、主从控制、多主从控制、带辅助的新型主从控制等。首先对传统的对等控制和主从控制进行详细的分析、建模仿真，然后提出了两种改进的协调控制策略：多主从控制、带辅助的新型主从控制，并对其进行了算例仿真。

第 10 章为总结与展望，对本部分进行了总结，并提出需要拓展的地方。

本部分的创新之处主要有：

1）提出了改进的下垂控制方法，对传统下垂控制的改进之处有：①对电压电流环采用了动态虚拟阻抗反馈，实现了功率解耦；②对功率控制环进行了改进，增加了下垂控制的适应性和稳定性。

2）提出了带 Washout 滤波器特性的、基于自适应旋转惯量的两种虚拟同步发电机控制方法。

3）提出了多主从控制、辅助主从控制两种新型协调控制方法。

第 7 章

光伏并网技术

本章主要包括光伏发电系统、微网技术基础知识以及光伏并网技术3个方面内容。其中，7.1节主要对光伏发电中光伏电池板的建模、升压电路的实现、最大功率点跟踪等做详细介绍；7.2节是交流微网的基础入门知识，为了后面的展开做铺垫；7.3节是前两节知识的一个应用，主要分析光伏并网技术的实现与控制分析。本章是为本部分后面的内容做铺垫，是第8、9、10章的基础内容。

7.1 光伏系统的建模

近些年来我国的环境严重恶化，长时间、大范围的雾霾天气警示我们需要可持续的生态发展。光伏发电产业具有无污染、无排放和可持续发展的特点。到目前为止，光伏发电已经应用到实践中并且遍及大多数的用电领域。

光伏发电系统主要利用光伏电池板的光伏效应，然后经过逆变器变为交流电接入到微网中。结合实际情况可以总结出光伏发电的特点主要有：对于选址没有要求，占地面积不大，可安置在屋顶等地方；光伏电池板表面的污垢对于发电的效率有极大的影响，需要长期清理。随着光伏发电技术的不断发展，光伏发电在微网行业有着重要的研究价值和广泛的应用前景[15, 16]。

7.1.1 光伏发电的工作原理及模型

在光伏发电系统中，最基本的元件是光伏电池，其光伏效应是光伏发电的基本原理，如图7-1所示。由图可见，光伏电池板实质为一种不加偏置的PN结，当有太阳光照射时，PN结中的空穴与电子运行产生电动势，一旦外界电路联通，便会产生电流。因此，光照强度可以通过光伏效应改变电动势的大小，从而对电流产生影响。

光伏电池板发电等效电路图如图7-2所示。图中，I_d为PN结的扩散电流，R_h为并联等效电阻，R_s为串联等效电阻，I_{ph}为光伏效应对应的电流，I_L为输出电流，U_L为输出电压。根据光伏发电的等效电路图可以得到

$$I_L = I_{ph} - I_d - I_h$$
$$= \left[I_{SCR} + K_i(T - T_r) \right] \frac{G}{1000} - I_{os} \left\{ \exp\left[\frac{q(V_L + I_L R_s)}{AKT} \right] - 1 \right\} - \frac{V_L + I_L R_s}{R_h} \qquad (7\text{-}1)$$

$$I_{ph} = \left[I_{SCR} + K_i(T - T_r) \right] \frac{G}{1000} \qquad (7\text{-}2)$$

$$I_d = I_{os} \left\{ \exp\left[\frac{q(V_L + I_L R_s)}{AKT} \right] - 1 \right\} \qquad (7\text{-}3)$$

$$I_h = (V_L + I_L R_s) / R_h \qquad (7\text{-}4)$$

式中　I_{os}——暗饱和电流；

　　　A——理想因子；

　　　T——表面温度；

　　　K——玻耳兹曼常数；

　　　K_i——短路电流温度系数；

　　　T_r——参考温度；

　　　G——日照强度；

　　　I_{SCR}——标况下的短路电流。

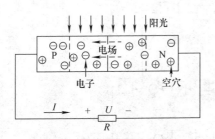

图 7-1　光伏电池的原理图

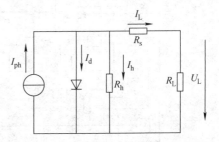

图 7-2　光伏发电等效电路

式（7-1）中的一些参数在实际中很难得到，在实际工程上面的意义不大，我们需要对它进行一个工程方面的简化，可以得到[17]

$$I_L = I_S - C_1 I_S \left\{ \exp\left[\frac{U_0 - D_U}{C_2 U_{oc}} - 1 \right] \right\} + D_I \qquad (7\text{-}5)$$

$$C_1 = (1 - I_m/I_S)\, e^{-U_m/C_2 U_{oc}} \qquad (7\text{-}6)$$

$$C_2 = (U_m / U_S - 1)\left[\ln\left(1 - I_m / I_S \right) \right]^{-1} \qquad (7\text{-}7)$$

$$D_I = \frac{aS(T - T_r)}{1000} + \left(\frac{S}{1000} - 1\right)I_S \qquad (7\text{-}8)$$

$$D_U = -b\,(T - T_r) + R_s D_I \qquad (7\text{-}9)$$

式中　C_1、C_2——修正系数；

$\quad\quad$ a、b——补偿系数（A/℃）；

$\quad\quad$ S——实际的光强；

$\quad\quad$ T——实际的温度；

$\quad\quad$ I_S——电池的短路电流；

$\quad\quad$ U_{oc}——开路电压；

$\quad\quad$ U_m——最大功率电压；

$\quad\quad$ I_m——最大功率电流。

可直接通过光伏电池板的铭牌上的数值，根据式（7-5）画出光伏电池的伏安特性与功率特性，它们对于光伏发电的研究具有很大的价值，本部分采用的光伏模型就是简化过后的式（7-5）。

可在 MATLAB/Simulink 里搭建光伏发电的仿真模型如图 7-3 所示，图中包含了光伏电池的内部结构以及外部封装模型。

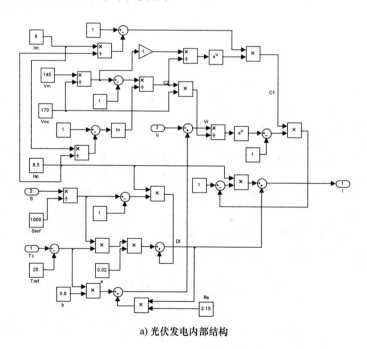

a）光伏发电内部结构

图 7-3　光伏电池的 MATLAB 仿真模型

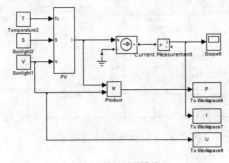

b) 外部封装模块

图 7-3　光伏电池的 MATLAB 仿真模型（续）

7.1.2　光伏电池发电 MPPT 控制和直流变换

1. DC/DC 直流变换电路

本部分采用改变 DC/DC 直流变换的开关信号占空比 D 的方式，实现最大功率点跟踪。直流变换电路可分为 Buck 电路（降压型）、Boost 电路（升压型）以及 Buck-Boost 电路（升降压型）。实际中的光伏电池板输出电压偏低，本章采用 Boost 电路，其拓扑结构如图 7-4 所示。

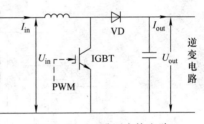

图 7-4　Boost 升压变换电路

图 7-4 中，IGBT 导通或者断开，会引起电感 L 充电或者放电，由于 PN 结的作用，Boost 电路的输出电压 U_{out} 高于输入电压 U_{in}，可以得到

$$U_{out} = \frac{U_{in}}{1-D}$$

（7-10）

如果 Boost 电路是理想电路，即电路中没有功率的损耗，输入的功率与输出功率大小一样，结合式（7-10）可得

$$I_{out} = I_{in}(1-D)$$

（7-11）

$$R_{out} = \frac{U_{out}}{I_{out}} = R_{in}\frac{1}{(1-D)^2}$$

（7-12）

式中　R_{in}——输入等效电阻；

　　　R_{out}——外接负荷的等效电阻。R_{out} 一定，R_{in} 大小与占空比 D 有关，可通过改变占空比的大小，让 R_{in} 与光伏电池等效内阻相等，从而实现最大功率点跟踪。相应的仿真模型搭建如图 7-5 所示。

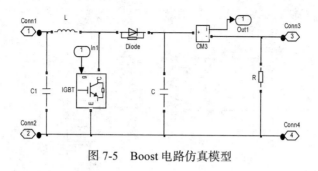

图 7-5　Boost 电路仿真模型

2. 最大功率点跟踪（MPPT）的实现

实际运行中的外界光照强度、温度、污渍等环境因素会引起输出功率的波动，因此分析 MPPT 极为必要，光伏电路的输出电压与输出功率之间有单峰特性，为 MPPT 提供了可能。DC/DC 直流变换电路为实现 MPPT 提供了便利，可利用式（7-12）通过改变占空比 D 来改变负荷函数大小，实现 MPPT，其拓扑结构图如图 7-6 所示。

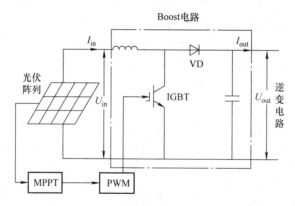

图 7-6　基于 Boost 变换电路的 MPPT 算法结构图

MPPT 的实现主要通过检测技术测量光伏电池板在不同工作点的功率情况，然后通过程序来寻找特定环境条件下的最大功率点，确定对应的电压数值。目前 MPPT 的算法主要有扰动观察法（P&O）、电导增量法（INC）和恒定电压法（CVT）等。由于扰动观察法平稳性好，本部分采用这种 MPPT 算法，具体实现如下：通过给光伏电池板的电压一个小扰动，观察其输出功率的变化情况，然后进行下一步的操作，直到功率达到最大。具体操作步骤可用图 7-7 表示。

在扰动观察的操作路程中，U_k、I_k 表示当前时刻 k 的测量值，可计算出 k 时刻的功率大小 $P_k=U_kI_k$。将其与前一时刻的功率 P_{k-1} 做比较，如果比较结果是功率变大，前进的方向不变；如果比较结果是功率变小，需要改变前进的方向。为了增加接近最大功率点的速度，在前进时经常加入扰动步长 C_p，扰动步长过小，系统接近最大功率点的速度就会变慢，扰动步长过大，系统操作会不准确。是否选择了适当的扰动步长，往往决定了这个扰动观察法的好坏。

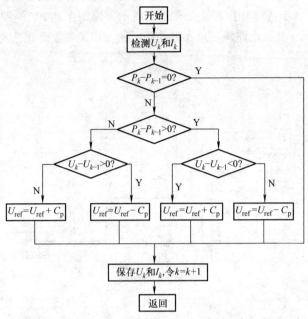

图 7-7　扰动观察法的控制流程图

在 MATLAB/Simulink 软件平台上搭建 MPPT 算法的仿真模型如图 7-8 所示。图中还包括了 PWM 的脉冲调制模块，将 MPPT 所得到的结果与三角载波比较，来控制 Boost 电路的开关断通。

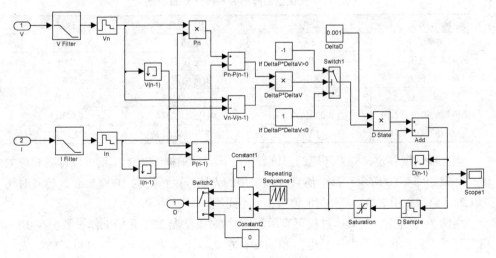

图 7-8　MPPT 仿真模型

7.1.3 仿真分析

为了验证本章提出的基于 Boost 变换电路的 MPPT 算法的正确性，在 MATLAB/Simulink 软件平台上搭建相应模型如图 7-9 所示。模型中的 PV 模型、MPPT 模块以及 DC-DC 的 Boost 变换电路模块可参考前面所述，相关参数设置见表 7-1。

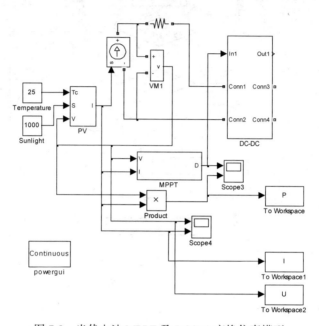

图 7-9　光伏电池 MPPT 及 DC/DC 变换仿真模型

表 7-1　光伏电池阵列的 MPPT 仿真参数

电气特性	规格	电气特性	规格
最大功率电流 I_m	8A	电感 L	0.01H
最大功率电压 U_m	140V	电容 C	2mF
短路电流 I_{sc}	8.4A	负荷电阻 R	500Ω
开路电压 U_{oc}	170V	步长 C_p	0.001
短路电流的温度系数 a	0.02mA/℃	电压变化 ΔU	0.0001V
开路电压的温度系数 b	0.8V/℃	串联等效电阻 R_0	2.15Ω

当光照强度一定，外界环境的温度发生变化时，根据 MPPT 模型可以得到相应的仿真结果如图 7-10 所示。整个仿真过程采用的光照强度恒定为 1000W/m^2，仿真时间为 1.2s，温度采用 25℃、15℃和 40℃ 3 个不同值。

由图 7-10 可见，其具体过程可表示为：初始时以常温 25℃开始工作，系统在 0.17s稳定运行，输出恒定的电压、电流和功率；在 0.4s下降为 15℃，这时可以看出光伏模块出口侧电压升高、输出电流减小、输出功率增大；在 0.8s 时，温度由 15℃变为

40℃，这时光伏模块出口侧电压变小、输出电流增大、输出功率减小。从仿真结果可以看出不同温度下都可实现 MPPT。

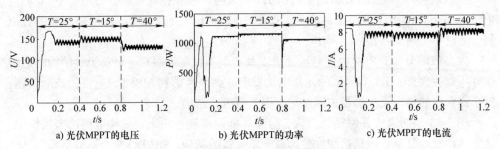

a) 光伏MPPT的电压　　　　b) 光伏MPPT的功率　　　　c) 光伏MPPT的电流

图 7-10　不同温度下的光伏 MPPT 仿真曲线

当温度一定，外界环境的光照强度发生变化时，根据 MPPT 模型仿真可以得到相应的仿真结果如图 7-11 所示。整个仿真过程采用的温度恒定为 25℃，仿真时间设为 1.2s，光照度采用 1000W/m² 、700W/m² 和 500W/m² 3 个不同值。

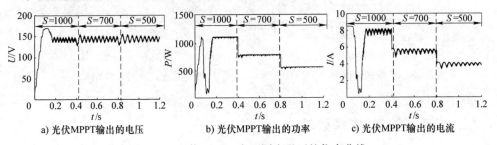

a) 光伏MPPT输出的电压　　　b) 光伏MPPT输出的功率　　　c) 光伏MPPT输出的电流

图 7-11　光伏 MPPT 在不同光强下的仿真曲线

由图 7-11 可见，具体过程可表达为：初始时以常温 25℃且光强照度为 1000W/m² 开始工作，系统在 0.17s 左右稳定运行，输出恒定的电压、电流和功率；在 0.4s 光照度下降为 700W/ m² ，这时可以看出光伏模块出口侧电压不变、输出电流减小、输出功率减小；在 0.8s 时，光照强度由 700W/m² 变为 500W/m² ，这时光伏模块出口侧电压变化不大、输出电流变小、输出功率减小。从仿真结果可以看出，不同光强下的结果都可实现 MPPT，且当光强变化以后系统可以快速地进入新的稳定点运行。

根据上述仿真分析，可以推出本部分所采用的基于 Boost 电路的 MPPT 算法"扰动观察法"的有效性与适应性。在外界环境（温度或者光照强度）发生变化时，依然可以实现光伏发电的 MPPT，有效地提高光伏电池的发电效率，减少对光伏电池的损害。

7.2　交流微网并网技术研究

分布式电源经过自身系统将新能源转变为电能，而后必须要经过相关的并网技术接入到微网中才能够形成系统，供给用户使用。

7.2.1 系统并网的结构

单级式和两级式是目前比较常用的并网结构，两者各有特点，适用于不同场合。单级式的拓扑结构简单，容易理解，如图 7-12 所示。分布式电源连接逆变器的直流侧，通过单个逆变器接入电网中。

大多数的分布式电源由于电压等级以及功率不稳定等因素，对单级式结构的适应性并不好。例如，7.1 节提到的光伏电池发电，必须考虑到 MPPT、电流的波形问题，单个逆变器的结构无法满足，因此需要引入两级式结构。

图 7-13 是两级式并网拓扑结构。分布式能源可通过两级式变换电路接入系统中，这种结构较为复杂，但是适用性要远高于单级式的结构。DC/DC 变换器电路前面已经详细讲解，可以提高或者降低分布式电源的电压，不仅起到隔离作用，还可以实现系统的 MPPT，有效地提高了新能源发电的利用率。

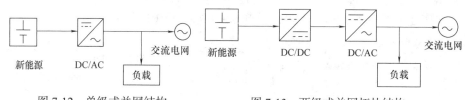

图 7-12　单级式并网结构　　　　图 7-13　两级式并网拓扑结构

7.2.2 逆变器控制技术基础

逆变器有电流型与电压型两种类别，主要区别在于直流侧的电源类型不一样，如图 7-14 所示。为了让逆变器的直流侧有稳定的能量供给，保证直流侧电压或者电流稳定，常需要接入一定数量的稳压或稳流元件。

电压型逆变器直流侧为电压源特性，常并联大电容稳定电压。电流型逆变器直流侧为电流源特性，常串联电感稳定电流。电流型逆变器中串联的电感会对系统的动态特性产生影响，实用性不大，故本部分采用电压型逆变器电路。

分布式电源多是通过逆变器加入微网，控制方法的好坏直接影响到微网的稳定性，目前主要有 3 种控制方法：恒功率（PQ）控制、恒压恒频（V/f）控制和下垂（Droop）控制方法，其具体的分析方法在第 8 章再做详细介绍。

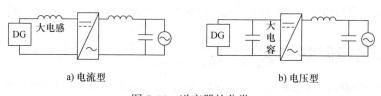

a) 电流型　　　　　　　　　　　　b) 电压型

图 7-14　逆变器的分类

7.2.3　滤波器技术

新能源经过逆变器变为交流电，交流电中含有大量的谐波，需要通过滤波器，消除谐波的影响。在设计并网控制结构时，需要综合考虑系统的电流、电压动静态特性和损耗问题，选择合适的滤波元件的参数。

滤波器可分为 LCL 型、LC 型和 L 型。L 型滤波器结构简单、易稳定，但其电感量将会很大，会使得滤波器体积庞大、成本增多、损耗增加。目前常用的是前两种结构，其中 LCL 型滤波器结构复杂，分析难度大，解耦控制较难。本部分采用的是 LC 型滤波器结构，对应电路如图 7-15 所示。

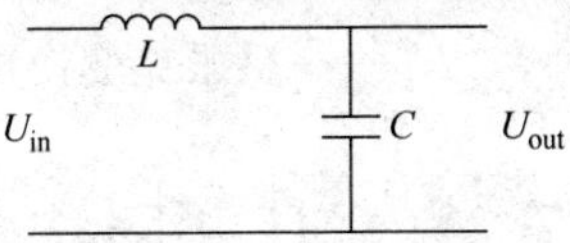

图 7-15　LC 型滤波电路

根据图 7-15 所示滤波电路可列出滤波结构的传递函数为

$$\frac{U_{\text{out}}(s)}{U_{\text{in}}(s)} = \frac{1}{\omega^2 s^2 + \frac{2\zeta}{\omega}s + 1} \qquad (7\text{-}13)$$

式中　ζ——阻尼系数；

ω——LC 型滤波器的谐振角频率。

滤波器还要考虑它的截止频率 f_{L}，一般选取范围为

$$f_{\text{s}}/10 > f_{\text{L}} > 10 f_0 \qquad (7\text{-}14)$$

式中　f_0——基波频率；

f_{s}——逆变器的载波频率。

这个范围可以使得经过滤波之后的波形更接近正弦波，还不会产生谐振。

7.2.4　坐标变换

在交流微网中，系统中的电压电流都为三相正弦波，直接对其进行控制时比较复杂，可引入坐标变换技术，将三相的波形转换成两相的波形。然后对两相波形进行控制，易于实现，之后通过相对应的逆变换再转化为三相分量，作用到三相电路中去。

电力系统中最常用的坐标变换为派克变换（Park Transform，PT），即 dq0 坐标与 abc 坐标之间变换，具体分析如图 7-16 所示。图中，a、b、c 三相相差 120°，dq0 坐标中 q 轴滞后的 d 轴 90°，要求变换前后旋转磁动势一定，以三相平衡电电流 i_{a}、i_{b}、i_{c} 为例，可得

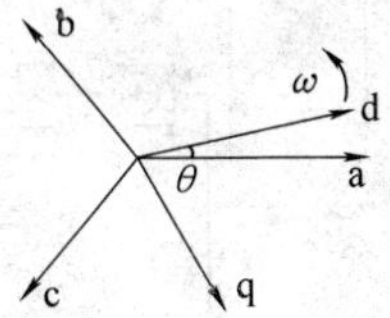

图 7-16　坐标变换示意图

$$\begin{bmatrix} i_{\text{d}} \\ i_{\text{q}} \\ i_0 \end{bmatrix} = \frac{2}{3} \begin{bmatrix} \cos\theta & \cos(\theta-120°) & \cos(\theta+120°) \\ \sin\theta & \sin(\theta-120°) & \sin(\theta+120°) \\ \frac{1}{2} & \frac{1}{2} & \frac{1}{2} \end{bmatrix} \begin{bmatrix} i_{\text{a}} \\ i_{\text{b}} \\ i_{\text{c}} \end{bmatrix} = \boldsymbol{P} \begin{bmatrix} i_{\text{a}} \\ i_{\text{b}} \\ i_{\text{c}} \end{bmatrix} \qquad (7\text{-}15)$$

已知 i_d、i_q、i_0 后，通过反派克变换（Anti-Park Transform，APT）求得 i_a、i_b、i_c 为

$$\begin{bmatrix} i_a \\ i_b \\ i_c \end{bmatrix} = \frac{2}{3} \begin{bmatrix} \cos\theta & \sin\theta & 1 \\ \cos(\theta-120°) & \sin(\theta-120°) & 1 \\ \cos(\theta+120°) & \sin(\theta+120°) & 1 \end{bmatrix} \begin{bmatrix} i_d \\ i_q \\ i_0 \end{bmatrix} = \boldsymbol{P}^{-1} \begin{bmatrix} i_a \\ i_b \\ i_c \end{bmatrix} \tag{7-16}$$

式中　$\boldsymbol{P}$——派克变换矩阵；

　　　$\boldsymbol{P}^{-1}$——反派克变换矩阵。

7.3　光伏并网技术研究

7.3.1　光伏并网的工作原理及模型

本部分采用光伏双级式结构进行并网，结构如图7-17所示。前级采用Boost电路，能够实现升压和MPPT；后级采用单相全桥式逆变器技术，将经过Boost电路的直流变为交流，然后接入系统中运行。电感 L 起到滤波作用，在Simulink平台上对应的主电路模型如图7-18所示。

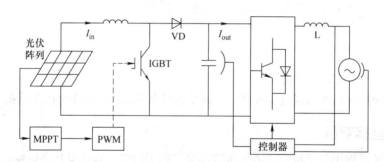

图 7-17　光伏并网双级式结构

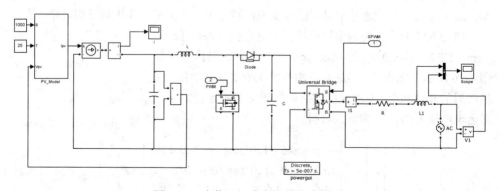

图 7-18　光伏双级式主电路仿真模型

在光伏并网实现中需要两部分的控制，分别对应双级式结构的 Boost 电路与逆变器电路。其中，Boost 电路的控制是为了实现 MPPT，前面已经有详细介绍。

逆变器控制常用的分类有基于电压的控制和基于电流的控制，基于电压控制的逆变器在实际应用中可能会引起分布式电源之间的环流问题，难以使得系统稳定，大多数情况都采用基于电流控制的逆变器控制技术。基于电流的逆变器控制实现比较容易，只要实现逆变器的电流跟随系统电压，便可实现光伏的并网。

本部分采用基于电流控制的逆变器，如图 7-19 所示。将系统检测出来的电网电流 i_L 与来自 MPPT 处理的指令电流 i_{ref} 做比较，将结果经过 PI 控制器处理，加入前馈补偿后与三角波做比较得到 PWM 的开关信号，驱动 PWM 工作。这种控制方法的优点是谐波含量比较少，常用于对于噪声要求较高的情况。另外，由图 7-19 可见，PI 控制器的参数直接影响电流跟随特性的好坏。要实现光伏并网技术需要考虑 PI 控制的 2 个问题：指令电流的获得、PI 控制的设计。

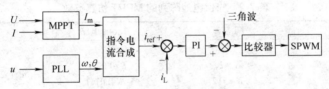

图 7-19 控制原理图

指令电流 i_{ref} 的获得需要考虑其大小与频率问题。其中，i_{ref} 数值大小可由 Boost 电路的 MPPT 提供幅值，将最大功率点处的电流作为指令电流 i_{ref} 的幅值；i_{ref} 频率需要考虑它与电网的同步问题，因此采用了从电网中利用锁相环技术检测到相应的频率，将其作为指令电流 i_{ref} 的频率。i_{ref} 的详细分析如图 7-20 所示。

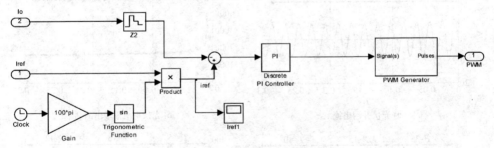

图 7-20 逆变器控制部分仿真模型

7.3.2 光伏并网仿真分析

为了验证上述理论的正确性，在 MATLAB/Simulik 平台上，根据图 7-17 的电路搭建了光伏并网仿真模型如图 7-21 所示，包含了主电路仿真模型与控制部分的仿真模型，相应的参数见表 7-2。本部分采用了在不同温度下的仿真与不同光照强度的仿真，依次检验模型的正确性。

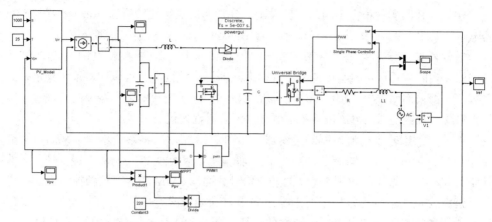

图 7-21　光伏并网仿真模型

表 7-2　光伏电池阵列的 MPPT 仿真参数

光伏模型	PI 控制	Boost 电路	交流部分
$S=1000\text{W/m}^2$， $T=25℃$， $C_f=500\text{μF}$， $R_f=0.01\,Ω$	$K_p=2$， $K_i=512$	$L=0.02\text{H}$， $R=0.01\,Ω$	$u(t)=220\sin(100πt)\text{V}$

当光照强度恒定，外界环境的温度发生变化时，根据本章光伏并网模型可以得到相应的仿真结果如图 7-22 所示。整个仿真过程中光照强度恒定保持为 1000W/m²，仿真时间为 0.3s，仿真算法是 ode27t。

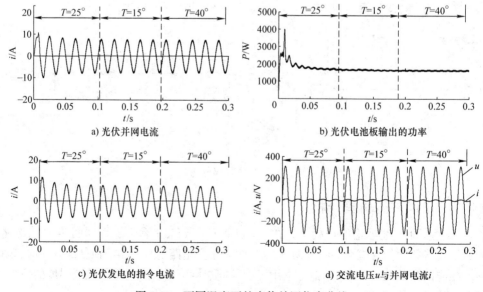

a) 光伏并网电流

b) 光伏电池板输出的功率

c) 光伏发电的指令电流

d) 交流电压u与并网电流i

图 7-22　不同温度下的光伏并网仿真曲线

仿真中将温度设置为 25℃、15℃、40℃共 3 个不同值，具体过程为初始时以常温 25℃开始工作，系统在 0.04s 左右稳定运行，直流侧输出恒定的电压指令和功率，交流侧并网电流平稳输出，与交流电压保持同步；在 0.1s 时温度下降为 15℃，在 0.2s 时温度由 15℃变为 40℃，在整个温度变化前后，交流侧的并网电流稳定不变，影响很小，且依旧可以保持与交流电压的稳定运行。从仿真结果可以看出，不同温度下的结果都可实现光伏并网运行，说明这种并网方法的可靠性和模型满足了系统的要求。

当温度恒定不变，改变光照强度发生时，根据上述并网模型仿真可以得到相应的仿真结果如图 7-23 所示。整个仿真过程采用的温度恒定为 25℃，仿真时间设为 0.3s，光照度强度经历 1000W/m²、700W/m² 和 500W/m² 共 3 个不同值，具体过程为：初始时以常温 25℃开始工作，系统在 0.04s 左右稳定运行，直流侧输出恒定的电流指令和功率；交流侧并网电流平稳输出，与交流电压保持同步；在 0.1s 时光照度下降为 700W/m²，这时可以看出光伏模块出口输出电流指令减小、输出功率减小，引起交流侧并网电流的减小；在 0.2s 时光照强度由 700W/m² 再降为 500W/m²，这时与上述过程一致。从仿真结果可以看出，不同光强下的结果都可实现 MPPT 光伏并网运行，交流侧并网电流与交流电压时刻保持同步状态，在外界光照发生变化时，系统可以快速地进入新的稳定点运行，表明并网控制模型的有效性与正确性，满足对电能质量的要求。

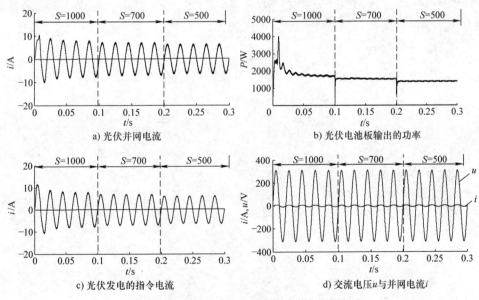

图 7-23　不同光照强度下的并网仿真曲线

根据上述仿真结果，可以看出本章选用的光伏并网技术具有很好的可靠性与适应性，能够在不同的外界环境下稳定运行，且在变化前后可自适应快速调节，具有良好的动态特性，保证了一定的电能质量，这种算法对于光伏发电的应用有推动作用。

7.4　本章小结

　　本章首先分析了光伏电池的原理与模型、Boost升压电路、MPPT中的扰动观察法，实现了光伏电池的基于扰动观察法的MPPT；然后，简单介绍了交流微网基础技术，包括实现并网的结构、滤波器问题、逆变器技术以及坐标变换的概念；最后针对光伏并网进行讨论，建立并网仿真模型，通过验证确定了模型的正确性与设计方法的适应性。

第8章

分布式电源接口逆变器的控制策略

微网的稳定性取决于分布式电源的有效控制，而分布式电源需要通过电力电子设备才能并网运行，根据分布式电源输出特性不同可以分为逆变器电源、异步发电机电源以及同步发电机电源。其中异步发电机电源、同步发电机电源的控制技术已经比较成熟，而微网中大部分的分布式电源都是基于电力电子逆变器接入电网中，例如，光伏发电、燃料电池、燃气轮机等都必须通过 DC/AC 逆变器或者 AC/DC/AC 变换器装置接入电网中。要满足电能质量的要求，不仅要求逆变器具备常规的联网运行功能，还要求按照微网的特殊需求对逆变器控制进行分析[18, 19]。

目前用于分布式电源的逆变器控制方法主要有恒功率（PQ）控制、恒压恒频（V/f）控制、下垂（Droop）控制、虚拟同步发电机（VSG）控制方法。本章将介绍这 4 种逆变器控制拓扑结构、控制方法，还对下垂控制和虚拟同步发电机控制进行改进，并进行了详细的分析与仿真。

8.1 分布式发电并网一般结构

本章研究的逆变器控制结构示意图如图 8-1 所示，主要包括有分布式电源、逆变器以及 LC 型滤波器。LC 型滤波器用于滤掉高次谐波，提供更高质量的电能，并将微源和负荷通过线路、开关、变压器连接到配电网上；图中的 u_{1abc}、i_{1abc} 分别代表逆变器侧的三相电压、电流，u_{abc}、i_{abc} 分别代表为网侧的三相电压、电流，i_{Cabc} 为流过滤波电容的电流；L_f 为滤波电

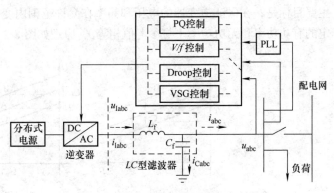

图 8-1 分布式电源并网的一般结构

感、C_f 为滤波电容。

逆变器的直流侧可以连接各种新能源发电充当原动机，例如，风力发电机、光伏电池板、蓄电池或者超级电容等，且在直流侧也可以采用一定的控制结构或者控制方法改善直流侧的电能质量，减少其对交流逆变器的影响。

8.2　PQ 控制

分布式电源的 PQ 控制方法（又叫恒功率控制）在微网控制中非常重要，绝大多数新能源都采用这种控制方法。它主要用于控制处于最大功率输出方式的分布式电源，接入恒定的有功、无功功率潮流运行。

PQ 控制适用于微网并网或孤岛运行状态。并网时，大电网为微网提供电压、频率的支撑，分布式电源无需考虑对微网电压和频率的控制，逆变器控制需要按照给定的功率设定值输出功率，即所有的分布式电源工作在恒功率状态。而当微电网孤岛运行时，一些间歇性电源（例如光伏发电和风力发电）由于受到光照、温度、风速等的影响，其出力存在波动性和随机性，调节空间有限，因此一般希望其工作在最大功率输出状态，更适合采用 PQ 控制方法[20]，从而可以尽可能多地输出绿色电能。此时，主要是为连接在微网中的负荷提供功率。

PQ 控制主要有两种结构：①对分布式电源的原动机设置有功参考值，并通过直流侧的控制器进行辅助调整，保证了有功功率按照参考值输出，而无功功率与第 2 种结构一致；②直接作用于逆变器控制，分别对有功功率和无功功率设置参考值，并控制其分别恒定输出。第 1 种结构模型复杂，且与 V/f 控制、下垂控制结构差别较大，在程序继承性上逊于第 2 种结构，本部分采用的是第 2 种结构。

8.2.1　PQ 控制器

PQ 控制方法的实质是对功率实现解耦后，对有功功率和无功功率分别进行控制，主要目标是，在保证逆变器的电压和频率在允许范围内变化时，让分布式电源输出恒定的有功功率和无功功率（与参考值相等），原理如图 8-2 所示。

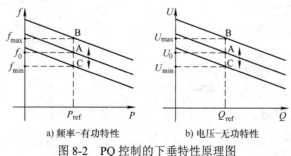

a) 频率-有功特性　　　b) 电压-无功特性

图 8-2　PQ 控制的下垂特性原理图

初始运行于 A 点，其输出的功率为 P_{ref} 和 Q_{ref}，对应频率和交流侧电压为 f_0、U_0。从图中可以看出，为了将分布式电源的功率维持在参考值大小不变，需要 PQ 控制调整逆变器的频率特性曲线和电压特性曲线，在频率允许范围内（$f_{min} \sim f_{max}$）和电压允许范围内（$U_{min} \sim U_{max}$），适当调整逆变器的频率与电压。为了实现 PQ 控制需要对其控制器进行详细的分析。

恒功率控制结构如图 8-3 所示。图中，Z_{line} 为输电线路的电抗。这种控制方法由测量部分、锁相环和 dq 坐标变换、功率控制部分、电流控制部分、脉冲波调制模块部分等组成。其中测量模块采集线路的电压（u_{abc}）、电流（i_{abc}）以及电容电流（i_{Cabc}）以备下级单元使用。

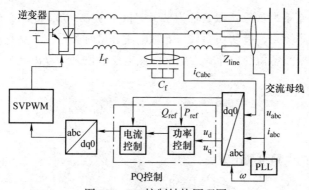

图 8-3　PQ 控制结构原理图

本部分的锁相环和派克变换部分分别采用了 Simulink 中的集成模块：3-phase PLL 模块和 abc_to_dq0 Transformation 模块，如图 8-4 所示。锁相环（PLL）模块用来保证并网逆变器并网电压与系统电压同步，主要采集系统电压 u_{abc} 信号，输出 sin-cos 信号用于派克变换。派克变换部分主要将 a、b、c 坐标下的三相数据变为了 d、q、0 坐标下的数据，把观察者的立场从静止坐标变为了旋转坐标。

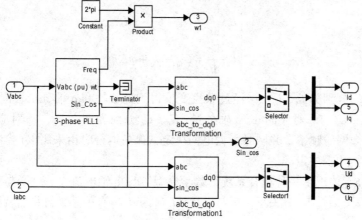

图 8-4　锁相环和派克变换模型

PQ 控制的核心部分是功率控制和电流控制部分，具体实现过程分析如下。首先在静止坐标系 abc 中，分布式电源的功率可以表示为

$$\begin{cases} P_{\text{grid}} = U_a i_a + U_b i_b + U_c i_c \\ Q_{\text{grid}} = \dfrac{1}{\sqrt{3}}[(U_b - U_c)i_a + (U_c - U_a)i_b + (U_a - U_b)i_c] \end{cases} \quad (8\text{-}1)$$

将其经过派克变换，转化为 dq0 坐标系的表达式为

$$\begin{cases} P_{\text{grid}} = U_d i_d + U_q i_q \\ Q_{\text{grid}} = U_q i_d - U_d i_q \end{cases} \quad (8\text{-}2)$$

在 dq0 坐标系下，如果选取 d 轴为参考向量（令 U_q=0），此时，分布式发电的有功、无功可以得到简化，有功功率只与 d 轴电流分量有关系，无功只与 q 轴电流分量有关系。通过功率参考值与分布式发电交流侧电压数值来计算出电流的参考数值，可用公式表示为

$$\begin{cases} P_{\text{grid}} = U_d i_d \\ Q_{\text{grid}} = -U_d i_q \end{cases} \Rightarrow \begin{cases} i_{\text{dref}} = P_{\text{ref}}/U_d \\ i_{\text{qref}} = -Q_{\text{ref}}/U_d \end{cases} \quad (8\text{-}3)$$

由图 8-3 中的电路可列出方程：

$$\begin{cases} L_f \dfrac{di_{\text{Ia}}}{dt} = U_{\text{Ia}} - U_a \\ L_f \dfrac{di_{\text{Ib}}}{dt} = U_{\text{Ib}} - U_b \\ L_f \dfrac{di_{\text{Ic}}}{dt} = U_{\text{Ic}} - U_c \end{cases} \quad (8\text{-}4)$$

根据变化前后功率不变，对式（8-4）进行派克变换后可得

$$\begin{cases} L_f \dfrac{di_{\text{Id}}}{dt} = U_{\text{Id}} - U_d - \omega L_f i_{\text{Iq}} \\ L_f \dfrac{di_{\text{Iq}}}{dt} = U_{\text{Iq}} - U_q + \omega L_f i_{\text{Id}} \end{cases} \quad (8\text{-}5)$$

式中，i_{Id}、i_{Iq} 分别为 i_{Ia}、i_{Ib}、i_{Ic} 经过派克变换得到的 d 轴和 q 轴分量；同理 U_{Id}、U_{Iq} 分别为 U_{Ia}、U_{Ib}、U_{Ic} 对应的 d、q 轴分量；U_d、U_q 分别为 U_a、U_b、U_c 对应的 d、q 轴分量；ω 为微网的频率，并网时由大电网决定，孤岛运行时由采用 V/f 控制或者下垂控制的分布式电源决定。

式（8-5）体现了一种耦合系统的数学模型，d、q 轴电流 i_{Id}、i_{Iq} 既与对应的电压向量 U_{Id}、U_{Iq}、U_d、U_q 有关系，也与向量 $\omega L_f i_{\text{Id}}$、$\omega L_f i_{\text{Iq}}$ 有关系，可将后者称为耦合电压量。

要想实现 d、q 轴之间的解耦控制，就需要消除对应的耦合向量，可通过引入带有 PI 控制器的反馈解耦向量实现控制。根据式（8-3）和式（8-5），其式可表达为

$$\begin{cases} U_{\text{Id}} = U_{\text{d}} + \omega L_{\text{f}} i_{\text{q}} + (K_{\text{P}} + \dfrac{K_{\text{i}}}{s})(i_{\text{dref}} - i_{\text{d}}) \\[2mm] U_{\text{Iq}} = U_{\text{q}} - \omega L_{\text{f}} i_{\text{d}} + (K_{\text{P}} + \dfrac{K_{\text{i}}}{s})(i_{\text{qref}} - i_{\text{q}}) \end{cases} \tag{8-6}$$

比较式（8-5）与式（8-6）可以看出，电流环控制方程的 U_{Id}、U_{Iq} 由 3 部分组成：电压前馈量、耦合电压量、电流的闭环积分量。与式（8-6）对应的逆变器 PQ 控制的结构框图如图 8-5 所示，这种控制的实质是将有功功率和无功功率解耦之后，对电流进行控制，引入了 PI 环节可使得稳定误差为 0。

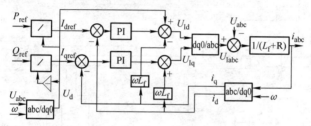

图 8-5　PQ 控制结构框图

由图 8-5 可见，PQ 控制方法的实现：根据式（8-3）通过参考值有功 P_{ref} 和无功 Q_{ref} 计算出电流在 dq 轴上的参考量 i_{dref} 和 i_{qref}，其与测量得到的 i_{d} 和 i_{q} 做差，然后通过 PI 控制的调节，同时考虑耦合电压量的影响，得到逆变器 dq 轴的电压分量 U_{Id}、U_{Iq}，之后经过派克反变换转化为信号分量，作用在 SPWM 模块上驱动逆变器工作，从而实现对逆变器的恒功率控制。

根据以上分析，可以搭建 PQ 控制中功率控制与电流控制模块在 Simulink 中的模型，具体如图 8-6 所示。

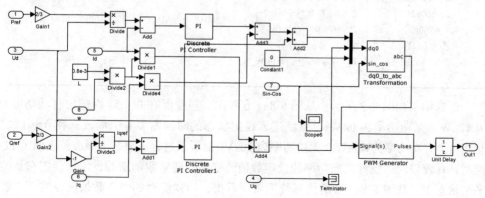

图 8-6　功率控制与电流控制的 Simulink 模型

8.2.2 PQ 控制仿真分析

为了验证上述对 PQ 控制的分析，本部分在 MATLAB/Simulink 软件平台上搭建 PQ 控制仿真模型，根据图 8-3 可以建立如图 8-7 所示的 PQ 模型。系统仿真时间为 1s，系统仿真参数见表 8-1。

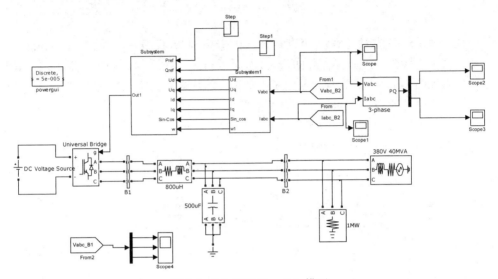

图 8-7　PQ 控制 Simulink 模型

表 8-1　PQ 控制算法参数

电源及滤波	PQ 控制	配电网	负载
U_{dc}=1000V L_f=800μH C_f=500μF R_f=0.01Ω	电流控制： K_p=0.5、K_i=1000 0~0.5s： P_{ref}=10kW、Q_{ref}=0kVar 0.5~1s： P_{ref}=40kW、Q_{ref}=10kW	380V、100MVA	100kW 恒功率负载

仿真结果如图 8-8 所示。从图 8-8a、b 看出，逆变器在 0~1.5s 内输出有功功率 P 为 10kW、无功功率为 0kVar，系统进入稳定状态的时间需要 6 个周波；在 0.5~1s 之间其输出有功功率为 40kW、无功功率为 10kVar，暂态过程需要 2 个周波，表明了 PQ 控制具有较强的适应性，当功率的设定数值改变后，能够跟随新的设定值稳定在新的平衡状态上。从图 8-8c、d 的仿真波形可以看出，当逆变器的参考数值改变时，能够维持其电压稳定不变，频率变化较小，满足并网系统对电压和频率的变化要求。

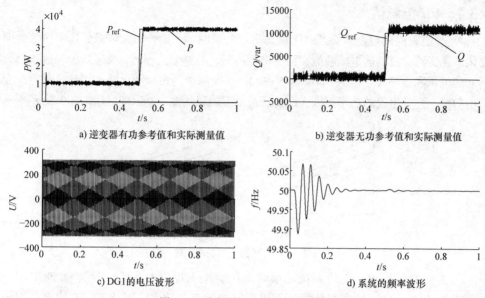

a) 逆变器有功参考值和实际测量值　　　　b) 逆变器无功参考值和实际测量值

c) DG1的电压波形　　　　　　　　d) 系统的频率波形

图 8-8　逆变器 PQ 控制仿真波形

8.3　*V/f* 控制

一旦微网进入孤岛模式，它将失去大电网对电压、频率的支持，若分布式电源仍全都采用 PQ 控制策略，当系统中的负荷功率大于或者小于逆变器能够提供的功率时，微网的电压、频率将会升高或降低，可能会超出系统允许的范围，降低系统的电能质量，甚至可能导致系统的崩溃。即使在系统当中加入一定的功率储能设备或者检测负荷功率装备，由于微网中缺乏像大电网中同步发电机一样的旋转设备，负荷发生大面积的投切时，仍会对系统造成失稳的情况。可见，PQ 控制实现的前提是微网具有稳定的电压和频率，PQ 控制对于微网的稳定运行贡献较小。微网在孤岛运行状态下需要一个强有力的电压和频率支撑，即 *V/f* 控制。

V/f 控制主要用于微网孤岛运行，它接近于传统发电机的二次调频效果（即无差调节）。基于 *V/f* 控制的微网可以在并离网时，减小对主网络的冲击，有利于提高系统的电能质量。

能采用 *V/f* 控制的分布式电源要求比较高，为了能够在微网主从控制中担当主控单元，承担起电压和频率的支撑，要求分布式电源具有足够大的容量，能够输出持久、稳定的功率。符合要求的有微型燃气轮机、超级电容器、蓄电池、柴油发电机、燃料电池以及蓄电池等，能够发出足够的功率，又容易控制，可以用在 *V/f* 控制策略中。另外，由于任何的分布式电源的容量都是有限的，采用主从控制的微网需要提前知道孤岛运行时，负荷与电源之间的功率匹配情况，一旦采用 *V/f* 控制的主控单元不能满足要求或者因故障退出运行，微网将会失去稳定。

8.3.1　*V/f* 控制器

V/f 控制策略的控制目标是：①孤岛运行的微网，无论分布式电源分输出功率如何变化，逆变器交流侧的电压幅值和频率维持不变，与参考值相同，参考数值一般选为离网前的电压和频率（一般为 380V 和 50Hz）；②微网中的负荷变化时，能够及时地改变输出功率，弥补出现的功率差额，即要具备很强的跟随性。其原理可用图 8-9 表示。

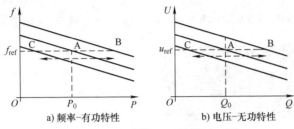

图 8-9　*V/f* 控制的下垂特性原理图

A 为初始运行点，它为系统提供的电压频率支撑大小为 f_{ref}、U_{ref}，此时输出的功率分别为 P_0、Q_0。频率调节器可以改变输出的有功功率，维持频率在给定的数值（50Hz）；同理，电压调节器可以改变输出的无功功率，维持电压在设定数值。根据以上分析，图 8-10 给出了 *V/f* 控制策略原理框图。

由图 8-10 可见，*V/f* 控制方法可以包括：测量模块、锁相环和坐标变换模块、电压外环控制部分、电流内环控制部分、脉冲波调制模块。其中测量模块和脉冲调制模型与 PQ 控制作用相同，不再详述。

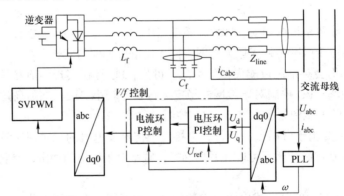

图 8-10　*V/f* 控制结构原理图

逆变器在使用 *LC* 高频滤波器的同时，不仅会引起出口电压的下降，还会让逆变器出口电压受到负荷的干扰。为了消除 *LC* 滤波器带来的不利因素，本部分的 *V/f* 控制采用电容电流作为内环、电压作为外环，如图 8-10 所示。这种控制策略的主要思想是，首先从电路中采集端口电压、频率，与给定的参考值相比，差值作为电压指令，可实现逆变器输出电压跟随电压指令，来达到恒压恒频的效果。其中，电压外环采用

PI 控制器增强系统的电压稳定性，电流内环采用比例 P 控制环节增强系统的抗干扰能力和提高系统的响应速度。

另外，V/f 控制的频率部分也直接采用恒定的数值 50Hz，即让分布式电源的频率恒定，从而 V/f 控制可以通过电压电流双环使得微源输出的电压 U 幅值与频率 f 保持稳定不变，在孤岛状态下对微网的稳定性起到了决定性的作用，而输出的功率 P、Q 可以变化以确保满足负荷的跟随性。

可按照上述思想，根据图 8-10 在 Simulink 中搭建 V/f 控制的控制框图如图 8-11 所示。可以看出，在仿真模拟中搭建的模型主要分为两个部分：电压电流双环控制部分、坐标变换。

图 8-11 坐标变换的具体仿真模型搭建如图 8-12 所示。其中，离散型虚拟锁相环（Discrete Virtual PLL）模块用于产生分布式电源的频率，本部分将其设置为恒定 50Hz，目的是大电网的频率保持一致，平滑地实现并离网切换。派克变换所采用的角速度也由虚拟锁相环模块提供，可将系统采集得到的三相母线电压、三相电容电流转换为 d、q 轴上的分量，其中 q 轴上的电压分量 U_q 数值为 0。

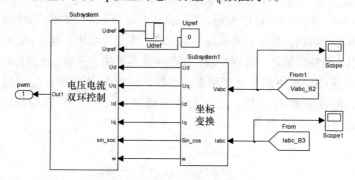

图 8-11　V/f 控制原理框图

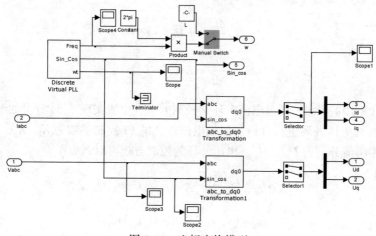

图 8-12　坐标变换模型

派克变换模块的输出连接电压电流双环控制环节，电压电流双环控制的结构与分析如下：

在图 8-10 中，由滤波电容器两端的电流可以列写方程：

$$\begin{cases} C_f \dfrac{\mathrm{d}U_a}{\mathrm{d}t} = i_{Ia} - i_a \\[2mm] C_f \dfrac{\mathrm{d}U_b}{\mathrm{d}t} = i_{Ib} - i_b \\[2mm] C_f \dfrac{\mathrm{d}U_c}{\mathrm{d}t} = i_{Ic} - i_c \end{cases} \tag{8-7}$$

abc 转化到 dq0 坐标系下的表达式为

$$\begin{cases} C_f \dfrac{\mathrm{d}U_d}{\mathrm{d}t} = i_{Id} - i_d - \omega C_f U_q \\[2mm] C_f \dfrac{\mathrm{d}U_q}{\mathrm{d}t} = i_{Iq} - i_q + \omega C_f U_d \end{cases} \tag{8-8}$$

由式（8-5）、式（8-8）可以得到，在 dq0 坐标系下，电压和电流的 dq 分量是耦合的，它们之间相互影响，为了容易实现控制策略，需要对电压、电流 dq 分量进行解耦，本部分采用引入前馈向量进行解耦控制，实现逆变器更快、更准、更稳的控制效果。

本部分电流内环采用的是 P 控制器，且控制对象为电容电流 i_{abc}，设 P 控制器比例系数为 K，电容电流 dq 分量 i_{Cd}、i_{Cq} 的参考值为 $i_{Cd}{}^*$、$i_{Cq}{}^*$，可以得到经过电流内环之后的逆变器出口电压方程为

$$\begin{cases} U_{Id} = K(i_{Cd}{}^* - i_{Cd}) + U_d + \omega L_f i_{Iq} \\[2mm] U_{Iq} = K(i_{Cq}{}^* - i_{Cq}) + U_q - \omega L_f i_{Id} \end{cases} \tag{8-9}$$

将式（8-5）与式（8-9）对比可得

$$\begin{aligned} L_f \dfrac{\mathrm{d}i_{Id}}{\mathrm{d}t} &= K(i_{Cd}{}^* - i_{Cd}) \\[2mm] L_f \dfrac{\mathrm{d}i_{Iq}}{\mathrm{d}t} &= K(i_{Cq}{}^* - i_{Cq}) \end{aligned} \tag{8-10}$$

由式（8-10）看出，通过电流内环 P 控制的电容电流实现了 dq 分量的解耦。

同理可对电压外环进行分析：假设电压外环的 PI 控制参数为 K_i、K_p，电压 d、q 轴分量的参考值分别为 $U_d{}^*$、$U_q{}^*$，电压外环的控制方程可以列成

$$\begin{cases} i_{Cd} = \left(K_p + \dfrac{K_i}{s}\right)(U_d^* - U_d) - \omega C_f U_q \\[2mm] i_{Cq} = \left(K_p + \dfrac{K_i}{s}\right)(U_q^* - U_q) + \omega C_f U_d \end{cases} \tag{8-11}$$

对比式（8-8）、式（8-11）可以得到

$$\begin{cases} C_f \dfrac{\mathrm{d}U_d}{\mathrm{d}t} = \left(K_p + \dfrac{K_i}{s}\right)(U_d^* - U_d) \\ C_f \dfrac{\mathrm{d}U_q}{\mathrm{d}t} = \left(K_p + \dfrac{K_i}{s}\right)(U_q^* - U_q) \end{cases} \qquad (8\text{-}12)$$

式（8-12）表明电压外环 PI 控制中的 d、q 轴也实现了 dq 分量的解耦。

按照式（8-9）与式（8-11）可建立电压电流双环控制原理图如图 8-13 所示。图中，K_{PWM} 表示逆变器，i_{1dd}、i_{1dq} 表示负荷电流得到分量，其余参数与之前设定意义一致。由于负荷电流与流到馈线的电流处于电流环内的前向通道，可看作一种扰动被有效抑制，因此负荷电流的扰动对于电压数值的影响较小。

由图 8-13 可知，为了实现电压电流双闭环控制，本部分将电容电流作为电流控制内环的参考值，将交流侧电压作为电压控制外环的参考值。其控制算法的实现采用上述分析的前馈解耦法：首先将经过电压合成模块得到的电压与交流侧电压经过派克变换后，进行比较得到偏差，经过外环 PI 控制之后得到电流内环的输入，再将这个输入信号和电容电流的 dq 轴分量进行比较得到差值，最后通过 P 控制得到逆变器的驱动信号，通过 SPWM 模块来驱动逆变器控制。另外，电压电流双环控制模型不仅在 V/f 控制中得到使用，在其他的逆变器控制中也受到广泛应用，例如下垂控制、虚拟同步发电机控制等。

根据图 8-13 可在 Simulink 中搭建电压电流双环控制的模型如图 8-14 所示。它对应于图 8-11 中的 Subsystem 分装模块。

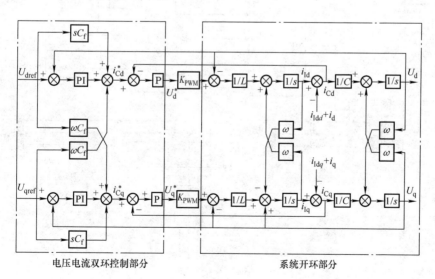

图 8-13 电压电流双环控制原理图

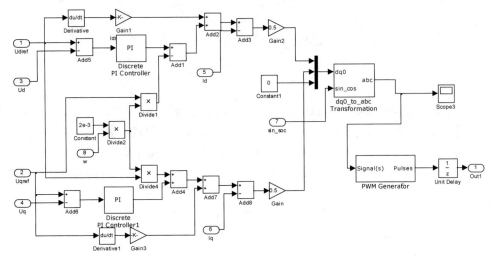

图 8-14　电压电流双环控制在 Simulink 中的模型

8.3.2　*V/f* 控制仿真分析

为了验证对 *V/f* 控制原理分析的正确性，建立如图 8-15 的仿真算例，运行时间设置成 1s，相关数据可参考表 8-2。

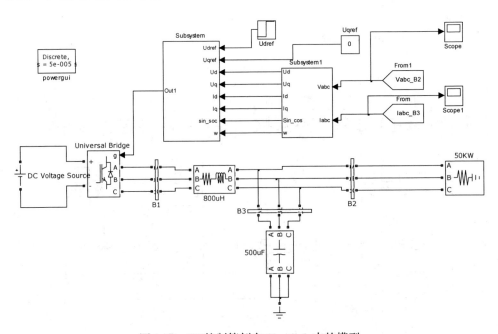

图 8-15　*V/f* 控制算例在 Simulink 中的模型

表 8-2　*V/f* 控制算法参数

电源及滤波	*V/f* 控制	负载
U_{dc}=1000V L_f=1.5mH C_f=500μF R_f=0.01Ω	PI 控制： K_p=10 K_i=2000 比例 P 控制： K=0.5 0~0.5s： U_{ref}=220V f_{ref}=50Hz 0.5~1s： U_{ref}=380V f_{ref}=50Hz	有功：50kW 无功：50kvar

　　基于 *V/f* 控制的分布式电源仿真结果如图 8-16 所示。系统可以很快稳定运行，暂态过程短；在开始的 0~0.5s 时间段内，逆变器输出的三相电压幅值为 310V，逆变器的频率保持在 50Hz 左右；在 0.5~1s 内输出的三相电压幅值变为 523V，系统频率偏差最大不超过 ±0.1Hz，且整个变化过程快速准确。另外，在设置的电压变化前后，逆变器输出的有功和无功功率都是持续稳定的，对于系统的稳定性有很大的帮助。仿真结果说明了该 *V/f* 控制可以针对设置的电压具有良好的跟随特性，电压和频率都能稳定运行。

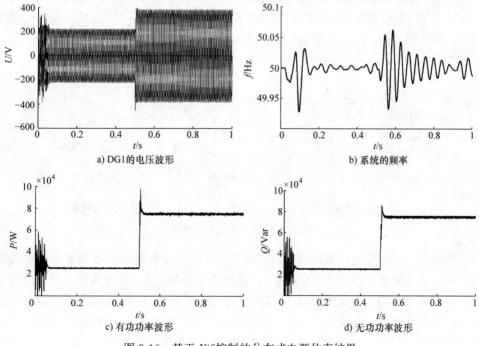

图 8-16　基于 *V/f* 控制的分布式电源仿真结果

8.4 传统的下垂控制

下垂控制（又可称为调差率控制），可实现分布式电源在孤岛运行或并网运行时电压和频率的自动调节，无需借助于各个单元的通信线路，只需采集本地信息，通过控制系统，可自组织地实现分布式电源和负荷的"即插即用"，提高系统的稳定性。无论是孤岛运行还是并网运行，采用下垂控制的分布式电源无需改变控制方法，可实现微网"无缝投切"操作，极大地提高了系统的可靠性[21]。据现有的技术，下垂控制是重要的逆变器控制策略，具有简单可靠的特点，是实现微网对等控制模式的关键，近年来也备受关注。

对于传统的大电力系统，发电机输出的有功功率和系统频率、无功功率和端口电压之间存在着一定的关联性：当系统中的有功负荷增加时，系统有功失衡会引起系统的频率下降，发电机发出的有功功率将会增加；当系统中的无功负荷增加时，系统无功失衡会引起发电机的端电压下降，发电机发出的无功功率将会增加。下垂控制的过程为：微网运行过程中，分布式电源采集各自信息，计算功率情况，根据下垂特性得到电压和频率指令数值，然后调节分布式电源出口侧的电压和频率反向以达到系统功率的合理分配。

8.4.1 分布式电源的功率传输特性

实现下垂控制的主要原理之一是分布式电源的输出功率特性（下垂特性），对其进行深入探讨很有必要，为了详细介绍功率特性，需要建立一个简化的分布式电源并网运行等效模型图。计及逆变器的输出线路阻抗，得到如图 8-17a 所示的等效电路，对应的相量关系如图 8-17b 所示。

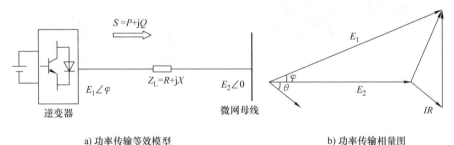

a) 功率传输等效模型   b) 功率传输相量图

图 8-17 功率传输向示意图

图中，E_1、E_2 分别代表逆变器出口电压、并网母线电压；Z_L、S 分别为输电线路的阻抗、输送的复合功率（视在功率）；将母线上的电压作为参考矢量（即相位角为 0），逆变电源出口电压相角为 φ；流过电路的电流为 I、线路 Z_L 的相位角为 θ。逆变器将分布式电源直流变换为交流，交流侧逆变器的输出功率 $S=P+jQ$ 通过输电阻抗 $Z_L=R+jX$ 输送给配电网的交流母线，简化了功率传输特性分析过程。

可以列出逆变器输出功率的表达式为

$$S = P + \mathrm{j}Q = \dot{E}_2 \dot{I}^*$$

$$= E_2 \left(\frac{E_1 \cos\varphi - \mathrm{j}E_1 \sin\varphi + E_2}{Z\cos\theta + \mathrm{j}Z\sin\theta} \right)^*$$

$$= \frac{1}{Z_\mathrm{L}}(E_2 E_1 \cos\varphi\cos\theta - E_2^2 \cos\theta + E_2 E_1 \sin\varphi\sin\theta) + \qquad (8\text{-}13)$$

$$\mathrm{j}\frac{1}{Z_\mathrm{L}}(E_2 E_1 \cos\varphi\sin\theta - E_2^2 \sin\theta - E_2 E_1 \sin\varphi\cos\theta)$$

根据分布式电源复功率的式（8-13），逆变器的功率为

$$\begin{cases} P = \left(\dfrac{E_2 E_1}{Z_\mathrm{L}}\cos\varphi - \dfrac{E_2^2}{Z_\mathrm{L}} \right)\cos\theta + \dfrac{E_2 E_1}{Z_\mathrm{L}}\sin\varphi\sin\theta \\[3mm] Q = \left(\dfrac{E_2 E_1}{Z_\mathrm{L}}\cos\varphi - \dfrac{E_2^2}{Z_\mathrm{L}} \right)\sin\theta - \dfrac{E_2 E_1}{Z_\mathrm{L}}\sin\varphi\cos\theta \end{cases} \qquad (8\text{-}14)$$

在传统的电力系统中，不同电压等级的输电线路对应的阻抗有很大的不同，直接影响输送功率的情况，反映在微网的下垂控制中体现为：输电线路参数的不同又会直接影响下垂特性理论。下面首先来讨论传统电力系统的输电特性。

根据表 8-3 的数据，在传统的高电输电系统中有 $X \gg R$，电阻 R 相对来说几乎可以忽略，此时的阻抗 $Z \approx X$（即 $\theta = 90^\circ$）；当输电线路两端的电压相量功角相差不大时，功率角 φ 很小，可以得到 $\sin\varphi \approx \varphi$、$\cos\varphi \approx 1$，将式（8-14）化简可以得到

$$\begin{cases} P \approx \dfrac{E_2 E_1}{X}\sin\varphi \approx \dfrac{E_2 E_1}{X}\varphi \\[3mm] Q \approx \dfrac{E_2 E_1}{X} - \dfrac{E_2^2}{X} = \dfrac{E_2(E_1 - E_2)}{X} \end{cases} \qquad (8\text{-}15)$$

表 8-3　传统系统中典型线路情况

线路类型	高压	中压	低压
$R/(\Omega/\mathrm{m})$	642	161	60
$X/(\Omega/\mathrm{m})$	83	190	191
R/X	7.7	0.85	0.31

为了满足一定的电能质量，电力系统的母线电压 E_2 变化范围很小，可以看作一个定值。在高压输电线路（$X \gg R$）中，可忽略线路的电阻以及功率角 φ，分布式电源输出的有功功率 P 的大小和无功功率 Q 的大小分别取决于相角 φ 和电压幅值 E_1。可以得到输电线路中 P 与 φ、Q 与 E 之间存在某种近似线性的关系。一般地，逆变电源输出的电压幅值可以直接进行控制，而电压相角通过式（8-16）可知，从相角与输出频率 f 或角频率 ω 之间的关系可以间接地对其进行控制。

$$f = \frac{\omega}{2\pi} = \frac{1}{2\pi} \frac{\mathrm{d}\varphi}{\mathrm{d}t} \qquad (8\text{-}16)$$

同理，在表 8-3 中还可以看到低压输电线路的参数大小，可以分析出线路的阻性远大于感性，即 $R \gg X$，电抗相对于电阻来说几乎忽略不计，则有 $Z \gg R$，$\theta = 0°$。当输电线路两端的电压相量功角相差不大时，可假设相角 φ 很小，在数学上有 $\sin\varphi \approx \varphi$，$\cos\varphi \approx 1$，将式（8-17）化简可以得到

$$\begin{cases} P \approx \dfrac{E_2 E_1}{X} - \dfrac{E_2^2}{X} = \dfrac{E_2 (E_1 - E_2)}{X} \\ Q \approx \dfrac{E_2 E_1}{X} \cos\varphi \approx \dfrac{E_2 E_1}{X} \varphi \end{cases} \qquad (8\text{-}17)$$

式（8-17）表明，当线路阻抗呈阻性、φ 较小时，P 和 Q 的大小分别取决于电压幅值 E 和相角 φ。这个结论和高压线路阻抗的结论是完全相反的，P-f 和 Q-U 下垂特性在这种情况下是不可行的，所以需要采取措施使低压线路阻抗呈感性。

综上所述，图 8-17 所显示的简化分布式电源并网结构图，它的阻抗与输送功率、下垂控制原理的对应关系可以总结为表 8-4。

表 8-4 典型线路情况

线路阻抗	有功功率	无功功率	*P-f* 特性	*Q-U* 特性
$Z = jX$	$P = \dfrac{E_2 E_1}{X} \varphi$	$Q = \dfrac{E_2 (E_1 - E_2)}{X}$	$f = f(P)$	$U = f(Q)$
$Z = R$	$P = \dfrac{E_2 (E_1 - E_2)}{X}$	$Q = \dfrac{E_2 E_1}{X} \varphi$	$f = f(Q)$	$U = f(P)$

由表 8-4 可知，当线路的电抗远比电阻要大时，下垂控制理论应该采用 P-f 和 Q-U 的控制方法；相反，若电抗远比电阻要小，控制理论应采用 P-U 和 Q-f 的思想。可见针对不同的微网系统，下垂理论采用的方式应该进行调整，具体如下：

1）分布式电源系统的输出阻抗主要表现为电抗（$\theta = 90°$）时，若分布式电源发出的 P 比负荷的有功需要要大，可降低其频率 f，根据频率下垂特性达到降低 P 的目的；相反，若分布式电源发出的 P 比负荷的有功需要要小，可通过升高频率 f 的数值来升高输出的有功大小。若分布式电源发出的 Q 大于或小于负荷的有功需要，利用电压下垂特性，可通过降低或者增大 U 来达到减小或增大输出无功 Q 的目的。

2）分布式电源系统的输出阻抗主要表现为电阻（$\theta = 0°$）时，根据上述分析，有功功率相关于电压高低，无功功率相关于频率大小，其表现出来的系统特性与阻抗主要表现为电抗正好相反。

在基于下垂控制的微网控制中，无论是输出阻抗主要表现为电抗的系统还是表现为电阻的系统，在负荷发生改变时，分布式电源都能够利用下垂理论，自适应地减少或者增大其输出，以达到新的功率平衡。

8.4.2　下垂控制器

图 8-18 为下垂控制的原理框图。图中，L_f、C_f、R_f、Z、Z_{line} 分别为滤波电感、滤波电容、滤波电阻、负荷阻抗、输电线路阻抗。分布式电源的下垂控制方法为：首先利用测量元件测量输电线路中的电压、电流；然后计算功率环节得到平均的有功功率和无功功率；再通过下垂控制环节中有功功率-频率（即 $P\text{-}f$）特性和无功功率-电压（即 $Q\text{-}U$）特性得到相应的电压与频率指令值；最后通过电压电流双环控制器进行 PI 调节，产生 SPWM 正弦可控调制信号。

由图 8-18 可见，要实现下垂控制需要测量模块、dq 坐标变换与功率计算、下垂控制环节、电压电流双控制部分、脉冲波调制模块。其中测量模块和脉冲调制模型与 PQ 控制作用类似，电压电流双控制部分与 V/f 控制作用相同，不再详述。下面着重分析下垂控制理论。

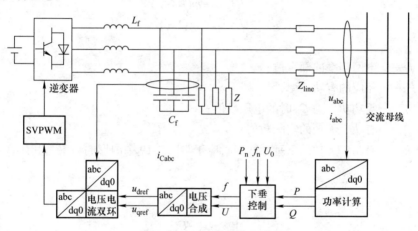

图 8-18　下垂控制结构图

本部分采用了线路阻抗主要呈感性的下垂控制理论，根据线路功率传输特性分析，在感性系统中，P 与功角差 φ、Q 与电压差呈线性关系。在实际应用中常用 f 替代功角，因此通过调节 f 和电压 U 可实现对于并联分布式电源 P、Q 的合理分配控制，由此可得下垂控制特性关系如图 8-19 所示。

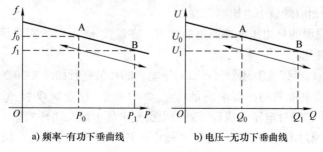

a) 频率-有功下垂曲线　　　　b) 电压-无功下垂曲线

图 8-19　下垂控制原理

图 8-19 中，若分布式电源的初始工作点为 A，对应的功率为 P_0、Q_0，频率和电压为 f_0、U_0。当系统中有大量的有功负荷投入运行时，负荷功率由 P_0 升高到 P_1，分布式电源在 A 点的有功无法满足需求，将会引起系统频率的下降，按照图 8-19a 的频率特性曲线，频率下降会引起下垂控制系统的作用，分布式电源发出的有功功率会增加，同时系统的频率下降速度也会减小，当分布式电源发出的有功功率与负荷相等时达到新的平衡，即在新的稳定点 B 运行。反之，如果有大量负荷退出系统运行时，工作点会从 B 移至 A。同理，图 8-19b 中的无功负荷与系统电压之间也存在相同的调节关系。

由图 8-19 中可以列出下垂控制理论中，有功功率 P 对应于系统频率 f、无功功率 Q 对应于电压大小 U 的关系：

$$\begin{cases} f = f_0 + m(P_0 - P) \\ U = U_0 + n(Q_0 - Q) \end{cases} \tag{8-18}$$

式中　f_0——电网频率的额定值；

P_0——相应的有功功率；

U_0——无功功率为 Q_0 时的电压幅值；

P、Q——有功、无功的实际数值；

m、n——有功、无功的下垂系数，对应于与图 8-19 中图形的斜率，其计算公式为

$$\begin{cases} m = \dfrac{f_0 - f_{\min}}{P_{\max} - P_0} \\ n = \dfrac{U_0 - U_{\min}}{Q_{\max} - Q_0} \end{cases} \tag{8-19}$$

式中　$P_{\max}$——允许最大有功功率；

$f_{\min}$——相应的最小频率；

$Q_{\max}$——允许最大无功功率；

$U_{\min}$——相应的最小电压幅值。

同时需要说明的是由于电能质量的要求，在设置 m、n 时，需要保证电压与频率变化在一定范围内。

根据式（8-18）以及上述分析可以对下垂控制环节进行如图 8-20 的设计。根据实际情况，分布式电源的功率要求满足：$P_{\max} \geq P \geq 0$、$Q_{\max} \geq Q \geq -Q_{\max}$。参考指令值频率 f 和电压 U 经过电压合成环节就可以得到电压电流双闭环的输入，即参考电压 U_{ref}，参考电压通过电压电流双闭环环节输出正弦可控调制信号送入 SPWM 模块，得到的调制波进入逆变器。

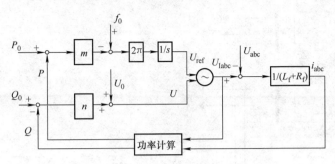

图 8-20　下垂控制原理框图

$$
\begin{cases}
U_{aref} = U_{ref} \angle \varphi \\[2mm]
U_{bref} = U_{ref} \angle \left(\varphi - \dfrac{2\pi}{3}\right) \\[2mm]
U_{cref} = U_{ref} \angle \left(\varphi + \dfrac{2\pi}{3}\right)
\end{cases}
\tag{8-20}
$$

图 8-20 中下垂控制设计的框图可在 Simulink 中搭建仿真模型如图 8-21 以及图 8-22 所示，平均功率和电压、额定功率和频率进行比较经过下垂控制得到电压合成的参考电压，作为电压电流双闭环控制的输入，其中采用的合成电压可表示为式（8-20）。

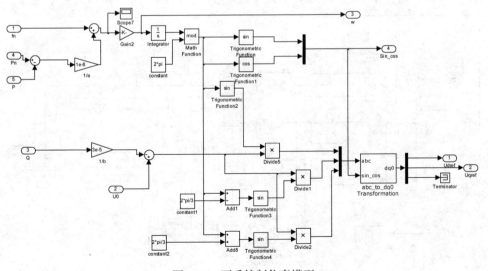

图 8-21　下垂控制仿真模型

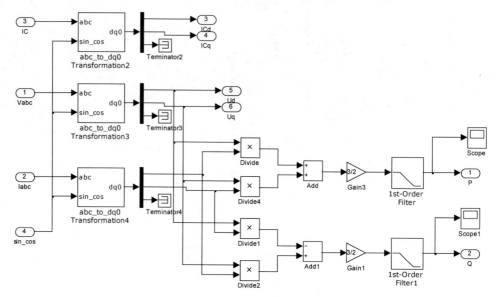

图 8-22　dq 变换与功率计算模块仿真模型

8.4.3　下垂控制仿真分析

下垂控制仿真模型如图 8-23 所示，下面通过仿真来分析下垂控制的模型以及优缺点。设置仿真时间为 0.5s，在 0~0.25s 线路中所带负荷为 40kW、15kVar，在 0.25~0.5s 线路中所带负荷为 30kW、5kVar。其余参数可参见表 8-5（表中 f_s 为载波频率）。

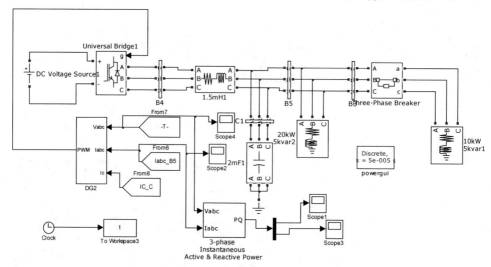

图 8-23　dq 变换与功率计算模块仿真模型

表 8-5　传统下垂仿真参数

参数	取值	参数	取值
R_f/Ω	0.1	K_{up}	10
L_f/mH	1.5	K_{ui}	100
$C_f/\mu F$	1000	K_{ip}	5
Z_L/Ω	0.1+j0.001	f_s/Hz	6000
u^*/V	311	m_n	0.00001
P_{set}/kW	20	n_n	0.0003

　　仿真结果如图 8-24 所示，仿真结果包括了逆变器交流侧的电流和电压、输出的功率以及系统频率。由图 8-24a 可知，系统进入稳定状态是在 0.6s 左右，交流侧电流在 0~0.25s 幅值为 75A，在 0.25~0.5s 幅值为 50A；图 8-24b 为三相电压曲线，稳定以后能维持在 311V 附近，当系统所带负荷变小时，系统的电压有所升高，且负荷切换瞬间电压波形有明显的变大；图 8-24c 与图 8-24d 分别为输出的有功功率和无功功率，在 0~0.25s 发出有功功率为 40kW、无功功率为 15kvar，0.25~0.5s 发出有功功率为 30kW、无功功率为 5kvar；图 8-24e 为系统运行时的频率变化曲线，能够维持在 50Hz 附近，且负荷切换过程能够平稳实现。

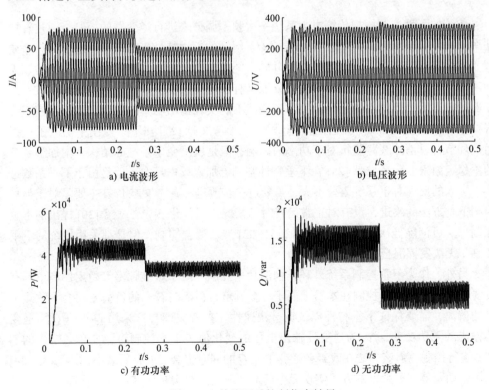

a) 电流波形　　　　　　　　　　　　　　b) 电压波形

c) 有功功率　　　　　　　　　　　　　　d) 无功功率

图 8-24　传统下垂控制仿真结果

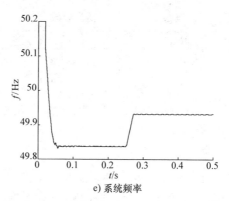

e) 系统频率

图 8-24　传统下垂控制仿真结果（续）

通过仿真可以看出，下垂控制具有灵活、平稳、动态稳定性的特点，另外，还可看出在系统刚开始运行时的暂态过程很长、电压波形会因为负荷的变化有较大影响等不足，因此 8.5 节将对下垂控制进行改进。

8.5　改进型下垂控制

传统的下垂控制模拟传统电力系统一次频率调整来进行逆变器的控制，通过有功功率 - 频率（P-f）、无功功率 - 电压（Q-U）解耦的下垂特性来进行系统电压和频率调节[22, 23]。它可实现多台逆变器的对等并联，能够自动分配各种分布式电源的有功、无功功率，但是传统下垂控制对于功率分配具有一定局限性。由于微网的线路阻抗、逆变器的输出阻抗等的不确定性，使得逆变器不能实现输出功率的解耦，下垂特性需要根据线路的阻抗特性不同而有所调整[24, 26]。参考文献 [27] 在下垂控制中引入了虚拟阻抗环节，以消除线路阻抗对于功率的影响，但是也改变了系统的结构，增加了系统的不稳定因素。参考文献 [28] 在下垂特性基础上加入反馈环节，但是由于下垂系数过小，引入的反馈对于系统改善不大，需要进一步改进。参考文献 [29] 主要是对于孤岛检测下垂方法的改进，没有对正常运行时的情况进行优化。参考文献 [30] 提出的下垂控制方法可消除低次谐波。参考文献 [31, 32] 涉及混合控制，但是都采用传统的下垂控制，无法发挥混合控制的优势。

另外，作为下垂控制系统外环结构的功率控制环对于系统频率等稳定控制也具有重要作用，但是功率控制在本质上属于有差调节，孤岛时较大的负荷变动会导致频率等的偏离，需要保证下垂特性以及调节快速性。参考文献 [33] 采用 Q-Δu（Q 为逆变器输出的无功功率，Δu 为逆变器输出电压的变化值）下垂控制对逆变单元输出的 Q 和 u 进行控制，但该方法在改善各逆变单元 Q 的同时也会使 u 有所减小；参考文献 [34] 采用自动调节下垂系数的方法实现无差调节，但是需要实时计算，过程烦琐。

首先，本节在上述文献基础上，综合当前多种下垂控制方法的特点，提出了新的改进型下垂控制方法，它主要包括电压电流双环和功率控制环节两个部分的改进[35]。其中，采用基于动态虚拟阻抗技术的电压电流双环，实现有功功率和无功功率的解耦；在功率控制环节部分，除了引入积分环节提高系统稳态性能外，还加入了自适应下垂调整的改进，它可以打破传统下垂控制的有差调节过程，提高系统的稳定性与适应性。

下垂控制的核心部分包括电压电流双环和功率控制两个环节，对于传统下垂控制的改进可以通过这两个环节来进行。

8.5.1　电压电流双环控制

在实际的运行中，逆变器并联运行的运行系统中，逆变器输出的 P 和 Q 之间存在解耦，这将会对 $P\text{-}f$、$Q\text{-}u$ 的下垂特性产生影响，尤其在低压微网中会使下垂控制难以直接应用，本部分引入虚拟阻抗来解决此问题。引入虚拟阻抗的实质是将采集的电流信号乘以虚拟阻抗值，引入到电压调节器中，这有助于增加系统稳定性及减小环流影响[36, 37]。

基于虚拟阻抗反馈环节的电压电流双环控制系统结构如图 8-25 所示。图中，$G_u(s)$、$G_i(s)$、$Z_{vir}(s)$ 和 K_{PWM} 分别为电压外环控制、电流控制内环、虚拟阻抗反馈环节和逆变器的等效模型，u_{nref}、u^*_{nref} 和 u_0 分别为指令电压、引入虚拟阻抗的指令电压和负荷电压，i_L 和 i_0 分别为电感电流和负荷电流。

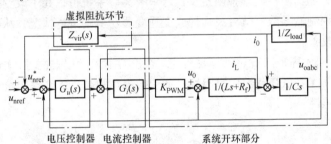

图 8-25　基于虚拟阻抗反馈环节的双环控制系统结构

为了使系统具有良好的稳定性和动态响应速度，电压外环、电流内环分别为 PI 控制、P 控制，它们的控制模型分别为 $G_u(s)=K_{up}+K_{ui}/s$、$G_i(s)=K_{ip}$。其中，K_{up}、K_{ui} 为电压环 PI 控制的比例系数、积分系数，K_{ip} 为电流环比例系数。

由图 8-25 可知，当电压控制环分别以 u_{nref}、u_0 作为输入、输出时，加入虚拟阻抗反馈环节 $Z_{vir}(s)$ 后，逆变器的闭环传递函数可写为

$$u_0 = \frac{K_{ip}K_{PWM}(K_{up}s+K_{ui})(u-Z_{vir}i_0)}{L_fC_fs^3+K_{ip}K_{PWM}C_fs^2+(1+K_{up}K_{PWM})s+K_{ip}K_{PWM}K_{up}} - $$

$$\frac{L_fs^3+K_{ip}K_{PWM}s}{L_fC_fs^3+K_{ip}K_{PWM}C_fs^2+(1+K_{up}K_{PWM})s+K_{ip}K_{PWM}K_{up}}i_0$$

（8-21）

式（8-21）可简化为

$$u_0 = G(s)\left(u_{\text{nref}} - Z_{\text{vir}}i_0\right) - Z_0(s)i_0$$
$$= G(s)u_{\text{nref}} - \left[G(s)Z_{\text{vir}} + Z_0(s)\right]i_0 \qquad (8\text{-}22)$$

式中　$Z_0(s)$——逆变器的等效输出阻抗；

$G(s)$——电压的传递函数。

它们分别为

$$G(s) = \frac{K_{ip}K_{\text{PWM}}(K_{up}s + K_{ui})}{L_f C_f s^3 + K_{ip}K_{\text{PWM}}C_f s^2 + (1 + K_{up}K_{\text{PWM}})s + K_{ip}K_{\text{PWM}}K_{up}} \qquad (8\text{-}23)$$

$$Z_0(s) = \frac{L_f s^3 + K_{ip}K_{\text{PWM}}s}{L_f C_f s^3 + K_{ip}K_{\text{PWM}}C_f s^2 + (1 + K_{up}K_{\text{PWM}})s + K_{ip}K_{\text{PWM}}K_{up}} \qquad (8\text{-}24)$$

引入虚拟阻抗的逆变器等效输出阻抗为

$$Z^*_0(s) = G(s)Z_{\text{vir}} + Z_0(s) \qquad (8\text{-}25)$$

可以看出，输出阻抗与虚拟阻抗反馈环节有关，系统可以在不改变外部硬件结构而仅通过调节控制器参数，就可灵活地改变逆变器功率的解耦情况，从而使得相应的下垂特性得到改善。

图 8-26 为引入虚拟阻抗后的等效系统。在没有加入虚拟阻抗时，DG 与母线间的线路阻抗 $Z_L = R + \mathrm{j}X$ 在低压线路中呈阻性；而引入虚拟阻抗后，线路阻抗 $Z_L = R + \mathrm{j}X$ 由原来的阻性变为感性。

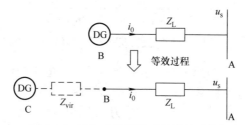

图 8-26　引入虚拟阻抗后的等效系统

由图 8-26 可知，点 A 与点 C 之间系统总电压降表达式[37]为

$$\Delta u = \left[Z^*_{\text{vir}}(s) + Z_L\right]i_0 = \left[G(s)Z_{\text{vir}} + Z_0(s) + Z_L\right]i_0 \qquad (8\text{-}26)$$

为了保证供电的质量，减少系统电压降和环流，动态虚拟阻抗可设置为

$$Z_{\text{vir}} = (\Delta u/i_0 - Z_0(s) - Z_L)/G(s) \qquad (8\text{-}27)$$

式中　$Z_0(s)$——可以看作微源的内阻抗；

　　　Δu——测量电压与指令电压的差值；

　　　i_0——负荷电流；

　　　Z_L——线路阻抗。

随着系统状态的不断变化，固定的虚拟阻抗改善作用无法满足需要，而动态的虚拟阻抗可以实时监测系统的电压、电流。通过式（8-27）计算出相应的动态虚拟阻抗，自适应地自动调节系统，可以有效地改善电压降，保证电能质量。

8.5.2　功率环控制

传统下垂算法可以实现并联逆变器间良好的稳态均流效果，但传统下垂控制本质上属于有差调节，考虑到负荷变动或者发电机投切时，需要更好的瞬时响应能力，本部分对功率控制环节进行改进。

传统的功率下垂控制原理框图如图 8-27 所示。图中，P_{set}、Q_{set} 分别为有功功率和无功功率的设定值，s 为拉普拉斯算子。

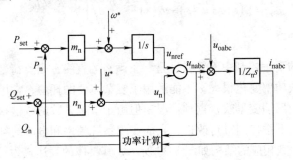

图 8-27　传统的功率下垂控制原理框图

由图 8-27 可得，微源输出的有功功率 P_n、无功功率 Q_n 的表达式为[39]

$$\begin{cases} P_n(s) = \left[\omega^*(s) - \omega_0(s)\right]\dfrac{1}{s}\dfrac{u_0^2}{X_n} \Big/ \left(1 + \dfrac{1}{s}\dfrac{m_n u_0^2}{X_n}\right) \\ Q_n(s) = \left[u^*(s) - u_0(s)\right]\dfrac{u_0}{X_n} \Big/ \left(1 + \dfrac{n_n u_0}{X_n}\right) \end{cases} \tag{8-28}$$

从式（8-28）可知，P_n 计算式中含有积分项，其稳态时与等效连接阻抗 X_n 无关，可以实现精确分配；而无功功率 Q_n 计算式中无积分项，稳态时受到外联等效阻抗的影响。根据参考文献 [39] 可知，下垂控制功率调节系统仅由比例控制进行，会引起电压差，且鲁棒性较差。

由上述分析可知，为了实现稳态电压无静差，需要对无功功率控制环节构造一个积分环节，以提高系统稳态性能。构造出的表达式如式（8-29），其结构图如图 8-28 所示。

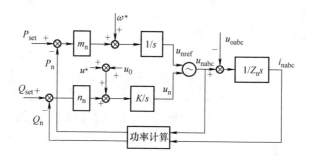

图 8-28　改进的功率下垂控制环的结构

$$\begin{cases} P_{n}(s) = \left[\omega^{*}(s) - \omega_{0}(s) \right] \dfrac{1}{s} \dfrac{u_{0}^{2}}{X_{n}} \bigg/ \left(1 + \dfrac{1}{s} \dfrac{m_{n} u_{0}^{2}}{X_{n}} \right) \\[4mm] Q_{n}(s) = \left[u^{*}(s) - u_{0}(s) \right] \dfrac{K}{s} \dfrac{u_{0}}{X_{n}} \bigg/ \left(1 + \dfrac{K}{s} \dfrac{n_{n} u_{0}}{X_{n}} \right) \end{cases} \tag{8-29}$$

　　另外，传统的下垂控制中下垂特性是一条倾斜的直线，当负荷变化或者发电机投切时，微源输出的功率变化很大，不能适用于复杂多变的环境，常用的改进方法都只是简单地引入一个反馈变量改善这种情况，但由于下垂系数的数值很小，改善效果并不明显。本部分对下垂控制进行改进，它能实现系统频率和电压的补偿，改善系统的稳定性和适应性。其相应的结构如图 8-29 所示，其具体的表达式为

$$\begin{cases} f = f^{*} - m_{n} P_{n} + m^{*} \left(K_{p} + \dfrac{K_{i}}{s} \right) \left(f - f^{*} \right) \\[4mm] u = u^{*} - n_{n} Q_{n} - n^{*} \left(K_{p} + \dfrac{K_{i}}{s} \right) \left(u - u^{*} \right) \end{cases} \tag{8-30}$$

式中　m^{*}、n^{*}——修正后的下垂系数，一般比 m_{n}、n_{n} 大；

　　　　K_{p}、K_{i}——PI 控制的比例系数、积分系数。

　　从式（8-30）和图 8-29 可见，本部分所提新控制方法的实质是将频率差值、电压差值通过 PI 控制环、修正的下垂系数环节作为功率控制的反馈信号，其中 m^{*}、n^{*} 用于增大反馈的补偿作用，数值大小主要根据系统运行情况不同而不同。这种改进后的功率特性具体表现出来为相对于前一时刻的移动量，移动量的多少、快慢主要由系统的参数、PI 控制参数和修正的下垂系数来决定，这样下垂控制就可以自适应地随着系统运行情况的不同而做相应的移动，增强了频率和电压的动态稳定性。

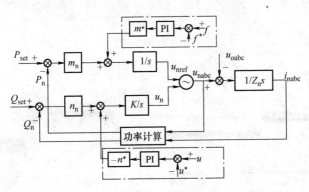

图 8-29　本部分提出的改进功率下垂控制环的结构

8.5.3　改进型下垂控制仿真分析

在 MATLAB/Simulink 软件上，本部分搭建了改进型下垂控制系统，验证改进型下垂控制策略的有效性和可行性。系统仿真参数 PI 控制 K_p=0.6、K_i=10，修正系数 m^*=0.01、n^*=0.3，K=10，其余参数与传统下垂参数一致。

仿真结果如图 8-30 所示，仿真结果包括了电流和电压波形、输出的功率波形以及系统频率。由图 8-30a 可知，系统在 0.2s 左右进入稳定状态，电流在 0~0.25s 幅值为 75A、0.25~0.5s 幅值为 50A，与传统的下垂控制比较，在保证电流幅值相同的情况下可以缩短暂态过程，有利于系统的快速启动；图 8-30b 是电压的波形，稳定以后能维持在 311V 附近，与传统下垂不同的是负荷改变前后，电压的幅值没有发生变化，且负荷切换瞬间电压波形无明显改变，有助于提高系统电压的质量水平；图 8-30c 与图 8-30d 分别显示的是有功功率和无功功率波形，虽然改进前后功率在数值上无明显差异，在 0~0.25s 发出有功功率为 40kW、无功功率为 15kvar，0.25~0.5s 发出有功功率为 30kW、无功功率为 5kvar，但改进后的逆变器能在 0.025s 便进入稳定状态，而传统的逆变器暂态时间过长，图形反映出来的结果与电流电压波形一致；图 8-30e 显示的是系统运行时的频率变化，改进后的逆变器相比于传统逆变器能够更接近 50Hz，且暂态过程很快。

由图 8-24 与图 8-30 可见，系统运行时，改进的下垂控制趋于稳定的速度更快，系统能更快地进入稳态运行；而传统下垂控制的有功功率、无功功率均分效果不好，稳定性不佳。因此，改进的下垂控制在电压、电流、功率和频率调节时效果更优。

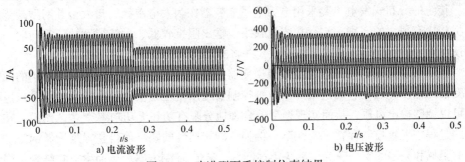

a) 电流波形　　　　　　　　　　　　　b) 电压波形

图 8-30　改进型下垂控制仿真结果

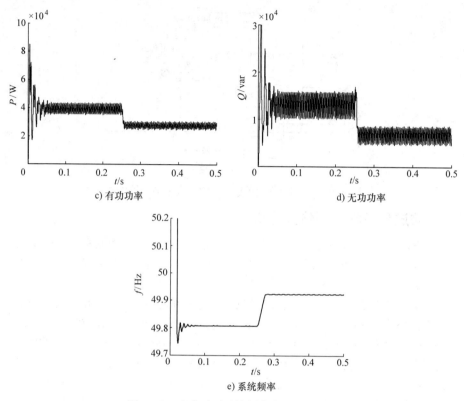

c) 有功功率

d) 无功功率

e) 系统频率

图 8-30　改进型下垂控制仿真结果（续）

8.6　VSG 控制

本节对虚拟同步发电机（VSG）控制进行分析，首先介绍了同步发电机的原理，分析了现有 VSG 常用的数学模型，然后通过介绍它的基本原理与拓扑结构，在传统的 VSG 基础上对其进行改进，最后通过仿真平台比较改进前后 VSG 的表现情况。

8.6.1　VSG 控制的系统结构

传统的分布式发电主要采用电力电子逆变器作为发电单元，与大型并网型同步发电机相比有很大的区别，它存在容量较小、输出阻抗较低、系统惯性缺乏等问题，这会使得电网的不稳定性变得更加严重，并将威胁电网的安全可靠运行[40,41]。

微网可靠运行的关键问题是微源逆变器的控制，下垂控制是微网中最常用的微源逆变器的控制方法。它通过跟踪由下垂控制器给出电压幅值和频率的参考信号，逆变器可以调整输出电压，从而实现逆变器合理地分配有功和无功功率[42,43]。然而，在实施的过程中下垂控制存在一定缺陷，例如，旋转惯性的缺乏使得它很难为微网提供必要的阻尼和频率的支持。为了解决上述问题，VSG 控制方案应运而生，它结合了同步发电机和逆变器两者各自的特点，模拟了同步发电机频率和电压的调节，可以提高系统的稳定性，自提出以来受到了广泛的关注[44, 45]。

对于三相的逆变器，在等效输出阻抗呈感性时，可以借助同步发电机原理设计 VSG 控制器。本部分采用的 VSG 控制结构如图 8-31 所示。图中，VSG 控制方法的控制部分可以分为虚拟调速器、虚拟励磁控制器和 VSG 控制模型 3 个控制部分，分别模拟了同步发电机的调速器、励磁控制系统和同步发电机机械特性与电气特性，通过 3 个控制部分的共同作用，达到模拟同步发电机运行特性的目的。其中 VSG 算法为该控制策略的核心，而虚拟原动机调节模块模拟了同步发电机的一次调频特性。

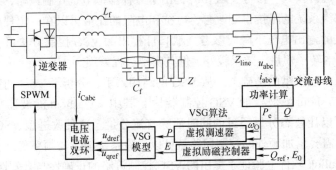

图 8-31　VSG 控制策略框图

VSG 逆变器控制方法具体为：首先测量输电线路中的电压和电流，并计算功率，再通过虚拟调速器、虚拟励磁控制器以及 VSG 的模型得到相应的电压与频率指令值；最后通过电压电流双环控制器进行 PI 调节产生 SPWM 正弦调制信号。

同步发电机根据不同的需要可以有 2 阶模型、3 阶模型、5 阶模型等，本部分采用经典的 2 阶模型，它能在不失发电机特性的同时，避免复杂的电磁耦合关系。VSG 的 2 阶算法可表示为

$$\begin{cases} T_{\mathrm{m}} - T_{\mathrm{e}} - D\Delta\omega = \dfrac{P_{\mathrm{m}}}{\omega} - \dfrac{P_{\mathrm{e}}}{\omega} - D(\omega - \omega_0) = J\dfrac{\mathrm{d}\omega}{\mathrm{d}t} \\[2mm] \dfrac{\mathrm{d}\theta}{\mathrm{d}t} = \omega \\[2mm] E^* = u_{\mathrm{abc}} + i_{\mathrm{abc}}(R_{\mathrm{a}} + \mathrm{j}X_{\mathrm{d}}) \end{cases} \tag{8-31}$$

式中　　　　J——同步发电机的转动惯量；

T_{m}、T_{e}——同步发电机的机械转矩和电磁转矩；

D——阻尼系数；

ω_0——电网同步角速度；

P_{m}、P_{e}——机械功率、电磁功率；

E^*、i_{abc}——励磁电动势、定子端电压、电子电流；

R_{a}、X_{d}——定子电枢电阻、同步电抗。

8.6.2 带 Washout 滤波器的 VSG 控制器设计

VSG 控制算法已被公认并广泛地应用在微网中，但是 VSG 的研究工作尚处于兴起阶段，其控制体系和工程应用仍然存在一些问题亟需解决[46, 47]。很多学者对其进行了深入研究与改进，参考文献 [48] 提出一种锁相环的 VSG 控制方法，以达到并 / 离网无缝切换的效果，但是其并没有应用电压电流控制，有功与无功之间存在耦合关系影响 VSG 控制的实现效果。参考文献 [49] 提出了电压 VSG 控制策略，虽然在该控制策略下逆变器能够模拟同步发电机的外特性，但其仅适用于并网运行模式下，不利于逆变器的孤岛运行模式。参考文献 [50] 提出了一种虚拟电抗控制策略，通过减去虚拟的电压降，使得系统的阻抗得到改善，电抗和电阻的比值可以在一定程度上降低，但会使孤岛模式的输出电压下降。参考文献 [51] 提出的 VSG 控制方法可根据加速度和转差选取不同的转子惯量，效果较好，但其实现过程繁琐。

本部分在上述文献的基础上，从 VSG 的结构入手，分析了 VSG 的基本原理，然后提出了带 Washout 滤波器的 VSG 控制器[52]，其中，Washout 滤波器是一个一阶高通滤波器，可以让暂态分量通过的同时滤除直流分量。这种改进型 VSG 控制方法无需联络线，不需要增加额外的控制回路就可以消除系统电压与频率稳定偏差。最后在 MATLAB/Simulink 软件上验证了提出的 VSG 控制策略的正确性与有效性。

1. 有功 - 频率控制

类似于同步发电机调速器的设计原理，VSG 的有功 - 频率采用有功功率和系统频率之间的下垂特性，能够使逆变器具有调频能力，模拟同步发电机的调速器。有功 - 频率下垂控制表达式为

$$P = P_{\text{ref}} + (\omega_0 - \omega) K_{\text{f}} \qquad (8\text{-}32)$$

式中　　ω_0——电网同步角速度；

$\quad\quad K_{\text{f}}$——有功功率下垂系数。

传统的下垂系数计算公式为

$$K_{\text{f}} = \frac{\omega - \omega_{\min}}{P_{\max} - P} \qquad (8\text{-}33)$$

式中　　$P_{\max}$——允许输出的最大有功功率；

$\quad\quad \omega_{\min}$——ω 的最小频率。

随着系统负载的变化，常规下垂控制将不能很好地恢复给定的角频率和电压幅值，因此，本部分引入 Washout 滤波器来弥补常规下垂控制这一缺陷[51]。

Washout 滤波器是一种"通交阻直"的高通滤波器，它可以使得信号的暂态分量通过，带 Washout 滤波器特性的有功下垂系数计算公式可表示为

$$K_{\text{f}} = \frac{s + m_{\text{f}}}{k_{\text{f}} s} \qquad (8\text{-}34)$$

将式（8-33）与式（8-34）结合可以得到一种基于 Washout 滤波器的有功下垂特性，其方程可表示为

$$P = P_{\text{ref}} + \left(\omega_0 - \omega\right)\frac{s + m_{\text{f}}}{k_{\text{f}} s} \tag{8-35}$$

式中　　k_{f}——传统有功下垂控制系数，$k_{\text{f}} = 1.03 \times 10^{-5}$；

m_{f}——固定常数，$m_{\text{f}} = 2000$。

由式（8-35）可知，该控制方法是利用基于 Washout 滤波器的动态反馈，在反馈路径中利用 Washout 滤波器的主要优势来消除线路中的不确定因素，这种控制方法的优点是可以在负荷变动的情况下保持系统电压和频率稳定。

转子运动方程可表示为

$$\begin{cases} J\dfrac{\mathrm{d}\omega}{\mathrm{d}t} = \dfrac{P_{\text{m}} - P_{\text{e}}}{\omega} - D\left(\omega - \omega_0\right) \\[2mm] \dfrac{\mathrm{d}\theta}{\mathrm{d}t} = \omega \end{cases} \tag{8-36}$$

综合有功下垂控制与转子运行方程可以得到基于同步发电机转子运动方程有功频率整体控制框图如图 8-32 所示。

由图 8-32 可见，VSG 的频率控制由两部分组成，即带 Washout 滤波器特性下垂控制环节和转子运行特性环节。当并网运行时，频率设定值与系统频率一致，下垂环节将失效，频率控制主要体现为转子运动特性。当孤岛运行时，大电网不再为电网提供频率支撑，微网频率通常会有一定的波动，此时下垂环节作用产生一个附加功率，有减小频率波动的作用。

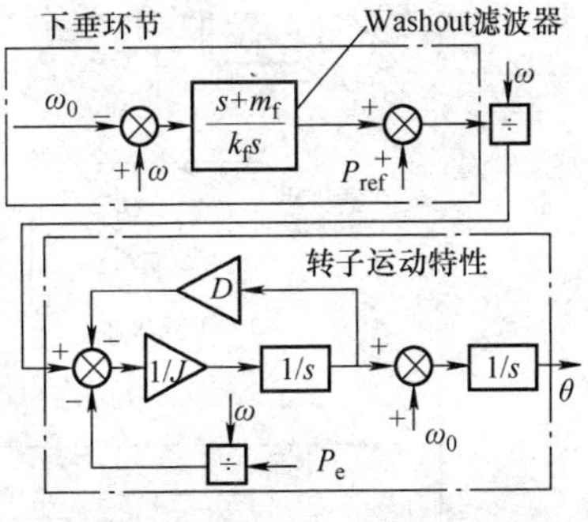

图 8-32　VSG 有功 - 频率控制框图

2. 无功 - 电压控制

VSG 的无功 - 电压控制表征了无功功率和电压的下垂特性，借鉴了同步发电机的励磁调节原理。与有功功率的下垂特性类似，传统的无功下垂控制已经不能满足系统电能质量的要求，需要在传统下垂特性中引入 Washout 滤波器，具体可表示为

$$E = E_0 + \left(Q_{\text{ref}} - Q\right)\frac{k_{\text{v}} s}{s + m_{\text{v}}} \tag{8-37}$$

式中　　k_{v}——传统有功下垂控制系数，k_{v} 取 1.03×10^{-5}；

m_{v}——固定常数，$m_{\text{v}} = 2000$。

在 VSG 控制模型虚拟励磁系统中，虚拟电动势 E 不仅受到无功功率调节的影响，还受到逆变器机端电压控制信号 ΔE 的影响。其中，逆变器机端电压控制信号 ΔE 可

等效为同步发电机的自动电压调节器（Automatic Voltage Regulator，AVR），可具体表示为

$$\Delta E=(E_{ref}-E_m)K_v \tag{8-38}$$

由式（8-37）和式（8-38）可以得到 VSG 电压控制框图如图 8-33 所示。

3. VSG 整体设计

综上所述，可以建立逆变器的 VSG 控制器如图 8-34 所示，它包含 5 个模块：有功下垂调节、无功下垂调节、转子机械特性部分、电气实现部分和电压电流双环控制部分。其中，电压电流双

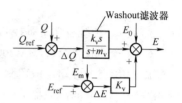

图 8-33　VSG 无功 - 电压控制框图

环控制结构与下垂控制的双环控制类似，电气实现部分包含有合成电压部分与同步发电机的 2 阶电压模型，同步发电机的 2 阶模型中电压方程可以表示为

$$E^{*}=u_{nref}+i_{abc}(R_a+jX_d) \tag{8-39}$$

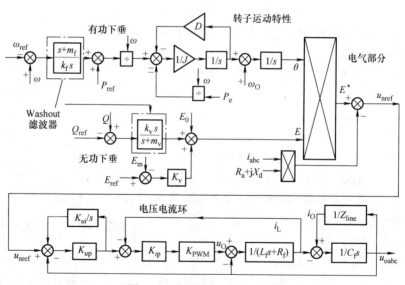

图 8-34　新型 VSG 控制框图

它代表同步发电机定子的电气特性，与式（8-36）代表的转子机械特性相对应，两者综合即为同步发电机的 2 阶模型方程。

8.6.3　带 Washout 滤波器的 VSG 控制仿真分析

利用 MATLAB/Simulink 软件搭建图 8-34 所示的 VSG 结构仿真模型如图 8-35 所示，相应的系统参数见表 8-6，由此仿真验证 VSG 控制策略。

表 8-6　系统主要参数

参数	取值	参数	取值
R_f/Ω	0.1	J	0.5
L_f/mH	1.5	D	20
C_f/μF	2000	K_{up}	10
Z_{Line}/Ω	0.1+j0.001	K_{ui}	100
E_0/V	311	K_{ip}	5
P_{set}/kW	20	f_s/Hz	6000
ω_0/rad/s	314	K_v	0.1
Q_{set}/kVar	10		

　　为了验证 VSG 控制策略的可行性与稳定性，与传统下垂控制进行比较，两种控制方法都工作在孤岛模式中。仿真采用的时间设置为 1s，0~0.3s 时间段负荷的有功功率为 20kW、无功功率为 5kvar，0.3~0.7s 有功功率增至 30kW、无功功率为 10kvar，0.7~1s 有功功率恢复到 20kW、无功功率为 5kvar，相应的仿真结果如图 8-36 与图 8-37 所示。

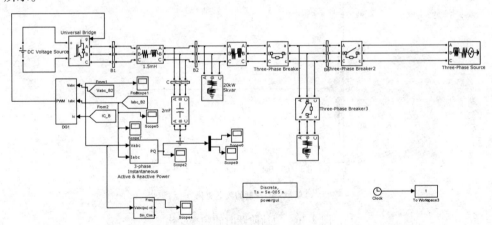

图 8-35　新型 VSG 控制仿真模型

　　从图 8-36a 和图 8-36b 中，负荷阶跃变化时相应频率的波形可以看出，下垂控制与 VSG 控制的一致性：负荷增加会引起系统频率的下降，与传统的电网具有相同的特性。下垂控制与 VSG 控制的差异性：在负荷变化中，下垂控制以一定斜率直线的形式改变频率，而 VSG 算法中频率下降更缓慢，说明 VSG 控制可以延缓频率的变化速度，更有利于系统的稳定性。

　　通过对图 8-36b 与图 8-36c 的对比可见，在负荷增加变化时，加入 Washout 滤波器特性的 VSG 算法比传统 VSG 算法在频率方面表现更为出色，加入 Washout 滤波器后系统频率能够完全稳定在工频 50Hz，在 0.4s 与 0.6s 负荷动作时只有略微的变化，改进 VSG 在稳定系统频率方面表现突出，增加系统的稳定性与可靠性。图 8-37 给出了负荷阶跃变化时传统的 VSG 与改进后 VSG 的电压变化情况。图中的电压变化用电压幅值与三相电压的总谐波畸变率（Total Hormonic Distortion，THD）来表示。

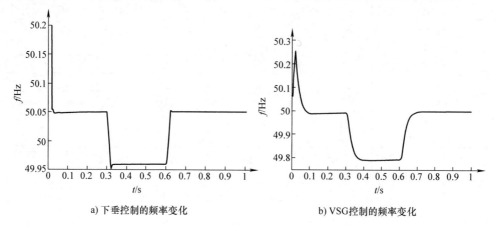

a) 下垂控制的频率变化　　　　　　　　　　b) VSG控制的频率变化

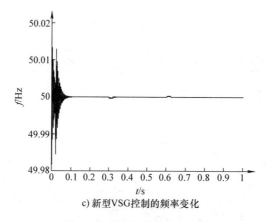

c) 新型VSG控制的频率变化

图 8-36　负荷阶跃时的频率变化

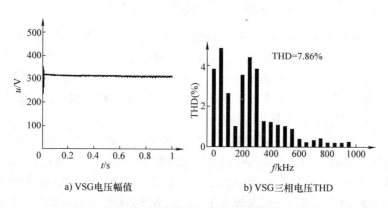

a) VSG电压幅值　　　　　　　　　　b) VSG三相电压THD

图 8-37　负荷阶跃时的电压变化情况

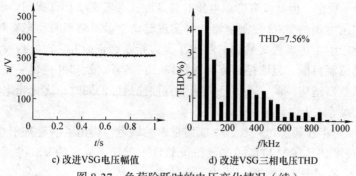

c) 改进 VSG 电压幅值　　　　　　d) 改进 VSG 三相电压 THD

图 8-37 负荷阶跃时的电压变化情况（续）

从图 8-36 与图 8-37 可以看出，控制在频率维持、电压稳定方面比传统的下垂控制以及传统的 VSG 都有卓越的表现，此外，有功无功的输出也关系到系统的稳定，图 8-38 给出了加入 Washout 滤波器之后的 VSG 逆变器的有功功率与无功功率曲线。

由图可见，本部分采用的 VSG 控制方法可以根据负荷变动，随时对逆变器输出功率进行相应的控制，实现不间断地对重要负荷供电，且负荷变动的瞬间也可平稳运行。

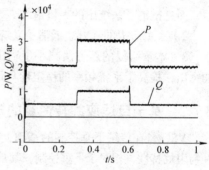

图 8-38 负荷阶跃时的功率变化

8.7 基于自适应旋转惯量的 VSG 控制器

8.7.1 常规的 VSG 控制存在问题

目前，VSG 控制算法的研究受到广大学者的认可，但实际应用中仍然存在一些问题。在实现 VSG 时，它与下垂控制类似，使用有功和无功功率解耦控制，即有功功率 – 频率（P-f）和无功功率 – 电压（Q-V）下垂控制方法[54, 55]。在此基础上，不少学者围绕 VSG 控制方法的准确性、稳定性和经济性等问题提出改进的控制方法。例如，参考文献 [49] 设计了级联的频率、相角和直流电压环控制策略，可以支持 VSG 在故障时为电网提供频率支撑，实现频率快速恢复，但其并没有考虑电压的影响；参考文献 [56] 在无功控制线路上引入了微分项，让 VSG 具有功率分配性能和环流抑制能力，而其没有考虑微分带来的技术问题；参考文献 [50] 提出了一种虚拟电抗控制策略，通过减去虚拟的电压降，使得系统的阻抗得到改善，电抗和电阻的比值可以在一定程度上降低，但会使孤岛模式的输出电压下降；参考文献 [57] 将 VSG 的有功功率传输方程线性化，并引入线性控制理论，将阻尼因子与转角偏差解耦，以实现有功功率振荡抑制并保证频率稳定，但其没有考虑电压的稳定性；参考文献 [51] 提出一种基于乒乓控制的转动惯量可调的 VSG 控制策略，可实现转动惯量对频率的动态实时跟踪，但其过程实现比较困难；参考文献 [58] 提出了通过指令修正的方法以实现 VSG 输出电压恒定不变的控制目标，但该控制算法过程较长；参考文献 [59] 提出一种 VSG 转动惯量和阻尼系数自适应控制，在保证储能装置性能最好的同时，优化频率响应曲线，但该文将逆变器等效为电流源。

针对 VSG 中存在暂态过程长、电能质量差的缺点，提出了一种基于自适应旋转惯量的 VSG 技术，且在 MATLAB/Simulink 软件上验证了提出的 VSG 控制策略的正确性与有效性。通过分析与实验可得出下面结论：

1）相比于传统 VSG 方法，本章所提的新方法减少了系统暂态过程，系统稳定更短，而且抵消了系统中的大量谐波。

2）本章所提的新方法抵消了系统中的大量谐波，改善了 VSG 的电能质量。

3）本章所提的新方法减小了输出频率下降的问题，在稳定系统频率方面表现更加突出，提高了系统频率的稳定性与可靠性。

8.7.2　基于自适应旋转惯量的 VSG 控制

VSG 是在传统下垂控制的基础上加入了转子运行方程来模拟同步发电机的转子惯性与阻尼特性，相对于下垂控制，其最大的特点就是转子惯性。当进入孤岛运行模式时微网的频率需由自身控制。此时的微网是个独立的小系统，如果其惯性很小，那么轻微的功率波动就会引起系统显著的频率偏移，甚至可能导致整个系统的崩溃。旋转惯量 J 是转子惯量的代表性参数，与微网运行要求及微源和储能装置的动态特性密切相关。但与同步发电机不同的是，VSG 的 J 并非实际存在，不受硬件条件限制，取值相对灵活。

微网在运行过程中常伴有负荷的扰动，虚拟惯性时间常数 J 取值不同，在频率动态调节过程中逆变电源将表现出不同的惯性。J 的取值越小，微网系统的惯性就越小，此时微小的负荷波动就可能引起频率的快速变化；J 的取值越大，对微网系统的频率支持作用越明显，当然，这也意味着系统的动态响应越慢，即频率到达稳定状态的时间也更长。

为使 VSG 在给定功率变化时有更快的响应速度，结合虚拟转子惯量与功率振荡关系，本章将频率的偏移量记为

$$\Delta f = \left| f - 50 \right| \tag{8-40}$$

将其作为变化量，可写出旋转惯量 J 的自适应函数为

$$J = \begin{cases} J_0, & \Delta f < k \\ J_0 + k_{\mathrm{f}} \dfrac{\omega_{\mathrm{g}}}{s + \omega_{\mathrm{g}}} \Delta f, & \Delta f \geqslant k \text{、} \dfrac{\mathrm{d}f}{\mathrm{d}t} < 0 \\ J_0, & \Delta f \geqslant k \text{、} \dfrac{\mathrm{d}f}{\mathrm{d}t} > 0 \end{cases} \tag{8-41}$$

式中 J_0——VSG 投入稳定运行的初始转动惯量；

ω_g——低通滤波器参数；

k——频率变化量的限定数值，它的取值根据微网质量要求的频率波动范围与实际运行情况决定；

k_f——频率跟踪系数，它决定频率误差反馈作用的强弱，即旋转惯量 J 跟随频率偏差变化的能力。k_f 的选取原则为：①当 k_f 选取较大值时，能够有效根据虚拟转子频率变化率 df/dt 改变旋转惯量 J 的大小，有助于减小暂态过程的超调量，但若 k_f 取值过大，则 J 的值也较大，可能出现与直流侧储能装置动态特性不匹配的问题；②当 k_f 的值选取得过小时，旋转惯量 J 对频率变化做出响应的能力不足，减缓频率变化的效果不佳。因此，在选取频率跟踪系数 k_f 时，要综合考虑系统对于暂态响应超调和整体阻尼的要求。在实际工程中，k_f 的取值还要考虑直流侧储能装置和微网响应特性等方面的要求。

由式（8-41）可知，J 的自适应取值步骤为：首先判断频率的偏移量与设定数值 k 之间的关系，若 $\Delta f < k$，此时旋转惯量数值采用 J_0；若 $\Delta f > k$，此时需要判定 df/dt 的符号：当 $df/dt < 0$ 时，采用引入了滤波器参数的旋转惯量；当 $df/dt > 0$ 时，采用旋转惯量数值为 J_0。

本章提出的这种新型的自适应旋转惯量方法具有以下的特点：

1）当微网稳定运行，系统中没有大的扰动时，采用传统的旋转惯量数值，VSG 运行满足功率的要求。

2）当系统中有较大负荷，微源投入或者切除，系统的频率偏移大于设定数值时，为了减少系统的频率变化带来的问题，采用新型的旋转惯量的方法。

3）新的旋转惯量中引入了低通滤波器单元，消除线路中的不确定因素，这种控制方法的优点是可以在负荷变动的情况下保持系统频率稳定。

4）在新型 VSG 控制方法启动一定时间之后，系统趋于稳定，频率开始恢复到稳定数值，这时频率的变化率可能发生反向变化，此时采用传统的 VSG 控制方法可以有效快速地让频率恢复到额定数值。

8.7.3 基于自适应旋转惯量的 VSG 控制器结构

根据前面所述，可以建立逆变器的新型 VSG 控制器的结构框图，如图 8-39 所示。图中，u_{nref} 和 u_{abc} 分别为指令电压和负荷电压，i_L 和 i_o 分别为电感电流和负荷电流，K_{PWM} 表示逆变器的等效模型。电压外环采用 PI 控制器稳定负荷电压，电流内环采用 P 控制器提高响应速度，其中，K_{up}、K_{ui} 为电压环 PI 控制的比例系数、积分系数，K_{ip} 为电流环比例系数。它包含有功下垂调节、无功下垂调节、转子机械特性、电气实现和电压电流双环控制共 5 个部分模块。其中，电气实现部分包含有合成电压部分、同步发电机的 2 阶电压模型。

旋转惯量 J 的动态调节在转子运动特性环节中实现。在传统转子运动特性结构的基础上，本章提出的基于自适应旋转惯量的 VSG 控制器中增加了旋转惯量 J 的自适应调节控制，其具体实现过程为：①动态获取频率的偏移量 Δf 和频率变化率 $\mathrm{d}f/\mathrm{d}t$；②比较频率的偏移量 Δf 与设定值 k 的关系，若 $\Delta f < k$，则旋转惯量为 J_0；若 $\Delta f > k$，需要进一步判定 $\mathrm{d}f/\mathrm{d}t$ 的符号；③当 $\Delta f > k$，$\mathrm{d}f/\mathrm{d}t<0$ 时，结合滤波器参数对旋转惯量进行调整；④当 $\Delta f > k$，$\mathrm{d}f/\mathrm{d}t>0$ 时，则旋转惯量为 J_0。

同步发电机的 2 阶模型中电压方程可以表示为

$$E^*=u_{\mathrm{nref}}+i_{\mathrm{abc}}(R_{\mathrm{a}}+\mathrm{j}X_{\mathrm{d}}) \tag{8-42}$$

式中　　E^*——励磁电动势；

　　　　u_{nref}——定子端电压；

　　　　i_{abc}——定子电流；

　　　　R_{a}——定子电枢电阻；

　　　　X_{d}——同步电抗。

它代表着同步发电机定子的电气特性，与式（8-36）代表的转子机械特性相对应，两者综合即为同步发电机的 2 阶模型方程。

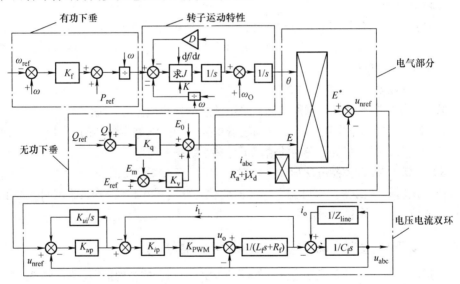

图 8-39　基于自适应旋转惯量的 VSG 控制器结构框图

8.7.4　基于自适应旋转惯量的 VSG 控制仿真分析

本章在 MATLAB/Simulink 软件平台上搭建了图 8-39 所示 VSG 结构的仿真模型，并根据前面的分析，对自适应控制方法进行实现，由此验证本章所提的 VSG 控制策略的正确性。仿真系统参数取值见表 8-7。

表 8-7　VSG 系统的主要参数

参数	取值	参数	取值
R_f/Ω	0.1	ω_g	3
L_f/mH	1.5	D	20
$C_f/\mu\text{F}$	2000	K_{up}	10
Z_{Line}/Ω	0.1+0.001	K_{ui}	100
E_0/V	311	K_{ip}	5
P_{set}/kW	20	f_s/Hz	6000
$\omega_0/(\text{rad/s})$	314	K_v	0.1
$Q_{\text{set}}/\text{kVar}$	10	$J_o/\text{kg}\cdot\text{m}^2$	0.5

　　为了验证所提的自适应旋转惯量 VSG 控制策略的可行性与有效性,本章把它与传统 VSG 控制策略进行仿真比较。

　　图 8-40 为传统 VSG 控制与自适应旋转惯量 VSG 控制的运行电压情况。图中包括了 a 相的电压波形及其 THD。

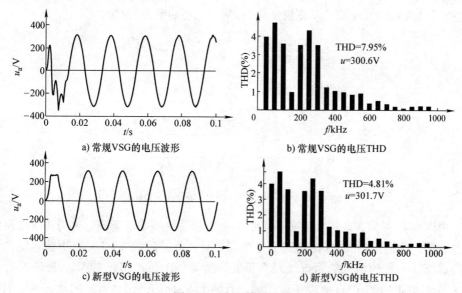

a) 常规VSG的电压波形　　　　b) 常规VSG的电压THD

c) 新型VSG的电压波形　　　　d) 新型VSG的电压THD

图 8-40　电压波形比较

　　由图 8-40a 与图 8-40c 对比可见,传统的 VSG 控制方法的波形没有进入稳定状态下的波形失真严重,稳定以后的波峰附近也有谐波;而自适应旋转惯量的 VSG 控制方法整体要比传统的方法更好一些,稳定状态以后的波形更接近正弦波;由图 8-40b 与图 8-40d 对比可见,常规 VSG 控制因采用恒定的旋转惯量,存在较多的谐波,其电压 THD 为 7.95%,而本章提出的新型 VSG 控制算法的电压 THD 降低为 4.81%。

图 8-41 为传统 VSG 控制与自适应旋转惯量 VSG 控制的有功与无功波形。虽然改进前后功率在数值上无明显差异，发出有功功率为 40kW、无功功率为 15kvar，但改进后的逆变器能在 0.04s 便进入稳定状态，而传统的逆变器在 0.08s 进入稳态，暂态时间过长。

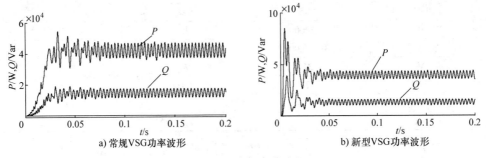

a) 常规VSG功率波形　　　　　b) 新型VSG功率波形

图 8-41　功率波形对比

图 8-42 为负荷变化时改进前后 VSG 控制方法对应的频率波形。仿真时间为 0.7s，初始时负荷的有功功率为 20kW、无功功率为 5kVar，0.3s 后有功功率增至 30kW、无功功率为 10kVar，0.6s 有功功率恢复到 20kW、无功功率为 5kVar。

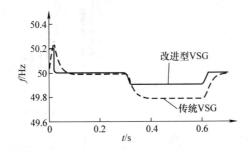

图 8-42　负荷阶跃变化时的频率变化情况

由图 8-42 可见，改进前后负荷增加都会引起系统频率的下降，这与传统电网的特性相同。改进前后 VSG 控制频率也存在差异，改进后的 VSG 可以更快速地进入稳定状态，在负荷增大的情况下可保证频率为 49.9Hz，而传统的 VSG 频率降为了 49.75Hz，改进后的 VSG 更能接近工频，有助于 VSG 的并网运行。因此，本章的改进 VSG 控制方法在稳定系统频率方面表现更加突出，大大提高了系统的稳定性与可靠性。

8.8　本章小结

本章详细地讨论了逆变器控制方法，包括 PQ 控制、V/f 控制、下垂控制、VSG

控制以及改进后的下垂控制、VSG 控制。每一种方法都先从原理与拓扑结构上进行分析，然后根据数学关系式建立数学模型仿真，针对每一种控制方法采用不同的算例，并对仿真结果进行分析。通过仿真可以看出，每种控制方法都具有各自的特点，适用范围也各不相同。本章提出了一种改进的下垂控制方法，改进后的下垂控制在稳定性和调节性上更胜一筹。通过基于 VSG 的暂态 2 阶数学模型，分析了 VSG 的基本结构，再结合当前可再生能源利用技术的发展，以稳定性、经济性、高电能质量和可靠性为目的，提出了带 Washout 滤波器特性的 VSG 控制系统，并对系统各单元具体的组成结构和连接拓扑进行了详细说明，得到新型 VSG 控制能够更好地使得新能源适应多变的情况，系统稳定性得到提高。针对传统 VSG 控制中存在暂态过程长、电能质量差的缺点，本章提出了一种基于自适应旋转惯量的 VSG 控制策略。根据负荷扰动引起的频率变化量实时动态调节旋转惯量，能够避免频率迅速上升和跌落，改善频率响应特性。当系统中有较大负荷的投入或者切除时，系统的频率偏移大于设定数值，采用新型旋转惯量控制方法可减少系统频率变化带来的问题。

第 9 章

微网综合控制策略

第 8 章介绍了单个分布式电源的运行控制方法，而微网是一个复杂的电网系统，包含了多个分布式电源。微网的运行特性相比于单个分布式电源的运行要复杂很多。微网一般还要求能够工作在不同的状态：并网运行、孤岛运行。微网的运行状态和控制策略，与传统的大电网也有很大的不同，受到分布式电源的多样性及其间歇性、多种能量转换单元和电能质量的约束条件，微网必须具有完善的协调控制策略。

本部分主要研究对等控制策略以及传统的主从控制策略，并且提出了多主从协调控制、带辅助控制的新型主从控制两种新型控制策略，并分别对这几种控制策略进行了算例仿真分析。

9.1 对等控制策略

9.1.1 对等控制原理及特点

对等控制是指微网中各分布式电源的地位是"相等"的，无主次之分，所起到的作用相同。采用对等控制的微网，所有的分布式电源采用下垂控制，巧妙地实现逆变器基于外特性下降法运行。微网孤岛运行时，它们共同承担负荷的有功和无功，每个分布式电源只需测量本地出口侧的相关电气数据，然后分别独立地进行电压、频率的调节，不需要借助于通信，可以降低系统成本。各分布式电源之间既可以保证系统的电压、频率一致，又简单可靠，对等控制结构图如图 9-1 所示。

对等控制还具有"即插即用"的特点。在保证能量平衡的条件下，多个分布式电源对等运行时，其中一个分布式电源因故退出，其余的分布式电源仍然可以根据就地数据按照下垂特性继续运行，提高了系统的稳定性；相反，如果运行中的微网突然增加一台分布式电源，并且采用了相同的控制算法，也不用对其余的分布式电源进行修改，微网也可稳定持续运行，可见对等控制具有易扩充、易构建的特点。除此之外，对等控制的微网在并网运行与孤岛运行模式下，各个分布式电源的下垂控制策略都不需要改变，可实现并离网切换的无缝连接[61, 62]。

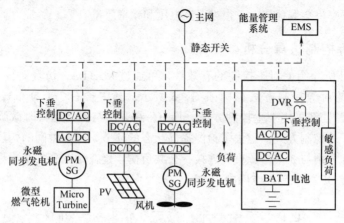

图 9-1　对等控制结构图

目前，对等控制策略仍不是特别成熟，还停留在实验室阶段。怎样实现一个能够达到稳定标准水平的基于对等控制的微网，如何提高对等控制的实用性、鲁棒性等是我们需要努力解决的问题。

两台分布式电源"对等"并联运行关系曲线如图 9-2 所示。分布式电源的有功 - 频率下垂特性如图 9-2a 所示，系统初始稳定运行在额定频率 f_0，此时两台分布式电源有功功率分别为 P_1、P_2。当负荷增大，分布式电源输出的有功功率将会增加，有功功率将变为 P_1^*、P_2^*，从图中可以看到这时系统频率变为了 f_1，且达到了新的平衡点。另外，这个过程也是可逆的：如果负荷较少，相应的有功功功率较少，系统频率会升高。可见，处于对等控制的微网可利用下垂控制的有功功率和系统频率的类线性关系，无论负荷增加还是减少，也可将系统的频率稳定在额定频率附近。分布式电源的无功 - 电压下垂特性如图 9-2b 所示，其下垂控制原理与有功 - 频率下垂特性基本相同。

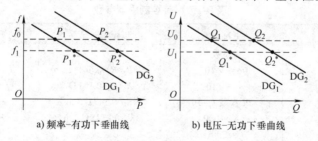

a) 频率-有功下垂曲线　　　　b) 电压-无功下垂曲线

图 9-2　下垂控制原理图

根据上述分析可知，采用对等控制的微网其基本控制单元是下垂控制策略，系统中负荷的变化量，由各自分布式电源共同承担，从一个平衡状态平滑地过渡到新的平衡点，实现输出功率匹配的目的。同时，可以看出分布式电源在实现稳定运行的同时，牺牲了相应的电压和频率，即系统的电压和频率会随着负荷的变动也会跟着变化，没有考虑传统系统中的二次调频技术，因此微网遭受到严重的不稳定因素时，系统的电压和频率将会偏移较大，很难保证电压和频率质量。

9.1.2 对等控制仿真分析

为了验证所介绍的对等控制的有效性，可通过 MATLAB 仿真对算例进行验证。本仿真采用的对等控制方法算例如图 9-3 所示，其中含有 3 个分布式电源：DG1、DG2 和 DG3，且都采用下垂控制方法。其中，在并网与孤岛运行时微源的控制方式不变，都为下垂控制方式，省去了检测孤岛状态的环节，减少微网的构建成本。敏感负荷 1、2、3 分别与 3 个微源直接连接，公共负荷 4 接在微网公共交流母线上，微网通过总断路器 QF 接入到配电网中。

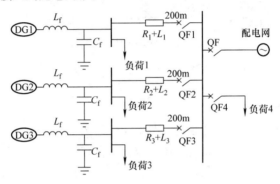

图 9-3　对等控制算例结构

根据图 9-3 所示的电路，可在 MATLAB/Simulink 软件平台中搭建相应的仿真图如图 9-4 所示，DG1、DG2、DG3 共 3 个分布式电源都采用下垂控制，且参数一致，其仿真参数设置见表 9-1。

表 9-1　对等控制模型参数

电源及滤波	下垂控制	输电线路	负荷
U_0=311V	系数		
f_n=50Hz	$m=3 \times 10^{-6}$	$R_1=R_2=R_3$=0.641Ω/km	$P_1=P_2=P_3$=20kW
P_n=20kW	$n=3 \times 10^{-5}$	$X_1=X_2=X_3$=0.101Ω/km	$Q_1=Q_2=Q_3$=5kvar
L_f=1.5mH	PI 参数 k_p=10	R_4=0.347Ω/km	P_4=10kW
C_f=2000μF	K_i=1000	X_4=0.2345Ω/km	Q_4=10kvar
R_f=0.01Ω	f_s=2000Hz		

本部分采用的 3 个分布式电源的参数设置一样，仿真结果只需显示 DG1 的结果，DG2、DG3 与 DG1 数据结果一样。仿真分析分为两个部分进行，即孤岛运行部分、并网运行及微网运行模式变化部分。

孤岛运行时，断路器 QF 始终保持断开状态，此时 3 个微源负责给各自的负荷以及公共负荷供电。仿真时间设置为 1s，0.2s 时 QF4 闭合，投入公共负荷 4，在 0.4s 时又将其切除；在 0.6s 时断开开关 QF3，将微源 DG3 从微网中切除。仿真结果如图 9-5 所示。

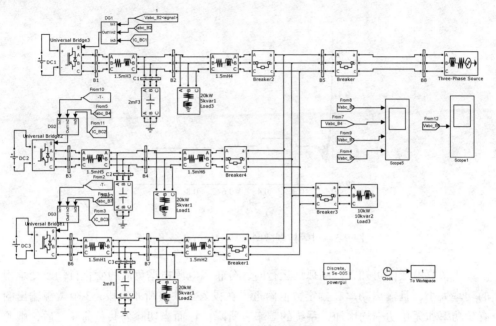

图 9-4　对等控制算例结构

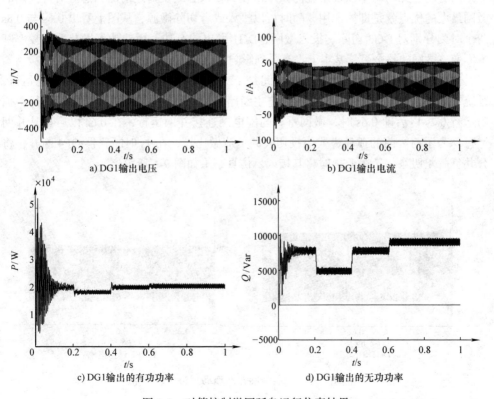

a) DG1输出电压

b) DG1输出电流

c) DG1输出的有功功率

d) DG1输出的无功功率

图 9-5　对等控制微网孤岛运行仿真结果

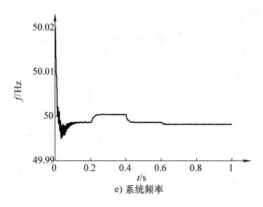

e) 系统频率

图 9-5　对等控制微网孤岛运行仿真结果（续）

由仿真波形图可知，微网孤岛运行时，分布式电源根据负荷的变化自动改变承担的功率大小，且输出功率在额定数值附近。在投入公共负荷 4 阶段，3 个微源输出的有功功率和无功功率均增加，系统的频率有所降低；而当切除公共负荷 4 之后，微源输出的有功、无功功率以及系统的频率恢复到投入公共负荷之前的状态。对等控制的微网最大的优点就是即插即用，随时可以投入或者切除微源，从图上看出 0.6s 与 0.8s 两个时刻分别对 DG3 切除、投入微网，DG1 发出的有功、无功功率以及系统频率基本不变，微网的整个系统基本上没有受到影响。

微网运行方式切换过程：仿真时间是 1.2s，在 0~0.4s，微网处于并网状态运行，系统在 0.25s 时稳定运行。在 0.4s 时将主断路器 QF 断开，微网脱离配电网运行；孤岛运行 0.2s 以后即 0.6s 时，微网重新与配电网连接并网运行，在 0.6s 以后都是并网运行；为了与之前的孤岛模式中投切公共负荷做比较，在 1s 时断路器 QF4 断开，将公共负荷 4 切除，又在 1.2s 时将其接入。仿真结果如图 9-6 所示。

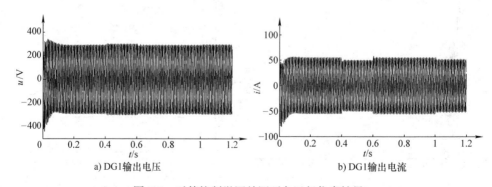

a) DG1 输出电压　　　　　　　　　　b) DG1 输出电流

图 9-6　对等控制微网并网孤岛运行仿真结果

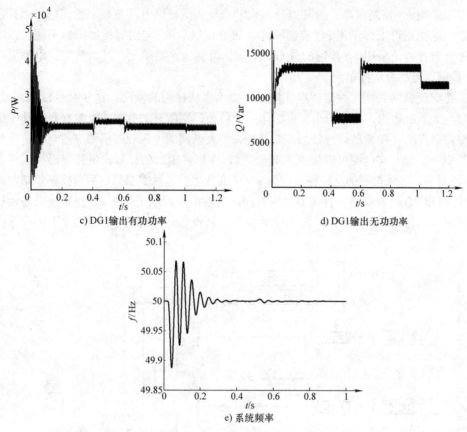

c) DG1输出有功功率　　　　　　d) DG1输出无功功率

e) 系统频率

图 9-6　对等控制微网并网孤岛运行仿真结果（续）

从仿真图可以看出，在并网运行时，微网中的负荷从配电网中吸收部分的有功功率，所以在 0.4s 进入孤岛运行后 3 个微源输出的有功功率都增加以弥补有功缺额，此时系统的频率减小，满足下垂控制模式中"有功功率 – 频率"下垂特性，且变化量小于 1%，符合电能质量的要求。并网运行时微网向配电网输送部分无功功率，进入到孤岛运行后两个微源输出的无功功率均减小，微网并离网切换的过渡过程比较平稳。微网重新并网以后系统恢复到之前的状态，在 1~1.2s 期间，并网情况下进行负荷 4 切换，对于微源的有功、无功功率没有影响，系统的频率也可以保持基本不变。

9.2　主从控制策略

9.2.1　主从控制原理及特点

主从控制与对等控制策略不同，分布式电源的控制方法不一致，所处地位也不相同。主从微网是基于单个 V/f 控制策略孤网运行的，在孤岛运行状态下，有一个分布式电源采用 V/f 控制策略，为其他分布式电源与负荷提供电压与频率的支撑，而其余分布式电源则可工作于用 PQ 控制模式。如图 9-3 所示，与对等控制策略不同，系统中需要包含一个采用 V/f 控制的分布式电源，可称为主控单元；其余分布式电源采用 PQ 控制，可称为从控单元。

考虑到微网要满足一定的电能质量，要求主从控制的微网：在并网运行状态时，微网与大系统相比，容量较小，可看作一个负荷，则所有的分布式电源都要工作于恒功率控制方法；在孤岛运行状态，微网失去了大电网的电压和频率的支撑与调节，要求其中一个分布式电源可以切换为 V/f 控制，而那些辅助的分布式电源则仍可工作在 PQ 控制中。主从控制的这种特点在图 9-7 中变为主控电源需要具备两套控制策略，即 V/f 控制和 PQ 控制策略，且需要微网并网运行时能准确地工作在 V/f 控制，孤岛运行时又可切换为 PQ 控制工作。而从控电源无论是孤岛运行还是并网运行，保持 PQ 控制不变即可。

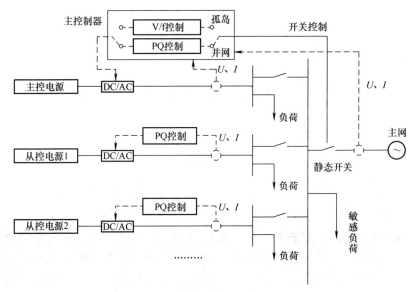

图 9-7　主从控制微网模型

主控控制按照实现结构可分为两层：上层控制单元与下层控制单元。上层控制单元将各个分布式电源检测的信息集中在一起，通过分析计算分别向下层控制单元发送指令信息。可见，主从控制策略的实现需要通信线路的配合，通信线路的可靠性与软件方面的实现都会影响系统的稳定性[63, 64]。

主从过程的实现可表示为：①检测单元检测系统的运行状态，进入孤岛运行模式后，微网结果切换到主从模式，相关的控制单元调节，达到新的平衡状态。②系统中的负荷发生变化时，由主控单元先进行调节，同时根据主控单元功率的改变量，将从控单元的设定数值修正；从控单元改变输出功率，让主控单元回到状态下，这样可使得主控单元具有足够的能力来调节负荷的变化。③一旦负荷的变化超出了微网中的调节范围，只能由主控单元牺牲电压或者频率的稳定，来进行调节。如果主控单元的加入还未能保证功率平衡，这时可适当地切除部分负荷。

通过以上分析可以看出主从控制具有以下优点：孤岛运行的微网可根据主控电源的 V/f 控制特性保证一定的频率、电压稳定，同时实现电力供应；微网并网操作时，可通过主控单元中的锁相环环节，保证微网的电压、频率与大电网相一致，能够让并网的过程更加平滑、稳定，保证较高的电能质量。

而主从控制仍然存在一些不足的地方：这种传统的微网控制方法是基于单个 V/f 控制主从控制，对于主控单元的依赖性很大，主控单元为了保证电压稳定的同时满足功率守恒，就需要一定的容量，这对于技术性与经济性都会存在问题；一旦主控单元出现问题，整个微网将面临崩溃的危险，这对于微网的电能质量会是致命的问题；整个主从控制对于通信设备的依赖性也很大，通信设备的工作可靠性直接影响系统的可靠性，通信设备的增加也会增加微网的成本。

9.2.2　主从控制仿真算例分析

图 9-8 为传统主从微网系统结构示意图，包括了 DG1、DG2 两个微源，其中，DG1 为主控单元，DG2 为从控单元。可在 MATLAB/Simulink 软件平台中搭建相应的仿真图如图 9-9 所示，仿真参数选取见表 9-2，负荷采用恒定功率 $P=10kW$，$Q=10kVar$。

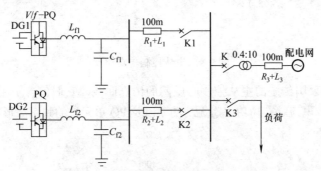

图 9-8　传统的主从控制系统示意图

表 9-2　主从控制模型参数

电源及滤波	V/f 控制	PQ 控制	输电线路
$U_{dc}=1000V$	$U_{ref}=380V$	$P_{ref}=20kW$	$R_1=R_2=0.642\,\Omega/km$
$R_f=0.1\,\Omega$	$f=50Hz$	$Q_{ref}=0kvar$	$X_1=X_2=0.083\,\Omega/km$
$L_f=1.5mH$	$K_p=10$	$K_p=0.5$	$R_3=0.347\,\Omega/km$
$C_f=1800\mu F$	$K_i=2000$	$K_i=20$	$X_3=0.2345\,\Omega/km$
	$K_p=0.5$		

微网系统仿真时间为0~4s。其中：

1）t=0~2s：断路器K处于断开状态，微网孤岛运行。t=0~1s期间断路器K1、K2、K3都处于闭合状态，待系统稳定后K3在1s时将母线上的负荷切除，在1.5s时又将其并入到微网。

2）t=2s：断路器K动作，微网孤岛/并网模式切换。

3）t=2~4s：K处于闭合状态，微网并网运行。t=2~2.5s期间断路器K1、K2、K3都处于闭合状态，待系统稳定后K3在2.5s、3s时分别动作一次，进行并网时公共负荷的投入与切除。

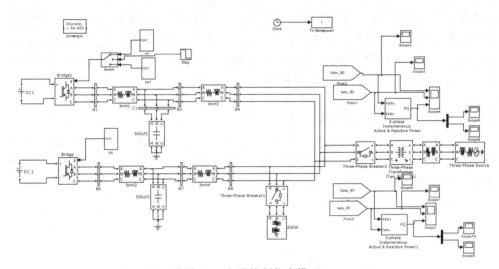

图9-9 主从控制仿真模型

图9-10为采用传统的主从控制时微网的仿真曲线。它们包含了主控单元处和微网母线的电压、电流、有功功率、无功功率以及PQ单元处的频率波形曲线。

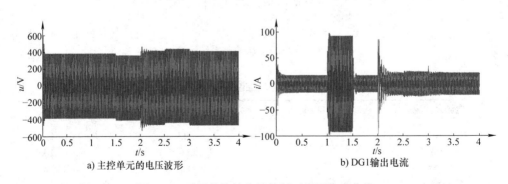

图9-10 采用传统的主从控制时微网仿真曲线

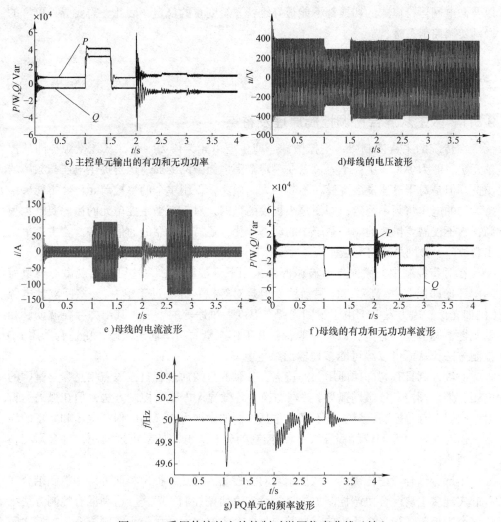

c) 主控单元输出的有功和无功功率

d) 母线的电压波形

e) 母线的电流波形

f) 母线的有功和无功功率波形

g) PQ 单元的频率波形

图 9-10　采用传统的主从控制时微网仿真曲线（续）

　　由图可见，微网采用传统的主从控制在孤岛运行、并网运行和并网 / 孤岛模式切换 3 种不同的运行状态下相关变量的曲线。在并网运行时，微网中主控单元输出电压能保持 380V 左右、电流保持 25A 左右、频率 50Hz，功率也相同，这是由于并网运行时两个微源采用相同参数 PQ 控制的缘故；而在孤岛运行时，尤其在公共负荷投切操作时，主控微源的电流、功率都有明显的变化，这对于微网系统的稳定运行不利；而对于母线处的电压、电流和功率无论是孤岛运行还是并网运行，在负荷切换时都有明显的变化；在微网并离网切换前后，主控微源的功率、从控微源的电流与功率都有相应幅度的变化。

　　由此可见，由于传统的主从控制仅采用单个的主控单元，这种方式对于负荷投切以及微电网运行模式的切换都不能很好维持系统变量的稳定，因此，需要寻找更好的微网协调控制策略。

9.3 多主从混合协调控制

9.3.1 多主从混合协调控制原理及特点

在传统的主从控制中，主控微源（即主控单元）仅为一个，从控微源（即从控单元）一般为多个。主控单元可以在一定范围内为微网的孤岛运行提供电压与频率的支持。但是对于迅速发展规模在不断加大的微网，仅用单个的主控单元已经不能够维持微网的电压与频率稳定，即便是小规模的微网，对于充当主控单元的微源要求也很高，它不仅需要快速地响应系统中的动态变化，还需要可靠的通信设备。若主控单元出现故障，微网系统将完全瘫痪。

在对等控制中，微网上所有微源都采用下垂控制方法，这可以实现微源与负荷的"即插即用"，提高系统的灵活性。但是对等控制方法过于单一，一些间歇性电源（例如光伏、风力发电）由于受到光照、温度、风速等的影响，其出力存在波动性和随机性，调节空间有限，因此一般希望其工作在最大功率输出状态，更适合采用 PQ 控制方法，从而可以尽可能多地输出绿色电能。

对等控制具有"即插即用"的特点，各微源只需通过各自接入点信息参与微网的电压、频率调控，且微网孤岛 / 并网切换中各微源无需改变控制方法，但在孤岛运行时微网属于有差控制，灵敏度不高；主从控制的微网可在孤岛时保持电压和频率的稳定，但对主控单元的依赖程度大，V/f 控制的分布式电源如果出现问题，将会影响整个微网的运行。

本部分综合考虑传统的主从控制与对等控制的特点，提出将两种协调控制结合在一起实现多主从混合协调控制方法（简称混合协调控制）[65, 66]。这种混合控制方法采用多个主控单元和多个从控单元。其中，多个主控单元采用下垂控制方法，它们之间进行负荷出力分配，负责微网的电压与频率稳定，实现系统中负荷变动的快速功率补偿；多个从控单元可采用 PQ 控制，从而实现最大功率发电。本章研究的多主从控制微网系统结构如图 9-11 所示。

图 9-11 中，假设微源有 DG1、DG2 和 DG3 共 3 个分布式电源（即微源），它们通过各自的变换器连接到交流母线上，LC 滤波器用于滤掉高次谐波，并将 3 个微源和负荷通过线路、开关、变压器连接到配电网上。其中，DG1 与 DG2 采用本部分提出的改进型下垂控制方式，且两者参数完全相等，以利于体现下垂控制所拥有的冗余性特点，即单个下垂控制单元的故障不会影响系统的运行稳定性，DG1 与 DG2 在孤岛运行时可以充当主控部分；DG3 采用 PQ 控制，以保证 DG3 能够输出恒定功率，在孤岛运行时可以充当从控部分。在并网与孤岛运行时所有微源的控制方式可以保持不

变，省去了通信系统环节，减少微网的构建成本。敏感负荷 1、2 分别与 2 个改进型下垂控制微源直接连接，公共负荷接在微网公共交流母线上，微网通过总断路器 QF、变压器、高压输电线路接入到配电网中。

与传统的主从控制相比，本部分混合协调控制的功率分配由多个主控单元的微源一起完成，操作更加方便可靠。在微网并离网前后，主控单元无需改变控制策略，系统运行更加流畅。

与对等控制相比，本部分混合协调控制突破了对等控制采用单一下垂控制模式的缺点，通过引入 PQ 控制有助于间歇性微源实现最经济运行，同时还具有对等控制的"即插即用"特点。

9.3.2　多主从混合控制仿真分析

首先在 MATLAB/Simulink 软件平台上搭建出图 9-11 所示的多主从微网结构，图 9-12 为其仿真模型，仿真验证多主从混合协调控制微网系统性能。

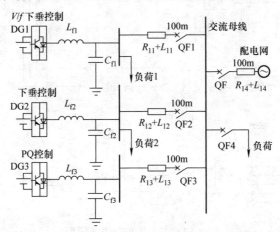

图 9-11　多主从控制微网系统结构示意图

图中，DG1、DG2 都采用改进型下垂控制，其相应的参数见表 9-3，负荷采用恒定功率负荷：$P_1=P_2=20\text{kW}$，$Q_1=Q_2=5\text{kVar}$。公共负荷、PQ 控制、配电网参数同上述传统主从一致。

表 9-3　多主从控制模型参数

滤波参数	下垂控制	输电线路
$R_f=0.1\,\Omega$ $L_f=1.5\text{mH}$ $C_f=2000\mu\text{F}$	$P_n=20\text{kW}$ $f_n=50\text{Hz}$ $U_0=311\text{V}$ PI 参数 $K_p=10$ $K_i=100$ 电流环比例系数 $K_p=10$	$R_1=R_2=R_4=1\,\Omega/\text{km}$ $R_3=0.641\,\Omega/\text{km}$ $X_1=X_2=X_4=0.01\,\Omega/\text{km}$ $X_3=0.101\,\Omega/\text{km}$

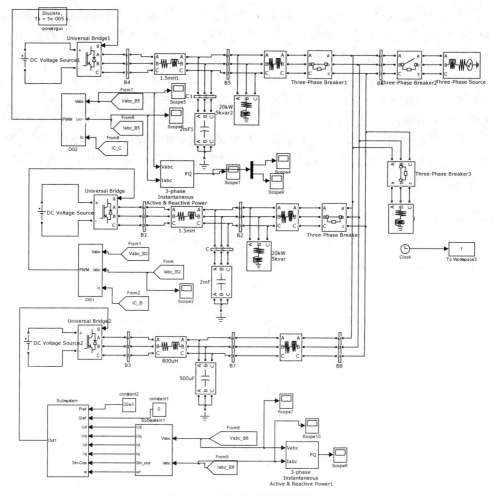

图 9-12　多主从控制仿真模型

本算例对微网孤岛和并网运行进行仿真，仿真时间为 4s，具体操作如下：

1）$t=0\sim2s$：断路器 QF 处于断开状态，微网孤岛运行。$t=0\sim1s$ 期间断路器 QF1、QF2、QF3、QF4 都处于闭合状态，待系统稳定后 QF4 在 1s 时将母线上的负荷 4 切除，在 1.5s 时又将其并入到微网。

2）$t=2s$：断路器 QF 动作，微网孤岛 / 并网模式切换。

3）$t=2\sim4s$：QF 处于闭合状态，微网并网运行。$t=2\sim2.5s$ 期间断路器 QF1、QF2、QF3、QF4 都处于闭合状态，待系统稳定后 QF4 在 2.5s、3s 时分别动作一次，进行并网时公共负荷的投入与切除。

图 9-13 为采用本部分提出的混合控制时微网的仿真曲线。它们包含了 DG1 与母线处的电压波形、电流波形、有功 / 无功功率波形和频率变化波形。

由这些曲线可见孤岛运行、并网运行以及并网 / 孤岛模式切换 3 个过程变化。这 3 个过程中，混合控制微网系统的稳定性与传统的主从控制微网系统相关波形相比有了很明显改善。在整个一系列变化过程中，DG1 与母线处的电压保持 311V 恒定不变、频率稳定在 50Hz 附近，DG1 电流基本在 50A 附近、母线侧电流在 70A 左右，能够与传统的主从微网中一样输出恒定的有功功率和无功功率。DG1 在 0~2s 输出有功功率为 26kW，在 2~4s 输出有功功率变为 22kW，说明了 DG1、DG2 输出的功率分别消耗在输电线路、各自所带的负荷以及公共负荷上，当公共负荷切除时其输出功率有所减少；而在 2~4s 并网运行时，由于主网（即配电网）的支持，其输出功率基本保持不变，维持在 20kW 左右，相对于孤岛运行时的功率有所减少，这符合实际运行情况。母线处的频率波形距离 50Hz 更加接近，上下波动不超过 0.3%，对于传统的主从（频率波动 2%）微网有了明显的改善。

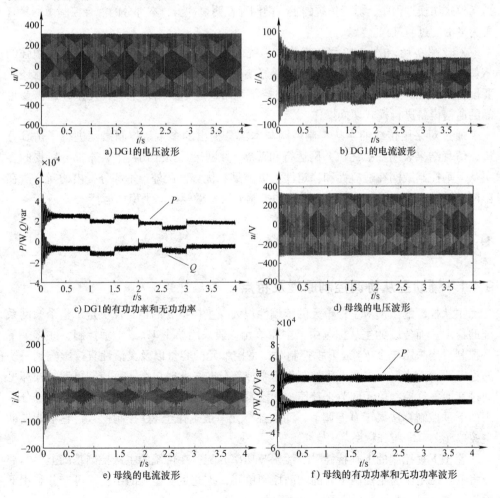

图 9-13　采用多主从混合控制微网的仿真曲线

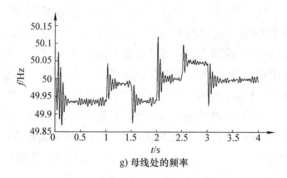

g) 母线处的频率

图 9-13 采用多主从混合控制微网的仿真曲线（续）

因此，本部分混合控制微网的各项指标都能够满足电网质量的要求，尤其在并网 / 孤岛模式切换过程中，对于传统的主从微网存在明显冲击，本部分的混合控制微网具有更为平滑的过渡过程。

对比图 9-10 和图 9-13 可以发现，传统的主从控制微网对于主控单元具有很强的依赖性，主控单元的稳定性、容量直接影响到整个微网系统的稳定性，主控单元还需要配置 V/f 控制和 PQ 控制两套不同的控制策略，这不仅结构上变得复杂，还需要可靠的通信设备进行模式切换操作。

通过对采用传统的主从控制微网与本部分提出的多主从控制微网进行了仿真分析，仿真结果表明在孤岛、并网运行和孤岛 / 并网运行模式切换下，本部分所提的多主从下垂控制微网在适应性和稳定性上更加具有优势。此外，本部分提出的新方法在微网运行模式改变时，不需改变微源的控制方法，微网能够平稳地运行。

9.4 辅助主从协调控制策略

9.4.1 辅助主从协调控制原理及特点

主从控制的微网对主控单元的依赖性很大，主控单元的稳定性决定了整个微网系统的稳定。而传统的主从控制中，主控单元一般采用单个 V/f 或下垂控制，或多个下垂控制。当采用单个 V/f 或下垂控制时，主控单元的容量以及灵活性直接影响到系统的稳定性；而当采用多个下垂控制作为主控部分时，此时单个下垂控制单元的损坏可通过其他下垂控制单元调节来补偿，微网系统的稳定性得到提高，但此时主控部分采用的下垂控制算法属于有差调节，而从控单元一般工作于 PQ 控制模式，它不能辅助主控单元调节电压和频率[67, 68]。

鉴于下垂控制的下垂特性可灵活调节功率分配，在传统的主从控制基础上，本部分将下垂控制作为主控制单元的辅助控制单元，扩充主从控制的结构，可充分利用下垂控制逆变器的特性，提高系统的适用性。

图 9-14 为带辅助单元的主从控制微网系统结构示意图。图中，微网包括 DG1、DG2、DG3 共 3 个微源，其中，主控微源（即主控单元）DG1 在孤岛运行时采用 V/f 控制，在并网运行时采用 PQ 控制；从控微源（即从控单元）DG3 则一直采用 PQ 控制；DG2 作为主控单元 DG1 的辅助单元，它采用改进的下垂控制。

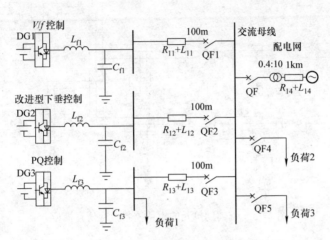

图 9-14　带辅助单元的主从控制微网系统结构

若系统中只有 DG1 与 DG3，其运行在传统的主从控制模式，孤岛运行时微网的频率和电压只能由处于主控地位的 DG1 采用 V/f 控制来维持。由于多个 V/f 控制不能工作在一个微网系统中，且 PQ 控制又不能调节电压与频率，只有下垂控制方法中的独特下垂特性可以使其充当主从单元的辅助单元，因此，作为主控单元 DG1 提供频率和电压的参考值的同时，加入的 DG2 采用下垂控制，用于协助主控单元 DG1 共同完成频率和电压的稳定。这样，在下垂控制的 DG2 充当辅助单元时，即使采用 V/f 控制的主控单元突然发生事故脱离微网，采用下垂控制的 DG2 也可以充当主控单元，不至于使微网崩溃，可见这种带辅助单元的主从微网控制面对多种情况的灵活性，能够使得电能质量得到提高。另外，下垂控制在并网/孤岛模式切换前后，不需要改变控制方法，并网运行时可以继续采用下垂控制方法。

9.4.2　带辅助单元的主从控制仿真分析

主从协调控制结构仿真模型如图 9-15 所示，仿真参数选取见表 9-4，负荷、PQ 控制、改进型下垂与上述传统的主从控制一致。

为了验证所提出的带辅助单元的主从控制策略的可行性与稳定性，仿真时间共为 2s。其中，0~1s 期间微网孤岛运行，1s 时微网并网，1~2s 为并网运行时间。仿真中具体的操作步骤见表 9-5，仿真曲线如图 9-16a~d 所示。

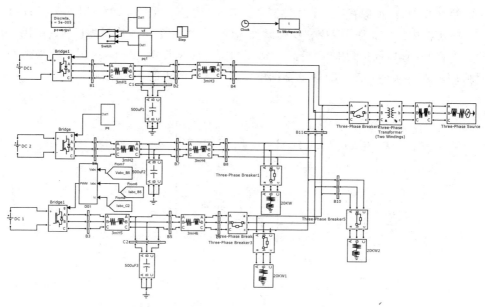

图 9-15　带辅助单元的主从控制微网仿真模型

表 9-4　主从控制微网仿真参数

滤波	V/f 控制	PQ 控制	输电线路
$R_f=0.1\,\Omega$ $L_f=1.5\text{mH}$ $C_f=1800\mu\text{F}$	$U_{ref}=380\text{V}$ $f=50\text{Hz}$ $K_p=10$ $K_i=2000$ $K_p=0.5$	$P_{ref}=10\text{kW}$ $Q_{ref}=0\text{kVar}$ $K_p=0.5$ $K_i=20$	$R_1=R_2=0.642\,\Omega/\text{km}$ $X_1=X_2=0.083\,\Omega/\text{km}$ $R_3=0.3\,\Omega/\text{km}$ $X_3=0.2\,\Omega/\text{km}$

表 9-5　仿真中的操作步骤

时刻 t/s	微网操作步骤
0	微网开始孤岛运行，DG1~DG3 均接入系统运行，负荷 1~3 运行在额定功率
0.2~0.3	投切公共负荷 3，检验带辅助单元的主从控制稳定性
0.5	DG3 脱离微网，开始传统的主从运行
0.7~0.8	投切公共负荷 3，检验传统的主从控制孤岛运行
1	并网运行，DG3 连入系统中
1.2~1.3	投切公共负荷 3，检验带辅助单元的主从控制稳定性
1.5	DG3 脱离微网，开始传统的主从运行
1.7~1.8	投切公共负荷 3，检验传统的主从控制运行

1）0~1s 微网孤岛运行，其中，0~0.5s 为带辅助单元的主从控制运行，0.5~1s 期间为传统的主从控制状态运行。我们可以通过两个线段的比较，分析在孤岛条件下两种控制模式的不同。

图 9-16a 表明带辅助单元的主从控制电压波形，刚开始电压为 320V，切除公共负荷 3 期间电压升为 340V，而传统的主从控制正常运行时电压为 250V，切除公共负荷 3 期间电压升高到 280V，因此，改进型下垂有助于补偿电压降；图 9-16b 为仿真电流波形，带辅助单元主从控制电流波形在并网时更接近 100A 左右，这有利于系统在并网/孤岛模式切换的稳定性；图 9-16c 为负荷 2 侧的功率波形，与传统的主从控制相比可见，带辅助单元的主从控制波形更加平稳，且与并网时波形更接近，在并网/孤岛模式中对于功率分配的实现更容易；图 9-16d 为频率波形，由图可明显看出，带辅助单元的主从控制更接近于额定频率 50Hz，而在切除公共负荷 3 时，传统的主从控制波形波动很大，这有损于设备的寿命与系统的稳定性。

通过上面对比可以看出，在孤岛运行模式中，无论是电流、电压波形还是功率频率波形，带辅助单元的主从控制更加稳定。

2）1~2s 微网并网运行，与前面的孤岛运行操作过程类似，分别经历了带辅助单元的主从控制（1~1.5s）与传统的主从控制（1.5~2s）两个过程。这两个过程中也进行了公共负荷 3 的投入与切除。

由图 9-16a~d 的波形可见，在整个并网模式下，电压都维持在 320V 左右，频率在 50Hz 附近很小变化，电流与功率也基本维持不变。因此，两种主从控制都能够很好地运行在并网模式中，此时带辅助单元的主从微网可以看作像对等微网一样地并网运行，而下垂的加入使得在系统并网/模式切换中更加稳定。

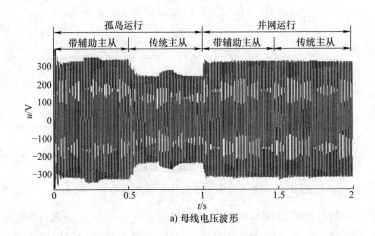

a）母线电压波形

图 9-16　带辅助单元的主从控制仿真结果

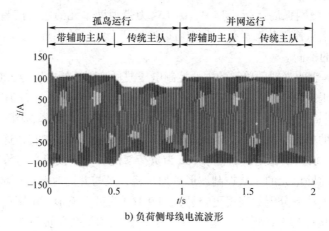

b) 负荷侧母线电流波形

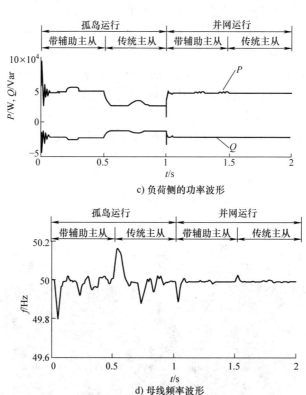

c) 负荷侧的功率波形

d) 母线频率波形

图 9-16　带辅助单元的主从控制仿真结果（续）

　　针对主从控制结构的微网系统，提出带辅助单元的主从控制策略的控制逻辑，可实现并网与孤岛两种模式之间的平滑转换，不仅改善了系统的稳定性能，而且保证了动态效果，尤其是在孤岛运行时的母线电压、电流、功率、频率等特性，表明了引入辅助主控单元可为微网提供更加稳定的电压和频率支撑。

9.5　本章小结

本章详细地讨论了微网协调控制的方法，首先对传统的对等控制与主从控制进行介绍，通过仿真分别进行分析，然后综合考虑两种方法的优缺点，提出了多主从协调控制策略与带辅助控制的新型主从控制，最后分别针对每一种控制方法采用不同的算例仿真，并对仿真结果进行分析。可以看出，多主从协调控制与带辅助控制的新型主从控制是对 PQ 控制、V/f 控制、下垂控制以及传统的对等控制、主从控制的合理应用，比传统的对等控制、主从控制效果更具实用性。

第10章

总结与展望

10.1　总结

本部分主要针对包含了多个分布式电源的微网协调控制进行结构设计和仿真研究，主要内容有：光伏并网运行研究、逆变器控制研究、微网协调策略研究等。主要研究内容可归结总结如下：

1）分析了光伏电池阵列的电气特性，建立 MATLAB/Simulink 仿真模型，在不同的日照和电池温度条件下，此模型对光伏电池阵列的输出特性反应灵敏；建立了光伏并网模型，仿真结果说明控制方法具有正确性。

2）分析讨论了各分布式电源逆变器的控制方法，分别为 PQ 控制、V/f 控制、下垂控制和 VSG 控制，在 MATLAB/Simulink 中证明了控制的有效性、正确性和稳定性；对下垂控制与 VSG 控制分别进行改进，对系统各单元具体的组成结构和连接拓扑进行了详细说明，最后通过仿真看出新型控制能够更好地使得新能源适应多变的情况，系统稳定性得到提高。

3）研究了含有多个分布式电源微网的协调控制策略，包括传统的对等控制、传统主从控制、多主从控制、带辅助的新型主从控制等。首先根据对等控制、主从控制表现出的优缺点，提出了两种协调控制策略：多主从控制、带辅助的新型主从控制，并对其进行了算例仿真。通过仿真结果可以看出，本部分提出的新型协调控制方法实现并网与孤岛两种模式之间的平滑转换，不仅改善了系统的稳定性能，而且保证了动态效果，尤其是在孤岛运行时的母线电压、电流、功率、频率等特性，表明了多主控制、引入辅助主控单元可为微网提供更加稳定的电压和频率支撑。

10.2　展望

虽然本部分对微网的协调控制策略展开了一定的研究，但由于各种条件的制约，研究工作仍有很大的改善空间，下一步工作可从以下几点展开：

1）一种新方法的提出需要仿真与实践两种方式的验证。虽然可以看出本部分中提出的方法在仿真中具有良好的表现，由于实验条件限制，并没有在实际的微网硬件平台上做进一步实际验证，后续工作可放在实验平台建设与实验上。

2）本部分研究的是分布式发电的协调控制策略，在本部分的仿真中采用了恒功率负荷，而在实际情况中由于周围环境与用户情况多种多样，后期需要考虑各种负荷、各种电能质量、各种极端情况等对协调控制的影响，可从协调控制表现出来的优缺点进一步改善微网的控制。

3）对于协调控制研究得不够深入，希望以后能够考虑到功率损耗问题，并且从经济性等方面全面地考虑协调控制方法，达到更加完善的管理效果。

参考文献

[1] 王成山，武震，李鹏. 微电网关键技术研究 [J]. 电工技术学报，2014，29（2）: 1-22.

[2] Dasgupta S, Mohan S N, Sahoo S K, et al. A plug and play operational approach for implementation of an autonomous-microgrid system[J]. IEEE Transactions on Industrial Informatics，2012，8（3）: 615-629.

[3] 杨新法，苏剑，吕志鹏，等. 微电网技术综述 [J]. 中国电机工程学报，2014，34（1）: 57-70.

[4] Carvalho P M S, Ferreira L, Ilic M D. Distributed energy resources integration challenges in low-voltage networks : voltage control limitations and risk of cascading[J]. IEEE Transactions on Sustainable Energy，2013，4（1）: 82-88.

[5] Lopes J A, Morera C L, Madureira A G. Defining control strategies for microgrids islanded operation [J]. IEEE Transactions on Power Systems，2006，21（2）: 916-924.

[6] 孙孝峰，吕庆秋. 低压微电网逆变器频率电压协调控制 [J]. 电工技术学报，2012，27（8）: 77-84.

[7] 潘超. 微电网超短期负荷预测方法及策略研究 [D]. 沈阳：辽宁工业大学，2015.

[8] 贾盼盼. 微电网的能量优化与协调控制研究 [D]. 广州：华南理工大学，2014.

[9] 张佳军. 风光储微电网多电源协调控制策略研究 [D]. 北京：华北电力大学，2013.

[10] 毕大强，牟春晓，任先文，等. 含多微源的微电网控制策略设计 [J]. 高电压技术，2011，37（3）: 687-693.

[11] 王美娟. 微电网自适应保护方法研究及其多 Agent 系统设计 [D]. 秦皇岛：燕山大学，2014.

[12] 吴云亚，阚加荣，谢少军. 适用于低压微电网的逆变器控制策略设计 [J]. 电力系统自动化，2012，36（6）: 39-44.

[13] Lopes J A, Morera C L, Madureira A G. Defining control strategies for microgrids islanded operation [J]. IEEE Transactions on Power Systems，2006，21（2）: 916-924.

[14] Wang Chengshan, Li Xialin, Guo Li. A seamless operation mode transition control strategy for a microgrid based on master-slave control [J]. Science China Technological Sciences，2012，55（6）: 1644-1654.

[15] 梁双，胡学浩，张东霞，等. 光伏发电置信容量的研究现状与发展趋势 [J]. 电力系统自动化，2011，35（19）: 101-107.

[16] 周跃斌. 直流微电网的协调控制与能量管理研究 [D]. 哈尔滨：哈尔滨工业大学，2013.

[17] 李莹. 基于光伏—混合储能的直流微网运行控制研究 [D]. 济南：山东大学，2015.

[18] Katiraei F，Iravani M R. Power management strategies for a micro grid with multiple distributed generation units[J]. IEEE Tran sactions. on Power Systems. 2006，21（4）：1821-1831.

[19] 孙孝峰，吕庆秋. 低压微电网逆变器频率电压协调控制 [J]. 电工技术学报，2012，27（8）：77-84.

[20] 白园飞，程启明，吴凯，等. 独立交流微电网中储能电池与微型燃气轮机的协调控制 [J]. 电力自动化设备，2014，34（3）：65-70.

[21] Wang Chengshan，Yan Li，Ke Peng，et al. Coordinated optimal design of inverter controllers in a micro-grid with multiple distributed generation units[J]. IEEE Transactions on Power Systems，2013，28（3）：2679-2687.

[22] Dasgupta，Souvik；Mohan，Shankar Narayan；Sahoo，Sanjib Kumar. A plug and play operational approach for implementation of an autonomous micro-grid system[J]. IEEE Transactions on Industrial Informatics，2012，8（3）：615-629.

[23] 梁建钢，金新民，吴学智，等. 基于下垂控制的微电网变流器并网运行控制方法改进 [J]. 电力自动化设备，2014，34（4）：59-65.

[24] 韩培洁，张惠娟，李贺宝，等. 微电网控制策略分析研究 [J]. 电网与清洁能源，2012，28（10）：25-30.

[25] 李军，杨志超，陈凡. S 形下垂控制方法在微电网对等控制中的应用 [J]. 中国电力，2014，47（12）：88-94.

[26] 艾欣，金鹏，孙英云. 一种改进的微电网无功控制策略 [J]. 电力系统保护与控制，2013，41（7）：147-155.

[27] 张宸宇，梅军，郑建勇，等. 一种适用于低压微电网的改进型下垂控制器 [J]. 电力自动化设备，2015，35（4）：53-59.

[28] 艾欣，邓玉辉，黎金英. 微电网分布式电源的主从控制策略 [J]. 华北电力大学学报（自然科学版），2015，42（1）：1-6.

[29] 贺超，王冕，陈国柱. 基于下垂控制的孤岛检测方法及其改进策略 [J]. 电力自动化设备，2015，35（6）：87-92.

[30] Jinwei He，Yunwei Li，Blaabjerg F. Flexible microgrid power quality enhancement using adaptive hybrid voltage and current controller[J]. IEEE Transactions on Industrial Electronics，2014，61（6）：2784-2794.

[31] 马艺玮，杨苹，吴捷. 含多分布式电源独立微电网的混合控制策略 [J]. 电力系统自动化，2015，39（11）：103-109.

[32] Zhao Haoran，Wu Qiuwei，Li Guo. Fuzzy logic based coordinated control of battery energy storage system and dispatchable distributed generation for microgrid[J]. Journal Modern Power Systems and Clean Energy，2015，3（3）：422-428.

[33] 谢玲玲，时斌，华国玉. 等. 基于改进下垂控制的分布式电源并联运行技术 [J]. 电网技术，2013，37（4）：992-998.

[34] 张东，卓放，师洪涛，等. 基于下垂系数步长自适应的下垂控制策略 [J]. 电力系统自动化，2014，38（24）：20-25.

[35] 程启明，高杰，程尹曼，等.一种适用于孤岛运行的逆变器控制方法 [J]. 电网技术，2018，42（1）: 203-209.

[36] Hamzeh M，Karimi H，Mokhtari H. A new control strategy for a multi-bus MV microgrid under unbalanced conditions[J]. IEEE Transactions on Power Systems，2012，27（4）: 2225-2232.

[37] He Jinwei，Yun Wei，LiBlaabjerg B. Flexible microgrid power quality enhancement using adaptive hybrid voltage and current controller[J]. IEEE Transactions on Industrial Electronics，2014，61（6）: 2784-2794.

[38] 闫俊丽，彭春华，陈臣. 基于动态虚拟阻抗的低压微电网下垂控制策略 [J]. 电力系统保护与控制，2015，43（21）: 21:1-6.

[39] 吕志鹏，罗安.不同容量微源逆变器并联功率鲁棒控制 [J]. 中国电机工程学报，2012，32（12）: 35-42.

[40] He J，Li Y W，Bosnjak D，et al. Investigation and active damping of multiple resonances in a parallel-inverter based microgrid[J]. IEEE Transactions on Power Electronics，2013，28（1）: 234-246.

[41] Xu Jianzhong，Zhao Chengyong. A coherency-based equivalence method for MMC inverters using virtual synchronous generator control[J]. IEEE Transactions on Power Delivery，2016，31（3）: 1369-1378.

[42] Wang Xiaofei，Blaabjerg F，Chen Zhe. Autonomous control of inverter-interfaced distributed generation units for harmonic current filtering and resonance damping in an islanded microgrid[J]. IEEE Transactions on Industrial Applications，2014，50（1）: 452-461.

[43] He Jinwei，Yun Wei，LiBlaabjerg B. Flexible microgrid power quality enhancement using adaptive hybrid voltage and current controller[J]. IEEE Transactions on Industrial Electronics，2014，61（6）: 2784-2794.

[44] Zhong Q，Weiss G. Synchronverters：inverters that mimic synchronous generators[J]. IEEE Transactions on Industrial Electronics，2011，58（4）: 1259-1267.

[45] 侍乔明，王刚，付立军，等. 基于虚拟同步发电机原理的模拟同步发电机设计方法 [J]. 电网技术，2015，39（3）: 783-790.

[46] Jaber Alipoor，Yushi Miura，Toshifumi Ise. Power system stabilization using virtual synchronous generator with alternating moment of inertia[J]. IEEE Transactions on Power Electronics，2015，3（2）: 451-458.

[47] 郑天文，陈来军，陈天一，等. 虚拟同步发电机技术及展望 [J]. 电力系统自动化，2015，39（21）: 165-175.

[48] 吕志鹏，盛万兴，钟庆昌，等. 虚拟同步发电机及其在微电网中的应用 [J]. 中国电机工程学报，2014，34（16）: 2591-2603.

[49] Qingchang Zhong. Self-synchronized synchronverters，inverters without a dedicated synchronization unit[J]. IEEE Transactions on Power Electronics，2014，29（2）: 617-630.

[50] Cheng Junzhao，Li Shusen，Wu Zaijun，et al. Analysis of power decoupling mechanism for droop control with virtual inductance in a microgrid[J]. Automation of Electric Power Systems，

2012，36（7）：27-32.

[51] Alipoor J，Miuray F，Ise T. Power system stabilization using virtual synchronous generator with adoptive moment of inertia[J]. IEEE Journal of Emerging and Selected Topics in Power Electronics，2014，3（2）：451-458.

[52] 程启明，张宇，谭冯忍，等. 基于 Washout 滤波器的虚拟同步发电机新型控制方法研究 [J]. 电力系统保护与控制，2017，45（16）：51-57.

[53] Yazdanian M，Mehrizi-Sani A. Washout filter-based power sharing[J]. IEEE Transactions on Smart Grid，2016，7（2）：967-968.

[54] Fan Yuanliang，Miao Yiqun. Small signal stability analysis of microgrid droop controlled power allocation loop [J]. Power System Protection and Control，2012，40（4）：1-13.

[55] BrabandereK D，Bolsens B，Keybus J V D,et al. A voltage and frequency droop control method for parallel inverters[J].IEEE Transactions Power Electronics,2007，22（4）：1107-1115.

[56] 刘喜梅，赵倩，姚致清. 基于改进下垂算法的同步逆变器并联控制策略研究 [J]. 电力系统保护与控制，2012，40（14）：103-108.

[57] Ashanani M，Mohamed Yar. Novel comprehensive control framework for incorporating VSCs to smart power grids using bidirectional synchronous-VSC[J]. IEEE Transactions on Power Systems，2014，29（2）：943-957.

[58] Shivtait，Miura Y，Ise T. Reactive power control for load sharing proceeding swith virtual synchronous generator control [C] // Proceeding of 7th International Power Electronics and Motion Control Conference，June 2-5，2012，Harbin，China：846-845.

[59] Tomes L M A，Lopes L A C，Moran T L A，et al.Self-tuning virtual synchronous machine：a controlstrategy for energy storage systems to support dynamic frequency control [J]. IEEE Transactions on Energy Conversion，2014，9（4）：833-840.

[60] 程启明，余德清，程尹曼，等. 基于自适应旋转惯量的虚拟同步发电机控制策略 [J]. 电力自动化设备，2018，38（12）：79-85.

[61] Hua Ming，Hu Haibing，Xing Yan，et al. Multilayer control for inverters in parallel operation without inter-communications[J]. IEEE Transactions on Power Electronic，2012，27（8）：3651-3663.

[62] Kim Jaehong，Guerrero J M，Rodriguez P，et al. Mode adaptive droop control with virtual output impedances for an inverter-based flexible AC microgrid[J]. IEEE Transactions on Power Electronics，2011，26（3）：689-701.

[63] Wang Chengshan，Li Xialin，Guo Li，et al. A seamless operation mode transition control strategy for a microgrid based on master-slave control[J]. Science China Technological Sciences，2012，22（6）：1644-1654.

[64] 陈杰，陈新，玛志阳，等. 微网系统并网 / 孤岛运行模式无缝切换控制策略 [J]. 中国电机工程学报，2014，34（19）：3089-3098.

[65] 程启明，褚思远，程尹曼，等. 基于改进型下垂控制的微电网多主从混合协调控制 [J]. 电力系统自动化，2016，40（20）：69-75.

[66] 程启明，褚思远，杨小龙，等．一种用于孤岛条件下微电网主从控制的实现方法：201510259677.1[P]. 2015-05-20.

[67] 程启明，张宇，程尹曼，等．一种带辅助微源的新型主从协调控制策略 [J]. 电机与控制应用，2017，44（8）：6-11.

[68] 程启明，褚思远，杨小龙，等．一种基于改进型下垂控制的微电网辅助主从控制方法：201610152667.2[P]. 2016-03-17.

第 3 部分
直流微网及混合微网的协调控制方法分析与研究

第11章

绪　论

11.1　微网的架构与分类

11.1.1　微网的架构

　　微网主要是由微电源、储能、负荷、变换器、控制装置等设备按照一定的拓扑结构组成的微型电网，其结构图如图 11-1 所示。

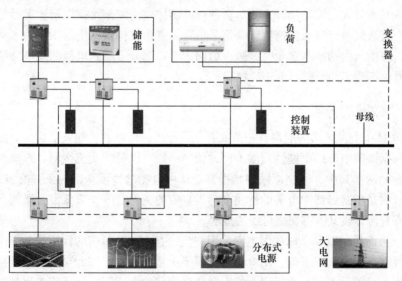

图 11-1　微网拓扑结构图

　　由图可见，微源主要包括光伏电池、风力机、燃料电池、微型燃气轮机等分布式电源，微源的主要作用是向微网与负荷提供电能与热能；储能装置包括蓄电池、超级电容、飞轮储能等储能设备，储能装置的主要作用是平衡微网中功率的波动，在微网中其微源是各种分布式电源，这种分布式电源输出功率受到各种外在以及内在条件的影响具有一定的随机性与波动性，而微网中的负荷也具有一定的随机性与波动性，微网中微源所输出的功率与负荷所消耗的功率并非一致，当微源输出功率大于负荷功率时，储能吸收微网中多余的功率，当微源输出功率小于负荷功率时，储能输出微网中所缺额的功率，起到维持微网功率平衡的作用；负荷是指各种现实中存在的阻性、容性、感性负荷，负荷的作用是吸收微网中的电能，转化为各种人类所直接需要的能量。变换器是微网中能够进行电能形式变换的器件，主要包括单向 DC/DC 变换器、双向 DC/DC 变换器、单相 DC/AC 变换器、单相 AC/DC 变换器、双向 DC/AC 变换器、双向 AC/AC 变换器，其中 DC/DC 变换器主要的作用是对直流电能的电压大小进行变换，AC/AC 变换器的主要作用是对交流电能的电压大小进行变换，DC/AC 变换器的主要作用是对电能的电压大小与电能性质进行变换。控制装置是微网能够维持电压稳定、功率平衡的核心器件，其主要作用是对微网中各种微源、储能、负荷的输入输出电压和功率进行协调控制，以维持微网中电压的稳定、频率的稳定和功率的平衡。

微网运行策略有孤岛运行、并网运行两种运行模式。其中，①并网运行是指微网与大电网连接，主要由大电网来支持微网稳定运行，当微网内功率有缺额时，大电网向微网输送功率，进而维持微网内部功率的平衡与电压的稳定，当微网内功率有多余时，微网向大电网输送功率，进而维持微网内部功率的平衡与电压的稳定；②孤岛运行是指微网不与大电网连接，主要由微网内部的协调控制来维持微网稳定运行，当微网内功率有缺额时，切除微网内部一部分负荷，进而维持微网内部功率的平衡与电压的稳定，当微网内功率有多余时，减少微网内部一部分分布式电源的发电功率，进而维持微网内部功率的平衡与电压的稳定。

11.1.2 微网的分类

在图 11-1 中，微网一般都有一条或者几条母线，以起到传输、汇集、分配电能的作用。根据微网中母线电能性质的不同，微网一般可以分为交流微网、直流微网、交直流混合微网。其中，①交流微网是指其母线中电能的性质全部为工频交流的微网；②直流微网是指其母线中电能的性质全部为直流的微网；③交直流混合微网是指微网中既含有直流母线又含有交流母线的微网。

由于当前我国以及全球的大电网采用交流，且大部分负荷的性质都是交流供电负荷，人类在交流发电、供电、用电领域积累了大量的经验，因此交流微网是目前微网研究的主要对象，当前全球所建立的大部分微网实验室或者微网示范工程都是交流微网。交流微网的优势有以下几点：①交流微网与大电网的连接比较方便；②交流微网中各种交流电压变换比较方便而且损耗比较小；③各种交流负荷可以比较方便地接入交流微网。

目前，微网中微源有大量的分布式电源或者储能系统属于直流特性，例如，光伏电池、燃料电池、蓄电池等。这些直流性质的微源如果接入到交流微网中，需要进行繁琐的 AC/DC、DC/AC 变换，这些变换既增加了系统的复杂程度又增加了系统的损耗，而如果以这些微源组成直流微网，可以大量节省系统的成本及增加系统的稳定性。直流微网相对于交流微网来说，具有以下优势：①不需要考虑交流微网所必须考虑的频率、无功功率问题，控制比较方便；②当前，直流负荷越来越多，直流微网可以比较便捷地接入直流负荷；③减少了电力电子器件的使用，降低了微网的成本。

除了交流微网与直流微网具有各自的优势外，交流微网与直流微网同样具有各自的不足之处。例如，交流微网需要额外考虑频率、无功的稳定与平衡，增加了其控制策略的复杂性；直流微网具有直流负荷较少、直流发电较少的缺陷。因此，为了利用交流微网、直流微网的优势，避免交流微网、直流微网的不足之处，交直流混合微网的概念应运而生，交直流混合微网中包含了交流母线和直流母线，能够同时便捷地接入交流性质的分布式电源与直流性质的分布式电源，也能够同时接入交流负荷与直流负荷，综合兼顾交流微网与直流微网的优势，能够克服交流微网与直流微网各自的缺陷，因此，交直流混合微网是未来微网发展的趋势。

11.1.3 当前微网协调控制所存在的问题及其改进策略

当前，微网的研究内容为微网协调控制、微网优化运行、微网功率预测等几个方面。本部分将主要研究交直流混合微网控制策略。由于交直流混合微网是由直流微网、交流微网组合而成，因此本部分研究交直流混合微网的策略为：首先研究微源的协调控制，然后研究直流微网与交流微网的协调控制，最后研究交直流混合微网的协调控制。

本部分所研究的微源有光伏、风电、储能，这 3 种微源的常规控制策略包括光伏系统的 MPPT 控制、光伏系统的恒压控制、风电的 MPPT 控制、储能的恒流控制、储能系统的下垂控制等。

在上述各种微源的常规控制策略中，光伏系统的 MPPT 控制相对于风电的 MPPT 控制具有惯性小、波动性大的缺点，因此为了使得光伏系统的 MPPT 控制能够与风电的 MPPT 控制具有相同大小的惯性，本部分将虚拟发电机控制策略引入到光伏系统中，进而提出了基于虚拟直流发电机（VDG）光伏系统 MPPT 控制策略，这种控制策略提高了光伏系统的惯性，进而配合了微网风电系统的运行，提高了微网的稳定性；光伏系统的恒压控制虽然能够限制光伏系统的输出功率，进而稳定光伏系统母线电压，但是光伏系统的恒压控制也有一些缺点。例如，当光伏系统的初始条件在光伏系统 P-U 特性曲线某一段曲线时，光伏系统的恒压控制就无法限制光伏系统的输出功率，进而就无法稳定光伏系统母线电压。针对这个问题，本部分提出了光伏系统的变压控制，这种变压控制策略对光伏系统 P-U 特性曲线所有曲线段都能够实现控制，都能够限制光伏系统的输出功率，进而稳定光伏系统母线电压。

直流微网中协调控制的主要内容是采取一些策略使得直流母线电压保持稳定，进而能够使微网各分布式电源（DG）的输出输入功率保持平衡。直流微网的常规控制策略是直流微网分级控制，这种控制策略以直流母线电压为依据，将直流微网的工作模式分为多种，根据直流母线电压的大小确定直流微网各 DG 的控制策略，确定各 DG 输出功率的多少，进而维持直流微网功率的平衡与母线电压的稳定。但是分级控制也有一些缺点，例如，分级控制时母线电压最大值与最小值的差值较大，分级控制时母线电压的波动对微网的稳定运行影响非常大等。针对这些缺点，本部分提出了直流微网的变功率控制策略，其基本原理为：以各微源输出功率为依据，将直流微网的工作模式分为多种，根据各微源输出输入功率的多少，确定各 DG 的控制策略，进而维持直流微网功率的平衡与母线电压的稳定。由于变功率控制是以功率为依据而非以分级控制的电压为依据，因此变功率控制具有母线电压最大值与最小值的差值较小，且母线电压的波动对微网的稳定运行影响较小的优势。

交流微网中协调控制的主要内容是采取一些策略使得交流母线电压与频率保持稳定，进而能够使微网有功功率与无功功率保持平衡。在交流微网中微源通常采用 PQ 控制、下垂控制、V/f 控制等控制策略，这些控制策略能够控制微源输入输出的有功功率与无功功率的大小，进而能够维持交流母线电压与频率的稳定。交流微网中 PQ 控制、下垂控制的原理是由一些参数使得微源输出给定的有功功率与无功功率，然而光伏系统、风电系统受到各种环境条件的影响，使得其输出功率具有波动性与随机性，由此可知，PQ 控制、下垂控制与光伏系统、风电系统的配合性比较差。针对这种缺陷，本部分认为风电系统、光伏系统的逆变器采用直流电压控制比较好。然而，采用直流电压控制时，风电系统、光伏系统的限功率控制 – 恒压控制策略就无法实现。针对这种问题，本部分对恒压控制进行一些改进，即以交流微网蓄电池充电功率替代恒压的 Boost 电路输出电压作为风电系统、光伏系统的限功率控制的主要参数，其基本原理为：当交流微网蓄电池充电功率过多时，减少风电系统、光伏系统的输出功率，进而减少蓄电池的充电功率。根据微源的直流电压控制策略与风电系统、光伏系统恒压控制改进型控制策略，本部分提出了基于直流电压控制与恒压控制改进型的交流微网的协调控制，这种控制策略能够改善交流微网电压与频率的稳定。

混合微网是由直流微网、交流微网、双向 AC/DC 变换器构成，因此混合微网的主要研究内容是研究双向 AC/DC 变换器的控制策略，双向 AC/DC 变换器通常采用 PQ 控制、V/f 控制等策略，但是直流微网母线输出功率与电压同样具有波动性与随机性，因此直流微网与 PQ 控制、V/f 控制的协调性不好，与光伏、风电系统的逆变器类似，AC/DC 变换器采用直流电压控制策略比较好。本部分根据混合微网中直流母线与交流母线间断路器的开合、交流母线与大电网间断路器的开合，将交直流混合微网的工作模式分为 4 种，其中混合微网中双向 AC/DC 变换器采用直流电压控制策略，而直流微网、交流微网的控制策略根据混合微网的工作模式来确定。

11.2　本部分的研究内容

11.2.1　本部分的主要内容

本部分研究的主要内容是交直流混合微网的协调控制，其拓扑结构如图 11-2 所示。图中，本部分所研究的目标是交直流混合微网，由于交直流混合微网由一个直流微网与一个交流微网通过双向 DC/AC 变换器连接所构成，因此，其中本部分研究交直流混合微网的方法策略为：首先研究混合微网中各 DG 的控制策略，然后研究由各 DG 及其控制策略以一定拓扑结构组成的直流微网的控制策略，接着研究各 DG 及其控制策略以一定拓扑结构组成交流微网的控制策略，最后研究由直流微网、交流微网以一定结构构成的交直流混合微网的控制策略。

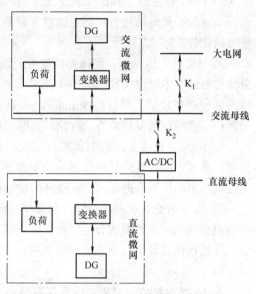

图 11-2　交直流混合微网的结构图

本部分研究的主要内容如下：

1）微网中光伏系统、风力发电系统、储能系统的控制策略　包括光伏系统的最大功率控制、光伏系统的限功率控制、风电系统的最大功率控制、风电系统的限功率控制、蓄电池的充电控制、蓄电池的放电控制等策略。

2）交直流混合微网中直流微网部分的控制策略　由于直流微网并网运行时，其母线电压可由大电网平衡，因此其控制策略很简单，所以在研究直流微网控制策略时，本部分主要研究的方向是孤岛模式时直流微网的协调控制。

3）交直流混合微网中交流微网部分的控制策略　包括交流微网工作于孤岛模式时其控制策略、交流微网工作于并网模式时其控制策略以及交流微网在两种模式之间能否平滑切换。

4）交直流混合微网的控制策略　包括交直流混合微网分别工作于 4 种模式时，各 DG、直流微网部分、交流微网部分的控制策略，以及交直流混合微网在 4 种模式之间切换时混合微网能否实现平滑的切换。

11.2.2　本部分的主要工作

本部分各章的具体安排如下：

第 11 章为绪论。该章首先介绍了微网的一些基本概念，然后主要介绍本部分所研究的一些内容。

第 12 章为各微源的建模及其控制策略的研究。该章首先研究了各微源常规控制策略的原理与其 Simulink 仿真；然后根据上述常规控制策略所存在的缺陷提出光伏系统 MPPT+VDG 控制、光伏系统变压控制两种新型控制策略，根据 Simulink 仿真曲线说明新型控制策略的可行性与有效性；最后，根据仿真曲线的对比，说明了新型控制策略的优势。

第 13 章为直流微网控制策略的研究。该章首先研究了直流微网常规控制策略——分级控制的基本原理及其 Simulink 仿真；然后根据分级控制所存在的缺点，提出直流微网的变功率控制，并根据 Simulink 仿真证明了变功率控制策略的可行性与有效性；最后根据两种控制策略的仿真对比，说明变功率控制的优势。

第 14 章为交流微网控制策略的研究。该章首先研究了 PQ 控制、下垂控制、V/f 控制、直流电压控制的原理；然后对微源恒压控制策略进行改进，提出了基于直流电压控制与恒压控制改进型的交流微网的协调控制，并进行 Simulink 仿真分析。

第 15 章为交直流混合微网控制策略的研究。该章主要根据 K_1、K_2 的开合，将交直流混合微网的工作模式分为 4 种，分别建立交直流混合微网 4 种工作模式的仿真模型，并进行仿真分析，交直流混合微网在 4 种模式之间切换时混合微网的运行情况仿真分析。

第 16 章为总结与展望。该章主要的内容是对上述研究进行一些总结，然后对本部分所没有涉及的研究内容与研究方法进行展望。

本部分的创新之处主要有

1）提出了基于 VDG 的光伏系统 MPPT 控制方法。

2）提出了光伏系统的变压控制方法。

3）提出了直流微网的变功率控制方法。

4）提出了基于直流电压控制与恒压控制改进型的交流微网的协调控制。

第12章

各微源的建模及其控制策略研究

在微网中，各 DG 起到输出功率、输入功率和平衡功率波动等作用，由于本部分研究的目标是风光储交直流混合微网的协调控制，本部分研究的 DG 主要为光伏、风电、蓄电池 3 种，因此本章主要研究光伏、风电、蓄电池 3 种 DG 的控制策略，其主要内容有光伏系统最大功率控制、光伏系统限功率控制、风电系统最大功率控制、风电系统限功率控制、蓄电池充电控制、蓄电池放电控制 6 种控制策略。

在研究上述 DG 的控制策略过程中，本章提出了光伏系统 MPPT+VDG 与光伏系统变压控制策略两种控制方法，并将上述两种方法与常规控制方法分别在 Simulink 中进行建模、仿真、分析和对比，从而说明它们的优势。

12.1 Boost 变换器的研究

微网中光伏电池、风力发电、储能系统及其各种控制策略的实现都需要用到 DC/DC 变换电路，DC/DC 变换电路一般包括两种电路：Buck 电路、Boost 电路，前者为直流降压电路，后者为直流升压电路。本部分所利用的 DC/DC 变换电路为 Boost 电路，因此本部分将对 Boost 电路进行一些仿真研究。

Boost 电路的拓扑结构图如图 12-1 所示。Boost 电路工作时电感电流的变化包括电流连续与电流断续两种状态，本部分采用电感电流连续工作的 Boost 电路，电感电流连续型电路工作时各参数变化曲线如图 12-2 所示。

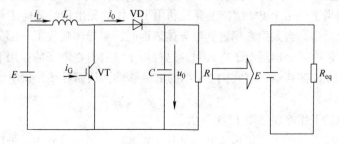

图 12-1　Boost 电路图

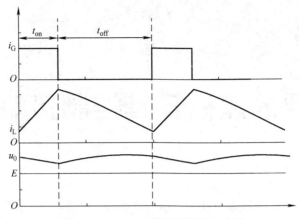

图 12-2　Boost 电路各参数变化曲线

由图 12-1、图 12-2 可知，Boost 电路的原理为：当 i_G 为高电平时，开关管 VT 开通，E、L、VT 形成回路，电源 E 给电感 L 充电，电感电流 i_L 升高，此时电容向负荷放电，输出电压 u_0 下降；当 i_G 为低电平时，开关管 VT 关闭，E、L、VD、R 形成回路，电源、电感同时向负荷放电，输出电压 u_0 升高并且 $u_0 > E$，其中电容 C 起滤波与平衡电压的作用。

Boost 电路工作过程中，其输入输出电压关系为

$$u_0 = E/(1-\alpha) \tag{12-1}$$

式中　$\alpha = t_{on}/T$，称为占空比。

Boost 电路等效电阻与实际电阻关系为

$$R_{eq} = R(1-\alpha)^2 \tag{12-2}$$

12.2　光伏模型的建立及其控制策略的研究

12.2.1　光伏模型的建立

光伏电池是一种能将辐射能转换为电能的器件。光伏电池主要是由某种半导体材料制成，相当于一个个 PN 结，主要是利用半导体的光生伏特效应工作的，所谓的光生伏特效应是指，当太阳光辐射到半导体表面时，半导体吸收了一部分阳光的辐射能，致使半导体内部会出现电子空穴对，这种电子空穴对在电场的作用下分离，其中电子向 PN 结的 N 区移动，空穴向 PN 结的 P 区移动，从而导致光伏电池正负极间存在电势差。

光伏电池的工作原理如图 12-3 所示。

由上述光伏电池的工作原理可知，光伏电池实际上可以等效为一种能够产生光电流的电流源，其等效模型如图 12-4 所示。

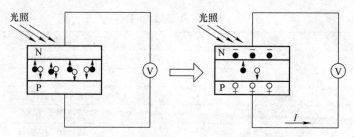

图 12-3　光伏电池的工作原理

图中，I_{ph} 为光生电流，是阳光照射到光伏电池上由于电子、空穴的移动所激发的电流；I_d 为总扩散电流，是电池内部等效二极管的正向电流；R_{sh} 为旁路电阻，是电池边缘漏电或者耗尽区内的复合电流引起的并联电阻；R_s 为串联电阻，是由硅片内部电阻和电极电阻构成的；I_{sh} 为旁路电流，是旁路电阻上的电流；U_d 为等效二极管端电压；I_{PV} 为光伏电池的输出电流；U_{PV} 为光伏电池端电压。

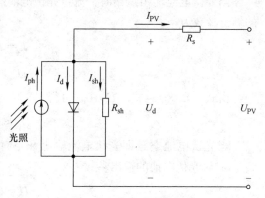

图 12-4　光伏电池的等效模型

由图 12-4，可得下面关系：

$$I_{sh}=U_d/R_{sh} \tag{12-3}$$

$$I_d=I_0\left[\exp\left(\frac{qU_d}{AkT}\right)-1\right] \tag{12-4}$$

$$U_d=U_{PV}+I_{PV}R_s \tag{12-5}$$

$$I_{PV}=I_{ph}-I_d-I_{sh} \tag{12-6}$$

由式（12-3）～式（12-6）可得光伏电池的输出电流为

$$I_{PV}=I_{ph}-I_0\left\{\exp\left[\frac{q\left(U_{PV}+I_{PV}R_s\right)}{AkT}\right]-1\right\}-\frac{U_{PV}+I_{PV}R_s}{R_{sh}} \tag{12-7}$$

在通常情况下，R_{sh} 数值非常大（数量级为 kΩ），R_s 的数值很小（小于 1Ω），因此式（12-7）可以简化为

$$I_{PV}=I_{ph}-I_0\left[\exp\left(\frac{qU_{PV}}{AkT}\right)-1\right] \tag{12-8}$$

在式（12-7）中，各参数所代表的含义见表 12-1[1]。

表 12-1　参数说明

参数	说明	取值
I_0	二极管反向饱和电流	一般为常数
q	荷电常量	1.6×10^{-19}C
T	绝对温度	$T=t+273$K（t 为摄氏温度）
A	二极管常数因子	取值范围为 1~5
k	玻耳兹曼常数	0.86×10^{-4}eV/K

当光伏电池输出短路时，流过光伏电池两端的电流为短路电流 I_{sc}，此时光伏电池的输出参数为

$$I_{sc} = I_{PV} \tag{12-9}$$

$$U_{PV} = 0 \tag{12-10}$$

由式（12-8）~式（12-10）可得

$$I_{ph} \approx I_{sc} \tag{12-11}$$

当光伏电池空载即光伏电池输出开路时，其输出的端电压为光伏电池开路电压 U_{oc}。此时光伏电池的输出参数为

$$U_{oc} = U_{PV} \tag{12-12}$$

$$I_{PV}=0 \tag{12-13}$$

由式（12-8）、式（12-12）、式（12-13）可得

$$I_{ph}=I_0\left[\exp\left(\frac{qU_{oc}}{AkT}\right)-1\right] \tag{12-14}$$

由式（12-11）、式（12-14）可得

$$U_{oc}=\frac{AkT}{q}\ln\left(\frac{I_{sc}}{I_0}+1\right) \tag{12-15}$$

当光伏电池正常运行时，光伏电池的输出电流与光伏电池端电压的关系函数可由式（12-8）、式（12-11）、式（12-15）得出光伏电池的输出数学模型：

$$I_{PV}=I_{sc}\left\{1-C_1\left[\exp\left(\frac{U_{PV}}{C_2U_{oc}}\right)-1\right]\right\} \tag{12-16}$$

式中　$C_1=\dfrac{I_0}{I_{sc}}$，$C_2=1/\ln(1/C_1+1)$。

光伏电池正常运行时其输出功率为

$$P_{PV} = U_{PV}I_{PV} = U_{PV}I_{sc}\left\{1 - C_1\left[\exp\left(\frac{U_{PV}}{C_2 U_{oc}}\right) - 1\right]\right\} \tag{12-17}$$

由式（12-17）可知，光伏电池的输出功率与光伏电池的输出端电压相关，因此可以找到某一点，使得当 U_{PV} 取某一值时，光伏电池的输出功率 P_{PV} 为最大，这一点为光伏电池的最大功率点。在最大功率点处，有 $I_m = I_{PV}$、$U_m = U_{PV}$，代入式（12-16）可以求出 C_1、C_2 的值为

$$C_1 = \left(1 - \frac{I_m}{I_{sc}}\right)\exp\left(-\frac{U_m}{C_2 U_{oc}}\right) \tag{12-18}$$

$$C_2 = \left(\frac{U_m}{U_{oc}} - 1\right)\Big/\ln\left(1 - \frac{I_m}{I_{sc}}\right) \tag{12-19}$$

在实际运行过程中，光伏电池的 I_{sc}、U_{oc}、I_m、U_m 会受到环境温度、光照强度的影响，而生产厂商只提供这些参数在标准情况下的值，即 I_{sc_ref}、U_{oc_ref}、I_{m_ref}、U_{m_ref}。因此，需要知道光伏电池的 I_{sc}、U_{oc}、I_m、U_m 实际值，其实际值的大小与标准值的关系为

$$I_{sc} = I_{sc\_ref}\left(\frac{S}{S_{ref}}\right)\left[1 + a\left(T - T_{ref}\right)\right] \tag{12-20}$$

$$U_{oc} = U_{oc\_ref}\left[1 - c\left(T - T_{ref}\right)\right]\ln\left[1 + b\left(\frac{S}{S_{ref}} - 1\right)\right] \tag{12-21}$$

$$I_m = I_{m\_ref}\left(\frac{S}{S_{ref}}\right)\left[1 + a\left(T - T_{ref}\right)\right] \tag{12-22}$$

$$U_m = U_{m\_ref}\left[1 - c\left(T - T_{ref}\right)\right]\ln\left[1 + b\left(\frac{S}{S_{ref}} - 1\right)\right] \tag{12-23}$$

式中　系数 a、b、c 的典型值为 $a=0.0025/℃$、$b=0.5$、$c=0.00288/℃$。

基于上述光伏电池的数学模型，本部分在 MATLAB/Simulink 中搭建光伏电池的仿真模型。其中根据式（12-16），搭建了光伏电池的整体模型，如图 12-5 所示。

由式（12-14）可知，当各参数不变时，光伏电池端电压 U_{PV} 是决定光伏电池输出电流、输出功率的唯一条件，因此光伏电池的 P-U、I-U 特性曲线代表了光伏电池的输出特性。

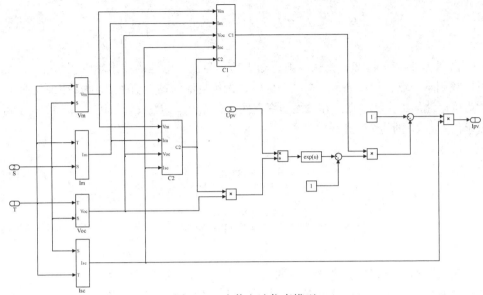

图 12-5 光伏电池仿真模型

由于 I_{sc}、U_{oc}、I_m、U_m 的值受到外界光照强度与环境温度的影响，而 I_{sc}、U_{oc}、I_m、U_m 决定光伏电池的输出，因此外界光照强度与环境温度是影响光伏电池输出的两个重要的参数，所以本部分依据图 12-5 所示的光伏电池的仿真参数，仿真了在不同光照强度、不同环境温度时光伏电池的 P-U、I-U 特性曲线，如图 12-6、图 12-7 所示。

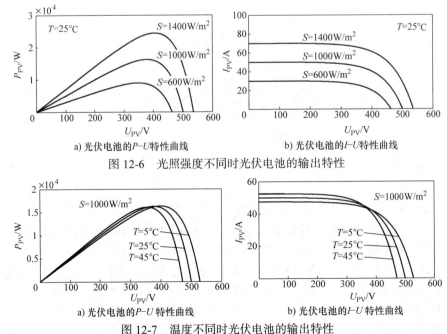

a) 光伏电池的 P-U 特性曲线　　　　b) 光伏电池的 I-U 特性曲线

图 12-6 光照强度不同时光伏电池的输出特性

a) 光伏电池的 P-U 特性曲线　　　　b) 光伏电池的 I-U 特性曲线

图 12-7 温度不同时光伏电池的输出特性

由图 12-6、图 12-7 可得出

1）当温度 T 不变而光照强度 S 逐渐升高时，光伏电池的开路电压逐渐增加、光伏电池的短路电流逐渐增加、光伏电池最大功率点处功率、电压、电流都逐渐增加。

2）当光照强度 S 不变而温度 T 逐渐升高时，光伏电池的开路电压逐渐减小、光伏电池的短路电流逐渐增加，光伏电池最大功率点处功率、电压、电流都逐渐减小。

3）光照强度的变化对光伏电池开路电压影响较小而对短路电流影响较大；温度的变化对光伏电池短路电流影响较小而对开路电压影响较大。

12.2.2　光伏最大功率控制的研究

微网中的光伏系统的工作模式主要有两种：最大功率发电、限功率发电。前者采用的通常控制策略为最大功率点跟踪（Max Power Point Tracking，MPPT）；后者通常采用的控制策略为恒压控制，然而恒压控制有其固有的缺陷，针对恒压控制的缺陷，本部分提出了一种新型的限功率发电控制策略——变压控制。本节将对 MPPT、恒压控制、变压控制进行仿真研究，并对变压控制进行深入研究。

1. MPPT 控制

从前面的仿真研究中可知，光伏电池的最大功率点的位置受到光照强度、环境温度等条件的影响，因此为了提高光伏电池的发电效率，需要采取某种控制策略使得在微网稳定的基础上，光伏系统输出始终位于最大功率点处，这种能够使光伏系统的输出始终位于最大功率点处的控制策略是 MPPT 控制。

MPPT 控制是一个自动寻优的过程，即通过光伏电池输出功率与其端电压的变化关系确定光伏电池当前工作点的位置，进而确定光伏电池端电压的改变方向。目前 MPPT 控制的控制算法包括：恒定电压控制法、电导增量法、扰动观察法等。上述几种控制算法都有其各自的优缺点，恒定电压控制法控制简单、易实现，但其适应性差；电导增量法在动态性能跟踪特性方面较好，但其计算量大，对控制系统的要求较高；扰动观察法虽然有相应响应速度较慢的缺点，但其结构简单、计算量少、容易实现，目前来说是最常用的算法，因此本部分的 MPPT 控制算法采用扰动观察法。扰动观察法的工作原理如图 12-8 所示。

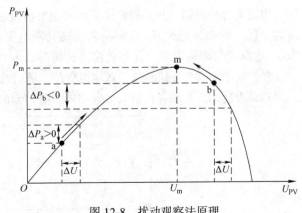

图 12-8　扰动观察法原理

由图 12-8 可知，扰动观察法的工作原理为，首先改变光伏电池的端电压 $\Delta U > 0$

（或 $\Delta U < 0$），然后测量光伏电池输出功率的变化 ΔP，如果 $\Delta P > 0$（或 $\Delta P < 0$）说明此时光伏电池的工作点位于最大工作点（m 点）左侧（即 a 点），此时需要增加光伏电池的端电压；如果 $\Delta P < 0$（或 $\Delta P > 0$）说明此时光伏电池的工作点位于最大工作点（m 点）右侧（即 b 点），此时需要减小光伏电池的端电压，由此可知，扰动观察法的流程图如图 12-9 所示。

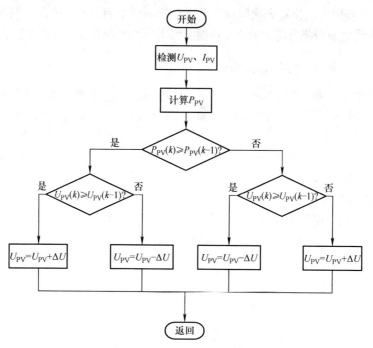

图 12-9　扰动观察法流程图

由前面分析可知，扰动观察法实现的主要前提是能够通过一定的策略改变光伏电池端电压，本部分通过 Boost 电路来实现其端电压的改变。由式（12-23）可知，当 Boost 电路的负荷确定时，其等效输入负荷与 Boost 电路的占空比相关，因此可以通过改变占空比来改变光伏系统等效输出负荷，进而改变光伏电池的端电压。

对以上扰动观察法进行仿真，其结果如图 12-10、图 12-11 所示。

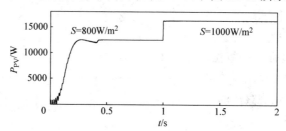

图 12-10　光照强度变化时光伏输出功率

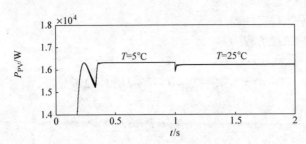

图 12-11　温度变化时光伏输出功率

从图 12-10、图 12-11 可见，当光照强度、温度等环境条件发生变化时，采用扰动观察法的光伏系统输出功率能迅速、平稳地发生变化，这说明本部分所建立的光伏系统 MPPT 控制的仿真模型是有效且正确的。

对比图 12-10、图 12-11 可知，光照强度的变化对光伏输出功率的影响比较大，而温度的变化对光伏输出功率的影响比较小，因此本部分的交直流混合微网中仅考虑光照强度的变化对混合微网的稳定性的影响。

2. MPPT+VDG

本部分所研究的交直流混合微网中，主要的发电单元为光伏、风电。在上述两种微源中由于风力发电系统含有永磁电机，因而永磁电机所具有的转动惯量及其阻尼特性，使得风力发电系统的输出电能比较平滑，不会出现骤然变化的情况。而光伏发电系统由于不含有电机类元件，导致光伏系统相对于风力发电系统来说所具有的惯量较小，进而使得整个微网的稳定性变弱，为了提高微网的稳定性，本部分提出了基于虚拟直流发电机（Virtual DC Generator，VDG）的光伏系统的 MPPT 控制，即 MPPT + VDG 控制 [2]。MPPT + VDG 控制的拓扑结构如图 12-12 所示。

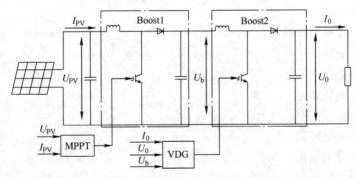

图 12-12　光伏系统 MPPT+ VDG 控制的拓扑结构

上述控制系统是由光伏电池、两个 Boost 变换器、MPPT 控制模块、VDG 控制模块和负荷组成。

光伏系统的 MPPT + VDG 控制采取两级控制，其中，第 1 级采用 MPPT 控制；第 2 级采用 VDG 控制。光伏系统的 MPPT + VDG 控制主要是利用直流发电机的惯性特性，增加光伏系统稳定性。

直流发电机的机械方程为

$$T_{\mathrm{m}} - T_{\mathrm{e}} = J\frac{\mathrm{d}\Omega}{\mathrm{d}t} + D(\Omega - \Omega_0) \qquad (12\text{-}24)$$

$$T_{\mathrm{m}} = P_{\mathrm{m}} / \Omega \qquad (12\text{-}25)$$

直流发电机的电磁方程为

$$T_{\mathrm{e}} = C_{\mathrm{T}}\Phi I_{\mathrm{a}} \qquad (12\text{-}26)$$

$$E_{\mathrm{a}} = C_{\mathrm{e}}\Phi n \qquad (12\text{-}27)$$

$$E_{\mathrm{a}} = U_{\mathrm{a}} + I_{\mathrm{a}}R_{\mathrm{a}} \qquad (12\text{-}28)$$

上述公式中，

$$C_{\mathrm{e}}/C_{\mathrm{T}} = 2\pi/60 \qquad (12\text{-}29)$$

$$\Omega/n = 2\pi/60 \qquad (12\text{-}30)$$

式中　T_{m}——机械转矩；

T_{e}——电磁转矩；

J——转动惯量；

Ω——机械角速度；

D——阻尼系数；

P_{m}——机械功率；

C_{e}——电动势常数；

Φ——磁通；

E_{a}——感应电动势；

n——电机转速；

R_{a}——电枢回路总电阻；

I_{a}——电枢电流；

U_{a}——输出电压；

C_{T}——转矩常数。

由式（12-26）、式（12-27）、式（12-29）、式（12-30）得

$$E_{\mathrm{a}} = C_{\mathrm{T}}\Phi\Omega \qquad (12\text{-}31)$$

直流发电机的主要优势是，发电机的惯性使得发电机的输出功率比较平滑，进而能够增加系统的稳定性。

图 12-13 为当直流发电机输入的机械功率突然上升时，直流发电机输出的电功率变化曲线。

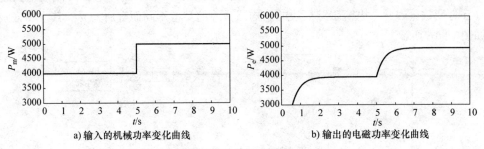

a) 输入的机械功率变化曲线　　　　　　　　b) 输出的电磁功率变化曲线

图 12-13　直流发电机参数变化时功率曲线

由图可知，当直流发电机的输入功率阶跃突然上升时，直流发电机的输出功率变化比较平滑而非阶跃突变上升。

所谓的 VDG 的原理是通过采用某种控制策略，使得系统具有直流发电机的特性。而这种控制策略的数学模型是依照直流发电机的机械与电磁方程建立起来的。

VDG 控制策略的模型主要由直流发电机模块、直流电压调节模块、电流跟踪控制模块组成 [3]。其中：

1）直流发电机模块可由式（12-24）、式（12-25）、式（12-28）、式（12-31）来建模，其模块结构如图 12-14 所示。

2）直流电压调节模块的模型结构如图 12-15 所示。

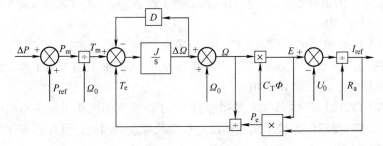

图 12-14　直流发电机模块的结构

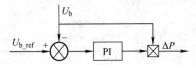

图 12-15　直流电压调节模块的结构

3）电流跟踪模块的结构因微源的类型不同而有所差异，如图 12-16 所示。

$$U_0 / E = 1/(1-\alpha) \qquad （12-32）$$

167

$$I_0 / I_L = 1 - \alpha \qquad\qquad (12\text{-}33)$$

由式（12-32）和式（12-33）可知，Boost 变换器两端电流、电压升高的倍数正好互为倒数，因此，电流跟踪模块的结构因微源的类型不同而有所差异。其主要区别如图 12-16 所示。

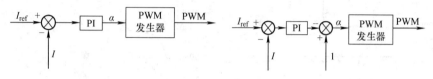

a) 电压源型的电流跟踪模块　　　　　　　b) 电流源型的电流跟踪模块

图 12-16　电流跟踪模块的结构

由于光伏电池相当于一个电流源，因此，本部分的 VDG 的电流跟踪模块采用图 12-16b 的电流源型模型。

为了验证上述 VDG 控制策略的正确性，本部分首先搭建了 MPPT 控制的光伏系统、MPPT+VDG 控制的光伏系统两种仿真模型，并进行了仿真比较分析。

当光伏系统的光照强度发生如图 12-17a 所示的曲线变化时，光伏系统的输出电压变化曲线如图 12-17b 所示。

由图 12-17 可见，当光伏系统的光照强度突然发生正脉冲变化时，采用 MPPT + VDG 控制的光伏系统的输出电压变化幅度为 $\Delta U = 71V$，而采用 MPPT 控制的光伏系统的输出电压变化幅度为 $\Delta U = 97V$。

当光伏系统的负荷发生如图 12-18a 所示的曲线变化时，光伏系统的输出电压变化曲线如图 12-18b 所示。

由图 12-18 可见，当光伏系统的负荷电阻突然发生负脉冲变化时，采用 MPPT + VDG 控制的光伏系统的输出电压变化幅度为 $\Delta U = 55V$，而采用 MPPT 控制的光伏系统的输出电压变化幅度为 $\Delta U = 101V$。

由图 12-17、图 12-18 可知，采用 MPPT+VDG 控制的光伏系统的输出电压变化幅度小于 MPPT 控制的光伏系统的输出电压变化幅度。因此，可知当光伏系统采用 VDG 控制时的优势。

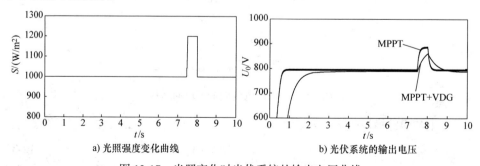

a) 光照强度变化曲线　　　　　　　　　b) 光伏系统的输出电压

图 12-17　光照变化时光伏系统的输出电压曲线

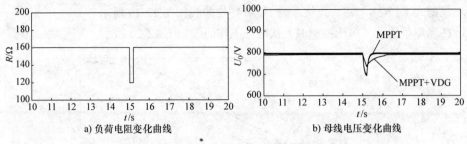

a) 负荷电阻变化曲线　　　　　b) 母线电压变化曲线

图 12-18　负荷变化时光伏系统参数变化曲线

12.2.3　光伏限功率控制的研究

1. 恒压控制

光伏系统的 MPPT 控制能够使光伏电池始终以最大功率输出，这种控制策略提高了光伏电池的效率，也提高了微网的发电效率。但当微网处于孤岛模式时，若微网中负荷较少且微源较多，就可能出现微网发电功率大于消耗功率，进而会出现微网功率冗余、母线电压升高的情况，此时需要减少微源的输出功率，对光伏电池来说就需要由 MPPT 控制切换为限功率控制策略，目前最常用的限功率控制策略是恒压控制。

恒压控制的基本原理为：当母线电压高于其额定值时，说明微网中发电功率大于负荷功率，此时调节光伏系统中 Boost 电路的占空比，减少光伏的输出功率，进而降低母线电压，使其接近额定值；当母线电压低于其额定值时，说明微网中发电功率小于负荷功率，此时调节光伏系统中 Boost 电路的占空比，增加光伏的输出功率，进而提高母线电压，使其接近额定值。经过上述调节，母线电压最终维持在额定值，所以这种控制算法称为母线电压恒定控制，简称为恒压控制。

如果 Boost 变换器的占空比为 α，则其关断比 $\beta = 1 - \alpha$。

因此可知，

$$U_0 / U_{PV} = 1/\beta \qquad (12\text{-}34)$$

$$I_0 / I_{PV} = \beta \qquad (12\text{-}35)$$

$$I_{PV} = U_{PV} / (R\beta^2) \qquad (12\text{-}36)$$

将式（12-36）代入式（12-14）得

$$\frac{U_{PV}}{R\beta^2} = I_{sc}\left[1 - C_1\left(\exp(\frac{U_{PV}}{C_2 U_{oc}}) - 1\right)\right] \qquad (12\text{-}37)$$

由式（12-37）可知，当负荷不变时光伏系统输出的电压与 Boost 变换器的关断比成函数关系，即

$$U_{PV} = f(\beta) \qquad (12\text{-}38)$$

根据式（12-38）知，光伏系统 $U_{PV}\text{-}\beta$ 特性曲线如图 12-19 所示。在理想条件下，恒压控制时光伏电池工作曲线如图 12-20 所示。

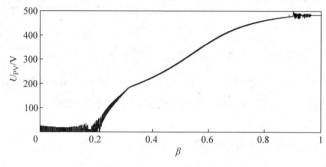

图 12-19　$U_{PV}\text{-}\beta$ 特性曲线

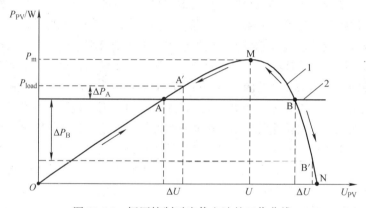

图 12-20　恒压控制时光伏电池的工作曲线

图 12-20 中，曲线 1 为光伏电池的 P-U 特性曲线；曲线 1 为额定负荷曲线，其大小为 $P_{\text{load\_rat}}$。因此，曲线 1、曲线 2 两条曲线的交点 A、B 两点能够满足微网内功率平衡与母线电压稳定。所以光伏系统恒压控制策略的原理为：经过协调控制，光伏系统能从初始状态稳定在 A 或者 B 两点处。

由图 12-20 可知，当光伏系统输出电压在两点有一相同的较小波动如 ΔU 时，

$$\Delta P_{A} \ll \Delta P_{B} \qquad (12\text{-}39)$$

由式（12-39）可知，当光伏系统输出电压发生波动，其中 A 点的功率变化与电流变化都远小于 B 点的功率变化与电流变化，这说明光伏系统 A 点的稳定性远大于 B 点的稳定性。因此，恒压控制一般选择 A 点作为稳定点。光伏系统恒压控制的控制框图如图 12-21 所示。图中，$U_{\text{0\_rat}}$ 为母线电压的额定值。

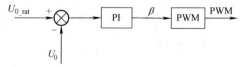

图 12-21　恒压控制的原理框图

据图 12-20、图 12-21 所示，光伏电池的输出曲线可以分为 4 段曲线，如果光伏电池初始状态分别在这 4 段曲线上，则当系统需要稳定于 A 点时，在这 4 段曲线上各参数的变化趋势为

1）OA 曲线，$P_{PV} < P_{load\_rat}$，$U_0 < U_{0\_rat}$，β 增大，U_{PV} 增大，P_{PV} 增大，最终稳定于 A 点。

2）AM 曲线，$P_{PV} > P_{load\_rat}$，$U_0 > U_{0\_rat}$，β 减小，U_{PV} 减小，P_{PV} 减小，最终稳定于 A 点。

3）MB 曲线，$P_{PV} > P_{load\_rat}$，$U_0 > U_{0\_rat}$，β 减小，U_{PV} 减小，P_{PV} 增大，最终经过 AM 段曲线稳定于 A 点。

4）BN 曲线，$P_{PV} < P_{load\_rat}$，$U_0 < U_{0\_rat}$，β 增大，U_{PV} 增大，P_{PV} 减小，系统无法稳定。

由以上分析可知，当光伏系统初始状态位于 OA、AM、MB 3 段曲线上时，光伏系统能够稳定于 A 点；但是如果光伏系统初始状态点位于 BN 曲线上，则光伏系统无法稳定。这就是光伏系统恒压控制的不足之处。

由前面分析可知，当恒压控制时，如果光伏系统初始状态在 L 点，光伏系统无法稳定，所以本部分仿真了当光伏系统初始状态在 L 点时，光伏系统母线电压 U_0、光伏系统输出电压 U_{PV} 的变化曲线如图 12-22 所示。

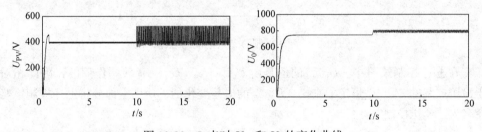

图 12-22　L 点时 U_{PV} 和 U_0 的变化曲线

由图可知，当光伏系统切换到恒压控制时，U_{PV} 一直在 400V 左右波动，U_0 一直在 800V 左右波动，主要是因为当光伏系统初始状态在 L 点时，此时 $P_{PV} < P_{load\_rat}$，$U_0 < U_{0\_rat}$，β 增大，U_{PV} 增大，P_{PV} 减小，进而使得光伏系统切换到 MPPT 控制，而在光伏系统切换到 MPPT 控制后，P_{PV} 增大，光伏系统又切换到恒压控制，致使光伏系统在 MPPT 控制与恒压控制频繁切换，影响各个电力电子器件的正常工作与其寿命。

2. 变压控制

本部分所提出的控制策略的原理框图如图 12-23 所示[4-5]。

当光伏系统采用本部分提出的变压控制时，其光伏电池工作曲线如图 12-24 所示。

由图 12-23 可知，U_0 为母线电压，U_{0_rat} 为母线电压额定值，U_m 为光伏系统最大功率点电压，U_{PV_ref} 为光伏系统电压参考值，U_{PV} 为光伏系统输出电压；β 为 Boost 变换器关断比，ΔU_0 为 U_0 与 U_{0_rat} 的差值经 PI_1 调节后，再通过 $[0 + \infty)$ 限幅后的母线电压的变化量。

由图 12-24 可知，当光伏系统初始状态位于 OA、AM、MB、BN 4 段曲线上时，

光伏系统都能够稳定于 A 点，此为变压控制相对于恒压控制的优势。

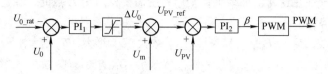

图 12-23　本部分提出的变压控制原理框图

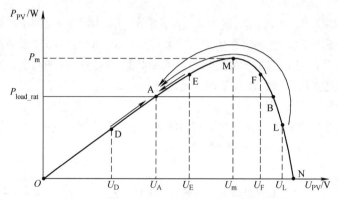

图 12-24　变压控制时光伏电池的工作曲线

在上述控制策略中，U_{PV_ref} 的值是由 U_0、U_{0_rat}、U_m 三者共同作用的，因此相对于恒压控制的 U_{0_rat} 是恒定的来说，U_{PV_ref} 的值是变化的，所以本部分将上述控制策略命名为"变压控制"。

由此可知，在非最大功率控制时，光伏系统一般选择 A 点作为稳定点。与恒压控制类似，根据图 12-20、图 12-24 可知，光伏系统的输出曲线分为 OA、AM、MB 和 BN 共 4 段曲线，当光伏系统采取变压控制时，如果光伏系统初始状态分别在这 4 段曲线上且当系统需要稳定于 A 点时，在这 4 段曲线上各参数的变化趋势如下：

1）OA 段中的 D 点。$P_{PV} < P_{load\_rat}$，$U_0 < U_{0\_rat}$，ΔU_0 减小，U_{PV_ref} 增大，直到 $U_{PV\_ref} = (U_m - \Delta U_0) > U_{PV} = U_D$，$\beta$ 增大，U_{PV} 增大，P_{PV} 增大，最后稳定于 A 点。

2）AM 段中的 E 点。$P_{PV} > P_{load\_rat}$，$U_0 > U_{0\_rat}$，ΔU_0 增大，U_{PV_ref} 减小，直到 $U_{PV\_ref} = (U_m - \Delta U_0) < U_{PV} = U_E$，$\beta$ 减小，U_{PV} 减小，P_{PV} 减小，最后稳定于 A 点。

3）MB 段中的 F 点。$P_{PV} > P_{load\_rat}$，$U_0 > U_{0\_rat}$，ΔU_0 增大，U_{PV_ref} 减小，直到 $U_{PV\_ref} = (U_m - \Delta U_0) < U_{PV} = U_F$，$\beta$ 减小，U_{PV} 减小，P_{PV} 增大，然后经过 M 点进入 AM 曲线段，最后稳定于 A 点。

4）BN 段中的 L 点。$P_{PV} < P_{load\_rat}$，$U_0 < U_{0\_rat}$，由于限幅后 $\Delta U_0 > 0$，$U_{PV\_ref} = (U_m - \Delta U_0) < U_m$，因此 $U_{PV\_ref} < U_m < U_{PV} = U_L$，所以 β 减小，U_{PV} 减小，P_{PV} 增大，然后进入 BM 段曲线，直到 $U_{PV} < U_m$ 进入 MA 段曲线，最后稳定于 A 点。

对比图 12-20 的恒压控制和图 12-24 的变压控制的工作曲线可见，当采取恒压控制时，光伏电池 *P-U* 特性曲线上 BN 曲线段的点最终无法稳定在 A 点，说明光伏系统恒压控制策略的稳定性存在问题；而当采取变压控制时，光伏电池 *P-U* 特性曲线上所有的点经过调控最后都能稳定在 A 点，说明相对于恒压控制来说，变压控制的稳定性好。

在上述变压控制的仿真中，光伏系统的参数见表 12-2。

表 12-2　光伏系统的基本参数

参数		值
光伏电池	U_A / V	250
	U_B / V	460
	U_m / V	400
母线	U_{0_rat} / V	800
PI 控制器	K_P	0.2
	K_I	2
	K_P	0.001
	K_I	0.01
初始状态	β_D	0.3
	β_E	0.45
	β_F	0.65
	β_L	0.8

光伏系统变压控制时，系统各参数变化曲线如图 12-25~ 图 12-28 所示。图中，当 t=0~10s 时，光伏系统采用 MPPT 控制；当 t=10s 时，电阻突然增大，母线电压升高，此时光伏系统由 MPPT 控制切换为变压控制；当 t=10~20s 时，光伏系统一直运行于变压控制模式。光伏系统切换到变压控制后，则光伏系统各参数的变化趋势为

1）当光伏系统初始状态在 D 点时，光伏系统母线电压 U_0 和光伏系统输出电压 U_{PV} 的变化曲线如图 12-25 所示。

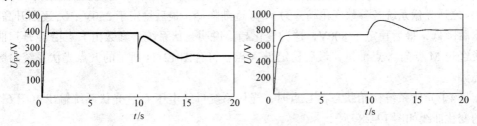

图 12-25　D 点时 U_{PV} 和 U_0 的变化曲线

由图可知，当 t=10s，光伏系统切换到变压控制时，U_{PV} < 250V，此时光伏系统位于 D 点，10s 之后光伏系统各参数变化趋势为：U_{PV} 逐渐升高，然后降低，最后稳定于 250V；U_0 逐渐升高，然后降低，最后稳定于 800V，这种变化趋势说明光伏系统各参数由 D 点沿着 *P-U* 曲线向 A 点前进，然后在 A 点进行振荡，最后稳定于 A 点，符合图 12-24 所示的 D 点光伏系统参数趋势。

2）当光伏系统初始状态在 E 点时，光伏系统母线电压 U_0、光伏系统输出电压

U_{PV} 的变化曲线如图 12-26 所示。

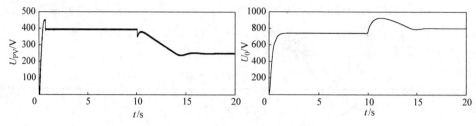

图 12-26　E 点时 U_{PV} 和 U_0 的变化曲线

由图可知，当光伏系统切换到变压控制时，250V < U_{PV} < 400V，此时光伏系统位于 E 点，10s 之后光伏系统各参数变化趋势为：U_{PV} 逐渐降低，最后稳定于 250V；U_0 逐渐降低，最后稳定于 800V，这种变化趋势说明光伏系统各参数由 E 点沿着 $P\text{-}U$ 曲线向 A 点前进，最后稳定于 A 点，符合图 12-24 所示的 E 点光伏系统参数趋势。

3）光伏系统初始状态在 F 点时，光伏系统母线电压 U_0、光伏系统输出电压 U_{PV} 的变化曲线如图 12-27 所示。

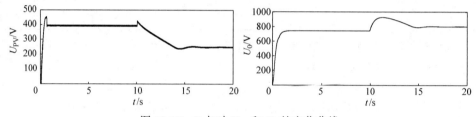

图 12-27　F 点时 U_{PV} 和 U_0 的变化曲线

由图可知，当光伏系统切换到变压控制时，U_{PV} > 400V，此时光伏系统位于 F 点，10s 之后光伏系统各参数变化趋势为：U_{PV} 逐渐降低，最后稳定于 250V；U_0 逐渐升高，然后降低，最后稳定于 800V，这种变化趋势说明光伏系统各参数由 F 点沿着 $P\text{-}U$ 曲线经过 M 点向 A 点前进，最后稳定于 A 点，符合图 12-24 所示的 F 点光伏系统参数趋势。

4）光伏系统初始状态在 L 点时，光伏系统母线电压 U_0、光伏系统输出电压 U_{PV} 的变化曲线如图 12-28 所示。

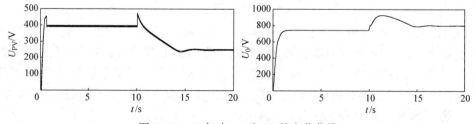

图 12-28　L 点时 U_{PV} 和 U_0 的变化曲线

由图可知，当光伏系统切换到变压控制时，$U_{PV} > 460\text{V}$，此时光伏系统位于 L 点，10s 之后光伏系统各参数变化趋势为：U_{PV} 逐渐降低，最后稳定于 250V；U_0 逐渐升高，然后降低，最后稳定于 800V，这种变化趋势说明光伏系统各参数由 L 点沿着 $P\text{-}U$ 曲线逐渐经过 B 点、F 点、M 点向 A 点前进，最后稳定于 A 点，符合图 12-24 所示的 L 点光伏系统参数趋势。

由图 12-25~ 图 12-28 仿真曲线可见，当光伏系统采取变压控制时，不管光伏电池 $P\text{-}U$ 特性曲线的开始工作点处于何处，它们经过调控后最终均能稳定在 A 点，光伏系统母线电压 U_0 和光伏系统输出电压 U_{PV} 很快就达到了稳定，变压控制使系统的稳定性得到了保证。上面的仿真结果与前面的理论分析一致。

3. 恒压控制与变压控制仿真对比

当光伏系统初始状态在 L 点时，光伏系统分别采用恒压控制、变压控制时 U_{PV} 和 U_0 的变化曲线如图 12-29、图 12-30 所示。

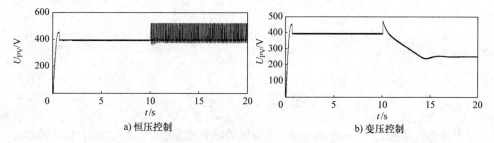

图 12-29　L 点光伏系统，U_{PV} 变化曲线

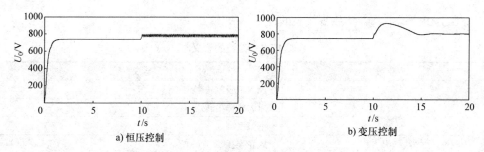

图 12-30　L 点光伏系统，U_0 变化曲线

由图 12-29 所示，当光伏系统初始状态在 L 点时，如果光伏系统采用恒压控制，光伏电池电压 U_{PV} 经过调节后无法稳定在其额定值 250V；而如果光伏系统采用变压控制，光伏电池电压 U_{PV} 经过调节后能够稳定在其额定值 250V。

由图 12-30 所示，当光伏系统初始状态在 L 点时，如果光伏系统采用恒压控制，光伏系统母线电压 U_0 经过调节后会在其额定值 800V 上下高频波动；而如果光伏系统采用变压控制，光伏系统母线电压 U_0 经过调节后能够稳定在其额定值 800V。

由此可知，光伏系统的变压控制相对于恒压控制具有明显的优势。

12.3 风电模型的建立及其控制策略的研究

12.3.1 风电模型的建立

目前，风力发电机主要分为异步风力发电机、双馈风力发电机、直驱风力发电机。因此本部分选用直驱风力发电机风力发电系统。这种系统采用的发电机是低速永磁同步发电机，因此发电机可以由风力机直接驱动，进而省略风力机与发电机的变速机构，具有较高可靠性与较好经济性。

风力机的模型可以由风力机从风中所获得的能量与风速的关系来等效建立。

当风以速度 v 流过面积为 S_{wind} 的流面时，风所蕴含的功率为 $P_{\text{wind}} = \rho S_{\text{wind}} v^3 / 2$，当上述风能流过风力机时，风力机所获得的能量为

$$P_{\text{wt}} = C_{\text{p}} \rho \pi R^2 v^3 / 2 \tag{12-40}$$

$$C_{\text{p}}(\lambda, \beta) = 0.5176 \left(\frac{116}{\lambda_{\text{i}}} - 0.4\beta - 5 \right) \exp\left(\frac{-21}{\lambda_{\text{i}}} \right) + 0.0068\lambda \tag{12-41}$$

$$\frac{1}{\lambda_{\text{i}}} = \frac{1}{\lambda + 0.08\beta} - \frac{0.038}{1 + \beta^3} \tag{12-42}$$

当风力机以一定的角速度运动时，根据风力机所获得的能量，风力机的输出转矩为

$$T_{\text{wt}} = P_{\text{wt}} / \omega \tag{12-43}$$

在上述公式中，各参数所代表的含义见表 12-3。

表 12-3 参数的含义

参数	含义
P_{wt}	风力机吸收功率
T_{wt}	风力机输出转矩
ρ	空气密度
R	风轮半径
v	实际风速
C_{p}	风能利用系数
β	桨距角
λ	叶尖速比
ω	风力机的机械角速度

根据式（12-40）～式（12-43），可以在 MATLAB/simulink 中建立风力机的仿真模型，其模型如图 12-31 所示。

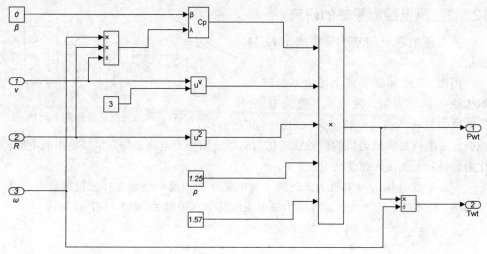

图 12-31   风力机模型

风力机的桨距角是指叶片顶端翼型弦线与旋转平面的夹角，根据风力发电过程中桨距角是否恒定，风力机可以分为变桨距和定桨距两种，由于定桨距具有结构简单、运行可靠的优点，因此本部分采用定桨距风力机。

由式（12-41）、式（12-43）可知，当桨距角恒定时，风能利用系数 C_p 与叶尖速比 λ 之间的关系如图 12-32 所示。

由式（12-40）～式（12-44）可知，风力机的 P_{wt}-ω 特性曲线如图 12-33 所示。

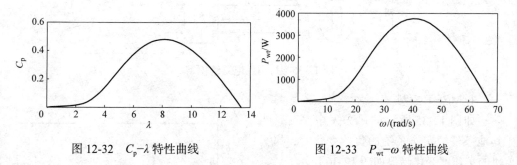

图 12-32 C_p-λ 特性曲线   图 12-33 P_{wt}-ω 特性曲线

如图 12-32 所示，当叶尖速比 λ 取某一值时，风能利用系数 C_p 达到最大值，由式（12-40）知，风力机吸收功率与风能利用系数 C_p 成正比，而叶尖速比 λ 与风力机角速度 ω 的关系为

$$\lambda = r\omega/v \qquad (12\text{-}44)$$

由图 12-33 可知，风力机的 P_{wt}-ω 特性曲线与光伏电池的 P_{PV}-U_{PV} 特性曲线类似，都有一个最大功率点。只有在最大功率点处，风力机所吸收的功率才为最大值。

12.3.2 风电控制策略的研究

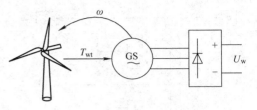

风力发电系统的基本模块如图 12-34 所示。

由图 12-32 可知，风力发电系统的基本模块包括风力机、发电机、整流电路，其中风力机将风的动能转化为风力机的机械能，发电机是将风力机的机械能转化为电能，而整流电路是将发电机输出的电能转化为合格的电能接入到微网中。

图 12-34　风力发电系统的基本模块

本部分所选用的发电机为永磁同步发电机，而整流电路则选择二极管整流电路，根据图 12-34 所示的模块，建立风力发电系统的仿真模型如图 12-35 所示。

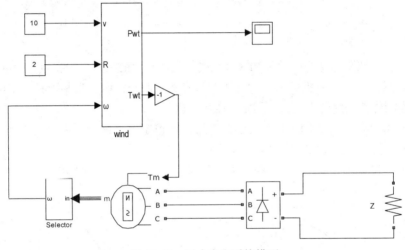

图 12-35　风力发电系统模型

1. MPPT 控制

如图 12-35 所示的风力发电系统，当其他条件恒定，系统的负荷变化时，风力机的角速度变化趋势如图 12-36 所示。

由图 12-36 可知，当风力发电系统的负荷变化时，风力机的机械角速度 ω 会发生变化，而由图 12-33 可知，可以通过改变风力机的机械角速度，使风力机的输入功率达到最大值，因此风力发电系统的 MPPT 控制与光伏系统的 MPPT 控制类似，可以

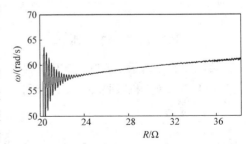

图 12-36　负荷变化时，风力机机械角速度
变化曲线

在风力发电系统后增加一个 Boost 变换器，而通过调节 Boost 变换器的占空比来调节

风力发电系统的机械角速度，进而使风电系统工作点位于最大功率点处。

与光伏类似，本部分风电系统的 MPPT 控制采用扰动观察法。其工作原理与流程图类似于图 12-8 和图 12-9，唯一的区别是将光伏系统的 P_{PV}、U_{PV} 参数替换为风电系统的 P_{wt}、ω 参数。所以风力发电系统 MPPT 控制的仿真模型如图 12-37 所示。

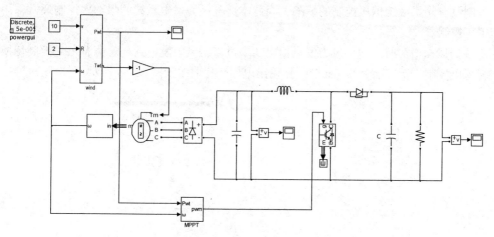

a) 风力发电系统的MPPT控制模型

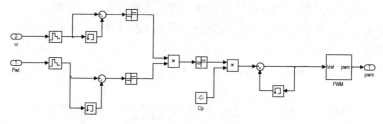

b) 扰动观察法子模块

图 12-37 风力发电系统 MPPT 控制

对风力发电系统的 MPPT 控制进行仿真，其结果如图 12-38 所示。

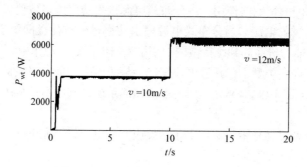

图 12-38 风速变化时风力机输出功率

根据图 12-38，当风速发生变化时，采用扰动观察法的风电系统输出功率能迅速、平稳地发生变化，这说明本部分所建立的风电系统 MPPT 控制的仿真模型是有效且正确的。

2. 恒压控制

由于风力发电系统并不具有图 12-19 所类似的单调性，因此风力发电系统的恒压控制没有光伏系统恒压控制的缺陷，因此本部分风力发电系统的限功率控制通常采用恒压控制。

当风速增加时，如果风力发电输出功率过多，风力发电系统需由 MPPT 控制切换为恒压控制，切换前后 Boost 变换器输出电压变化曲线如图 12-39 所示。

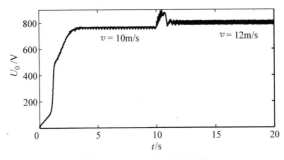

图 12-39　U_0 的变化曲线

假设恒压控制时，Boost 变换器输出电压的额定电压为 800V，由图 12-39 可知，当 $t=0\sim10$s、风速为 10m/s 时，风力发电系统采用 MPPT 控制；当 $t=10$s、风速变为 12m/s 时，MPPT 的输出功率过多，Boost 变换器输出电压高于 800V，此时风电系统控制策略切换为恒压控制，之后风电系统输出功率减少，母线电压稳定在其额定值 800V。

12.4　蓄电池模型的建立及其控制策略的研究

12.4.1　蓄电池模型的建立

储能系统是微网协调运行中不可或缺的一部分，其主要起到平衡各分布式电源输出功率波动对微网的影响的作用，当分布式电源输出功率过多致使微网中出现功率冗余时，储能系统吸收电能，当分布式电源输出功率过少致使微网中出现功率匮乏时，储能系统输出电能，进而起到维持微网功率平衡与电压稳定的作用。

储能系统有许多类型，包括蓄电池储能、超级电容储能、飞轮储能等。由于蓄电池储能应用最广泛，因此本部分选用蓄电池储能系统，其中本部分中的蓄电池选用铅酸电池。

铅酸电池顾名思义是铅与酸发生化学反应并放电，以及充电并发生反向化学反应的过程，其化学反应方程式为

$$Pb+2H_2SO_4+PbO_2=2PbSO_4+2H_2O \tag{12-45}$$

　　上述方程式从左至右是放电过程，从右至左是充电过程。

　　本部分的铅酸电池采用 CIEMAT 模型[7]，如图 12-40 所示。图中，n 为串联单体数量；$U_{battery}$ 为蓄电池电压；$I_{battery}$ 为蓄电池输出电流，当蓄电池充电时 $I_{battery\_c}=-I_{battery}$；当蓄电池放电时 $I_{battery\_d}=I_{battery}$；$E_{battery}$ 为蓄电池电动势；$R_{battery}$ 为蓄电池内阻。

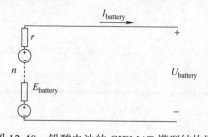

图 12-40　铅酸电池的 CIEMAT 模型结构图

　　由图 12-40 可知，

$$U_{battery} = nE_{battery} - nI_{battery}R_{battery} \tag{12-46}$$

式中 $E_{battery}$ 和 $R_{battery}$ 取值如下：

　　1）当蓄电池充电时

$$E_{battery}=2-0.16S_{soc} \tag{12-47}$$

$$R_{battery}=\frac{1}{C_{10}}\left[\frac{6}{1+\left|I_{battery}\right|^{0.86}}+\frac{0.48}{(1-S_{soc})^{1.2}}+0.036\right](1-0.025\Delta T) \tag{12-48}$$

　　2）当蓄电池放电时

$$R_{battery}=\frac{1}{C_{10}}\left(\frac{6}{1+I_{battery}^{1.3}}+\frac{0.27}{S_{soc}^{1.2}}+0.02\right)(1-0.07\Delta T) \tag{12-49}$$

式中　$\Delta T=T-25℃$，T 为环境温度；

　　　　S_{soc}——荷电状态（也称剩余电量），它为电池的剩余电量与其容量的比值，其取值为 0~1。

12.4.2　蓄电池控制策略的研究

　　由蓄电池与双向 DC/DC 变换器构成的储能系统，有多种控制策略，如恒流控制、恒压控制、三段式控制、下垂控制。本部分所研究的微网中的储能系统主要利用了恒流控制与下垂控制两种控制策略。

1. 双向 DC/DC 变换器

　　由于蓄电池具有充电与放电两种功能，因此蓄电池所连接的变换器必须为双向变换器。因此本部分利用双向 DC/DC 变换器作为蓄电池的变换器。其拓扑结构图如图 12-41 所示。

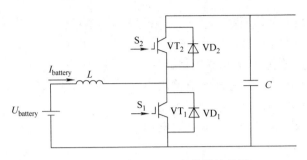

图 12-41　双向 DC/DC 变换器结构图

图中，$U_{battery}$ 为蓄电池端电压，L 为双向变换器电感，C 为双向变换器电容，VT_1、VT_2 为双向变换器的两个开关管。

双向 DC/DC 变换器有两种工作模式：充电模式、放电模式。其中工作在充电模式时，双向 DC/DC 变换器中 $U_{battery}$、L、VD_1、VT_2、C 构成 Buck 电路，当开关信号 S_1 动作时，蓄电池充电，能量由微网流向蓄电池；在工作放电模式时，双向 DC/DC 变换器中 $U_{battery}$、L、VD_2、VT_1、C 构成 Boost 电路，当开关信号 S_2 动作时，蓄电池放电，能量由蓄电池流向微网。

2. 蓄电池恒流控制

恒流控制策略是指蓄电池以恒定的电流进行充放电，其控制框图如图 12-42 所示。

如图 12-42 所示，蓄电池恒流控制采用单闭环控制系统。当蓄电池充电时，由于其充电电流 $I_{battery\_c}=-I_{battery}$，因此，恒流充电原理为：蓄电池电流的负值 $-I_{battery}$

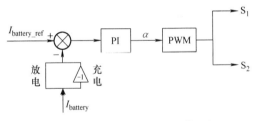

图 12-42　蓄电池恒流控制框图

与其电流参考值 $I_{battery\_ref}$ 做差比较，经 PI 调节器调节输出占空比，然后经过 PWM 波形发生电路，输出 PWM 信号 S_1；当蓄电池放电时，由于其放电电流 $I_{battery\_c}=I_{battery}$，因此恒流放电原理为，蓄电池电流 $I_{battery}$ 与电流参考值 $I_{battery\_ref}$ 做差比较，经 PI 调节器调节输出占空比，然后经过 PWM 波形发生电路，输出 PWM 信号 S_2。

对以上蓄电池恒流充放电进行仿真，蓄电池输出电流变化曲线如图 12-43、图 12-44 所示。

由图 12-43 可知，当 $t=1s$ 时，储能系统母线电压由 $U_0=795V$ 变化为 $U_0=973V$，此时采用恒流充电策略的蓄电池电流经过短时间的波动，又能够维持在其参考值 $I_{battery\_rat}=-10A$ 左右，其中 $I_{battery} < 0$，表示蓄电池位于充电状态。

由图 12-44 可知，当 $t=1s$ 时，储能系统负荷由 $R_{battery}=50\Omega$ 变化为 $R_{battery}=80\Omega$，此时采用恒流放电策略的蓄电池电流经过短时间的波动，也能够维持在其参考值 $I_{battery\_rat}=10A$ 左右。

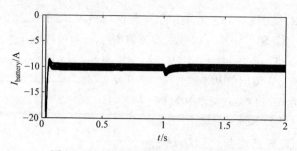

图 12-43 充电时蓄电池电流变化曲线

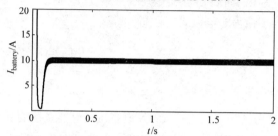

图 12-44 放电时蓄电池电流变化曲线

3. 蓄电池下垂控制

储能系统的下垂控制借鉴了电机的下垂特性，其基本原理如图 12-45 所示。

如图 12-45 所示，当母线电压 $U_0 > U_{0\_rat}$ 时，$I_{battery} < 0$，此时蓄电池充电，且随着电压的升高，蓄电池充电电流逐渐增大，此为蓄电池的下垂放电控制；当母线电压 $U_0 < U_{0\_rat}$ 时，$I_{battery} > 0$，此时蓄电池放电，且随着电压的升高，蓄电池放电电流逐渐减小，此为蓄电池的下垂放电控制。

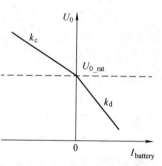

图 12-45 下垂控制基本原理

图中，k_c、k_d 分别为蓄电池充、放电的下垂系数，其大小反映了蓄电池充放电的下垂程度，本部分中充、放电的下垂系数相同，即 $k=k_c=k_d$。

在图 12-45 所示的下垂控制中，蓄电池电流 $I_{battery}$、母线电压 U_0 满足以下公式

$$U_{0\_rat}-U_0=kI_{battery} \tag{12-50}$$

根据以上原理可以画出蓄电池下垂控制的控制框图，如图 12-46 所示。

对蓄电池下垂控制进行仿真，其结果如图 12-47 所示。

仿真框图如图 12-46 所示，蓄电池下垂控制采用双闭环控制系统，其

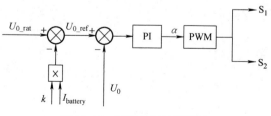

图 12-46 下垂控制控制框图

中电流为外环，电压为内环。在下垂控制中微网母线电压的额定值 U_{0_rat} 与蓄电池电流 $I_{battery}$，依据式（12-50）计算母线电压参考值 U_{0_ref}，与母线电压做差比较，经 PI 调节器调节输出占空比，然后经过 PWM 波形发生电路，当 $U_0 > U_{0\_rat}$，输出 PWM 信号 S_1；当 $U_0 < U_{0\_rat}$，输出 PWM 信号 S_2。

由图 12-47 可知，当 $U_0 < 800\text{V}$ 时，蓄电池工作在放电模式，而当母线电压增大时，蓄电池放电电流逐渐减少；当 $U_0 = U_{0\_rat} = 800\text{V}$ 时，电流减小为 0，而后当母线电压继续增大时，蓄电池切换为充电模式，且充电电流逐渐增大。

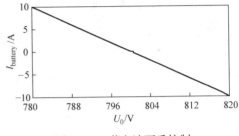

图 12-47　蓄电池下垂控制

12.5　本章小结

本章分别介绍了光伏发电系统、风力发电系统、储能系统的基本原理与其基本控制策略，并分别在 MATLAB/Simulink 中建立了上述 3 种微源系统的仿真模型，并对其基本控制策略进行了仿真分析。

本章中发现了两个常规控制策略的缺陷，并针对这两种控制策略的原理及其缺陷问题提出了两种新型控制策略：

1）针对光伏系统 MPPT 控制具有惯量较小、稳定性较弱的缺点，本章将虚拟发电机技术引入到光伏系统 MPPT 控制中，提出了基于 VDG 技术的光伏系统 MPPT 控制策略，即 MPPT + VDG 控制，这种控制策略使光伏系统具有了惯性，进而提高了光伏系统与微网的稳定性，并在 Simulink 中验证了上述控制策略的可行性与其优势。

2）针对光伏系统恒压控制策略对 P-U 特性曲线中某一段曲线无能为力的缺陷，本章创新性地提出了光伏系统的变压控制，这种控制策略将光伏电池端电压与其最大功率点电压引入光伏系统的变压控制中，进而使得变压控制对 P-U 特性曲线中全部曲线段都能够实现控制，本章从变压控制的 Simulink 仿真方面验证了变压控制策略的可行性与其优势。

第13章

直流微网控制策略的研究

本部分所研究的交直流混合微网从整体来说可分为直流微网与交流微网两个部分，本部分的研究方法是，首先研究直流微网、交流微网单独运行时的控制策略，再研究直流微网与交流微网组合成交直流混合微网的控制策略。

因此，本章研究的对象是直流微网，研究的内容是直流微网的协调控制。本章首先研究了直流微网常规控制策略——分级控制的基本原理与其仿真分析，在上述研究过程中，发现了分级控制的一些缺陷之处，为了弥补直流微网中分级控制所造成的缺陷，本章提出了直流微网的一种新型控制策略——变功率控制，并在 Simulink 中仿真分析了变功率控制的可行性。最后将分级控制、变功率控制的仿真结果进行对比，鲜明地表现出变功率控制的优势。

13.1 直流微网的架构

直流微网是交直流混合微网中的直流部分，是混合微网中直流负荷主要的接入端，其稳定性不仅直接影响了直流微网所连接的直流负荷的正常工作，也直接影响了交直流混合微网的稳定性。

本部分所研究的直流微网的拓扑结构如图 13-1 所示。图中，直流微网主要由发电系统、储能系统、直流负荷系统、直流母线以及控制系统组成。其中，发电系统包括光伏系统、风电系统，其主要作用是将其他形式的能量转化为电能输入到微网中；直流负荷系统包括电阻、直流电动机，其作用为吸收微网的功率转化为其他人类所直接需要的能量，如热

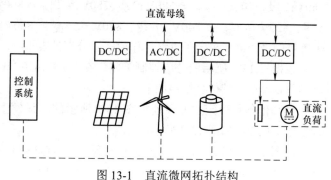

图 13-1　直流微网拓扑结构

能、动能等；控制系统是微网正常运行的核心，其主要作用是调节微网中各微源、负荷、蓄电池的输入输出功率，进而维持微网功率的平衡和电压的稳定。

13.2 直流微网控制策略的研究

直流微网虽然研究比较晚但其发展迅猛，其广泛应用的控制策略是分级控制。但是分级控制存在着一些缺陷，针对分级控制的缺陷，本章提出了一种新型控制策略——变功率控制 [8, 9]。

13.2.1 分级控制的研究

分级控制是指将直流微网母线电压分成若干等级，然后根据当前母线电压所处的等级，确定直流微网各微源、储能、负荷的控制策略。

在直流微网中，微源有风电、光伏两种，在上述两种分布式发电系统中，风力发电相对于光伏发电来说，无论是设备还是技术等都比较成熟，因此本部分设定风力发电的优先权大于光伏发电的优先权，因此如果微网中功率出现冗余，则首先减少光伏系统输出的电能，如果光伏输出功率为 0，微网中功率还是出现冗余，再考虑减少风电系统输出的电能。其控制原理图如图 13-2 所示。图中，U_{DC} 为直流母线电压，其额定值为 U_{DC_rat}=800V；P_{DC} 为直流母线输入功率，$P_{DC} < 0$，说明此时功率流向是由母线流向单元。

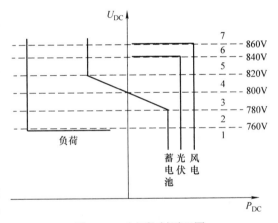

图 13-2　分级控制原理图

由图 13-2 可知，可以依据直流母线电压将其分为 7 个等级，分别为 1 级，$U_{DC} < 760V$；2 级，$760V \leqslant U_{DC} < 780V$；3 级，$780V \leqslant U_{DC} < 800V$；4 级，$800V \leqslant U_{DC} < 820V$；5 级，$820V \leqslant U_{DC} < 840V$；6 级，$840V \leqslant U_{DC} < 860V$；7 级，$U_{DC} \geqslant 860V$。以上 7 个等级的母线电压决定了直流工作模式，分别见表 13-1。

根据表 13-1 所示的分层控制策略，在 MATLAB/Simulink 中建立直流微网分层控制的仿真模型，其仿真结果如下：

当其他条件恒定，而风速如图 13-3 所示的曲线发生变化时，直流微网分级控制各参数变化曲线如图 13-4 所示。

由图 13-4 可知，由于风速逐渐地变大，风电输出功率逐渐增加，母线电压逐渐升高，直流微网的工作模式与微网各单元控制策略为

表 13-1　各单元控制策略

模式	母线电压	光伏	风电	储能	负荷
1	$U_{DC} < 760V$	MPPT	MPPT	恒流放电	逐渐切除
2	$760V \leqslant U_{DC} < 780V$	MPPT	MPPT	恒流放电	正常运行
3	$780V \leqslant U_{DC} < 800V$	MPPT	MPPT	下垂放电	正常运行
4	$800V \leqslant U_{DC} < 820V$	MPPT	MPPT	下垂充电	正常运行
5	$820V \leqslant U_{DC} < 840V$	MPPT	MPPT	恒流充电	正常运行
6	$840V \leqslant U_{DC} < 860V$	恒压	MPPT	恒流充电	正常运行
7	$U_{DC} \geqslant 860V$	0	恒压	恒流充电	正常运行

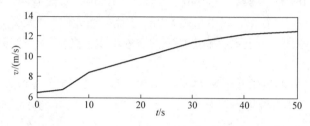

图 13-3　风速变化曲线

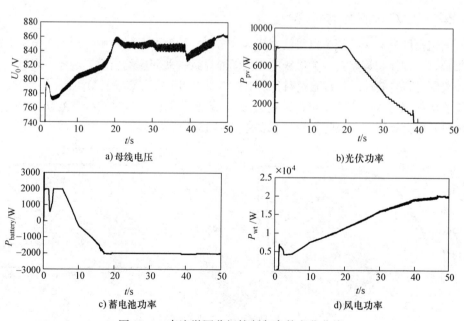

a) 母线电压

b) 光伏功率

c) 蓄电池功率

d) 风电功率

图 13-4　直流微网分级控制各参数变化曲线

1）当 $t=0\sim2s$ 时，母线电压 $U_{DC} < 760V$，直流微网工作于模式 1，此时蓄电池采用恒流放电控制，光伏系统与风电系统则采用 MPPT 控制，且随着风速的增加，直流微网逐渐增加负荷，直到 $t=2s$ 时，直流微网负荷保持恒定。

2）当 t=2~5s 时，母线电压 760V ≤ U_{DC} < 780V，直流微网工作于模式 2，此时蓄电池采用恒流放电控制，光伏系统与风电系统则采用 MPPT 控制。

3）当 t=5~9s 时，母线电压 780V ≤ U_{DC} < 800V，直流微网工作于模式 3，此时蓄电池采用下垂放电控制，光伏系统与风电系统则采用 MPPT 控制。

4）当 t=9~16s 时，母线电压 800V ≤ U_{DC} < 820V，直流微网工作于模式 4，此时蓄电池采用下垂充电控制，光伏系统与风电系统则采用 MPPT 控制。

5）当 t=16~19s 时，母线电压 820V ≤ U_{DC} < 840V，直流微网工作于模式 5，此时蓄电池采用恒流充电控制，光伏系统与风电系统则采用 MPPT 控制。

6）当 t=19~46s 时，母线电压 840V ≤ U_{DC} < 860V，直流微网工作于模式 6，此时蓄电池采用恒流充电控制，风电采用 MPPT 控制，而光伏系统则采用恒压控制，且随着风速的逐渐增大、风电系统输出功率的逐渐增多，光伏系统输出功率逐渐减少，直至减少为 0。

7）当 t=46~50s 时，母线电压 U_{DC} ≥ 860V，直流微网工作于模式 7，蓄电池恒流充电控制，此时光伏系统输出功率为 0，而风电则采用恒压控制，此时母线电压维持在 860V 附近。

13.2.2　变功率控制的研究

直流微网的分级控制是以母线电压为参考量，控制各个微网中各个单元控制策略的切换，这种控制策略会因为母线电压波动而导致一些问题的出现。例如，当电压会在小范围内高频波动时，直流微网各个工作模式之间会产生高频的误切换。

直流微网母线电压通常可以通过增加 Boost 变换器的电容来减少其波动，但是过大的电容也会导致一些问题。u_0-C 的关系如图 13-5 所示。

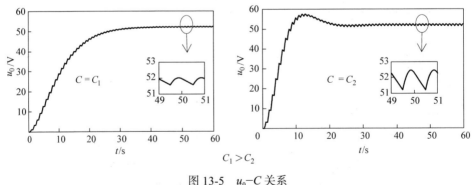

图 13-5　u_0-C 关系

由图 13-5 可见，当电容 C 较大时，输出电压 u_0 的波动较小，但 Boost 变换器稳定输出的延迟时间较长，而电网对各个变换器的瞬时性有较高的要求，也就是说，电容 C 不可能太大，因此输出电压 u_0 的波动范围不可能很小或消失。

除了母线电压波动会对微网稳定运行产生影响外，直流微网分级控制还有两个不足之处：

1）微网母线电压最大值与其最小值之间差值过大。

2）光伏系统、风电系统输出的功率随外界条件的变化而变化，而这种变化使得各单元控制策略的切换次数过多。

针对上述电压的分层控制缺点，本部分提出了直流微网的变功率控制。变功率控制的直流微网光伏、风电、负荷的控制策略与分级控制相同，而蓄电池的控制策略则与分级控制差别较大，因此下面重点介绍蓄电池的控制策略。

在图 12-42 所示的蓄电池 CIEMAT 模型中，根据式（12-53）~式（12-56）可知，蓄电池充电功率为

$$P_{\text{battery\_c}} = n\left|I_{\text{battery}}\right|\left(2 - 0.16 S_{\text{SOC}}\right) + n\frac{I_{\text{battery}}^{2}}{C_{10}}\left(\frac{6}{1 + \left|I_{\text{battery}}\right|^{0.86}} + \frac{0.48}{\left(1 - S_{\text{SOC}}\right)^{1.2}} + 0.036\right) \times \left(1 - 0.025\Delta T\right)$$

（13-1）

蓄电池放电功率为

$$P_{\text{battery\_d}} = nI_{\text{battery}}\left(1.965 + 0.12 S_{\text{SOC}}\right) + n\frac{I_{\text{battery}}^{2}}{C_{10}}\left(\frac{6}{1 + I_{\text{battery}}^{1.3}} + \frac{0.48}{S_{\text{SOC}}^{1.5}} + 0.02\right)\left(1 - 0.07\Delta T\right)$$

（13-2）

通常情况下蓄电池的充放电电流的大小会受到限制，设蓄电池的最大充电电流为 $I_{\text{battery\_c}}^{\max}$，最大放电电流为 $I_{\text{battery\_d}}^{\max}$。

由式（13-1）、式（13-2）可知，蓄电池的最大充电功率为

$$P_{\text{battery\_c}}^{\max} = n\left|I_{\text{battery\_c}}^{\max}\right|\left(2 - 0.16 \times S_{\text{SOC}}\right) + n\frac{I_{\text{battery\_c}}^{\max\,2}}{C_{10}}\left(\frac{6}{1 + \left|I_{\text{battery\_c}}^{\max}\right|^{0.86}} + \frac{0.48}{\left(1 - S_{\text{SOC}}\right)^{1.2}} + 0.036\right)\left(1 - 0.025\Delta T\right)$$

（13-3）

蓄电池的最大放电功率为

$$P_{\text{battery\_d}}^{\max} = nI_{\text{battery\_d}}^{\max}\left(1.965 + 0.12 S_{\text{SOC}}\right) + n\frac{I_{\text{battery\_d}}^{\max\,2}}{C_{10}}\left(\frac{6}{1 + I_{\text{battery\_d}}^{\max\,1.3}} + \frac{0.48}{S_{\text{SOC}}^{1.5}} + 0.02\right)\left(1 - 0.07\Delta T\right)$$

（13-4）

式中　I_{battery}——蓄电池输出电流，当蓄电池充电时 $I_{\text{battery}} < 0$，当蓄电池放电时 $I_{\text{battery}} > 0$；

　　　T——环境温度，$\Delta T = T - 25\,℃$；

　　　S_{SOC}——荷电状态（也称剩余电量），它为电池的剩余电量与其容量的比值，其取值为 0~1；

　　　C_{10}——蓄电池 10h 率容量，单位为 Ah。

直流微网变功率控制时，微网中蓄电池采取变功率控制，其中蓄电池的充放电功率是由光伏、风电的发电功率与负荷功率所决定，并由母线电压的额定变化值作为补充，并且根据蓄电池充放电功率的大小决定蓄电池的工作状态。即如果 $P_{\text{battery\_c}} < P_{\text{battery\_c}}^{\max}$（$P_{\text{battery\_d}} < P_{\text{battery\_d}}^{\max}$），则说明蓄电池的充放电功率没有达到极限，此时蓄电池工作于非极限充（放）电状态；如果 $P_{\text{battery\_c}} \geq P_{\text{battery\_c}}^{\max}$（$P_{\text{battery\_d}} \geq P_{\text{battery\_d}}^{\max}$），则说明蓄电池的充放电功率达到了极限，此时蓄电池工作于极限充（放）电状态，而且通过调节蓄电池与微网系统的各个参数使 $P_{\text{battery\_c}} = P_{\text{battery\_c}}^{\max}$（$P_{\text{battery\_d}} = P_{\text{battery\_d}}^{\max}$）。

蓄电池的变功率控制策略中，蓄电池控制方式分为非极限变功率控制和极限变功率控制两种控制模式。

1. 非极限变功率控制

非极限变功率控制的原理为：首先采集微网中光伏、风电、负荷等功率，然后通过公式计算蓄电池充放电功率的给定值，最后控制蓄电池在给定值附近。其控制算法框图如图 13-6 所示。

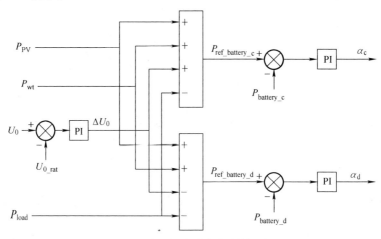

图 13-6　非极限变功率控制算法框图

图中，α_c 为蓄电池充电时双向 DC/DC 电路中 Buck 电路的占空比，α_d 为蓄电池放电时双向 DC/DC 电路中 Boost 电路的占空比。

当 $P_{\text{PV}} + P_{\text{wt}} > P_{\text{load}}$ 时，蓄电池工作于充电状态且 $P_{\text{ref\_battery\_c}} = P_{\text{PV}} + P_{\text{wt}} - P_{\text{load}}$。此时如果母线电压升高，则说明微网内功率因计算、测量有误差而导致微网内还有冗余功率，应该增加蓄电池充电功率，使其为

$$P_{\text{ref\_battery\_c}} = P_{\text{PV}} + P_{\text{wt}} + \Delta U_0 - P_{\text{load}} \tag{13-5}$$

当 $P_{\text{PV}} + P_{\text{wt}} < P_{\text{load}}$ 时，蓄电池工作于放电状态且 $P_{\text{ref\_battery\_d}} = P_{\text{load}} - P_{\text{PV}} - P_{\text{wt}}$，此时如果母线电压升高说明微网内有冗余功率，应该减少蓄电池放电功率，使其为

$$P_{\text{ref\_battery\_d}} = P_{\text{load}} - P_{\text{PV}} - P_{\text{wt}} - \Delta U_0 \tag{13-6}$$

2. 极限变功率控制

从式（13-3）、式（13-4）可知，蓄电池的极限充放电功率受到 S_{SOC}、T 的影响，因此当蓄电池充放电电流达到其最大值时，蓄电池的极限功率可以通过 S_{SOC}、T 和 $I_{\text{battery}}^{\max}$ 计算出来，再加上因误差而导致的电压变化的修正，进而使蓄电池始终安全稳定地工作于极限功率下，其中 $I_{\text{battery}}^{\max}$ 为蓄电池最大允许充放电电流。其控制算法框图如图 13-7 所示。

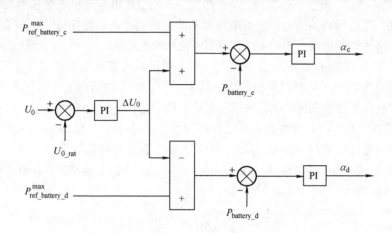

图 13-7　极限变功率控制算法框图

根据前面的分析可知，直流微网变功率控制策略见表 13-2。

表 13-2　直流微网变功率控制策略

模式	功率	光伏	风电	储能	负荷
1	$P_{\text{wt}}^{\max}-P_{\text{load}}>P_{\text{battery\_c}}^{\max}$	0	恒压	极限变功率充电	正常运行
2	$P_{\text{wt}}^{\max}-P_{\text{load}}<P_{\text{battery\_c}}^{\max}$ $P_{\text{wt}}^{\max}+P_{\text{PV}}^{\max}-P_{\text{load}}>P_{\text{battery\_c}}^{\max}$	恒压	MPPT	极限变功率充电	正常运行
3	$P_{\text{wt}}^{\max}+P_{\text{PV}}^{\max}-P_{\text{load}}<P_{\text{battery\_c}}^{\max}$	MPPT	MPPT	非极限变功率充电	正常运行
4	$0<-(P_{\text{wt}}^{\max}+P_{\text{PV}}^{\max}-P_{\text{load}}) \leqslant P_{\text{battery\_d}}^{\max}$	MPPT	MPPT	非极限变功率放电	正常运行
5	$-(P_{\text{wt}}^{\max}+P_{\text{PV}}^{\max}-P_{\text{load}})>P_{\text{battery\_d}}^{\max}$	MPPT	MPPT	极限变功率放电	逐渐切除

从表可知，直流微网的变功率控制是以功率为参考量将微网分为 5 种工作模式。

模式 1：$P_{\text{wt}}^{\max}-P_{\text{load}} > P_{\text{battery\_c}}^{\max}$，说明风力发电的最大发电功率除了负荷消耗一部分，剩余的功率还是超过蓄电池的极限功率。为了防止微网内功率出现冗余，此时光伏不输出电能，而风电采取恒压控制，使得 $P_{\text{wt}}-P_{\text{load}}=P_{\text{battery\_c}}^{\max}$。

模式 2：$P_{\text{wt}}^{\max}-P_{\text{load}} < P_{\text{battery\_c}}^{\max}$、$P_{\text{wt}}^{\max}+P_{\text{PV}}^{\max}-P_{\text{load}} > P_{\text{battery\_c}}^{\max}$，风力发电的最大发电功率少于负荷与蓄电池极限充电所吸收的功率和，而风力发电与光伏电池的输出功率

之和除了负载消耗一部分，剩余的功率还是超过蓄电池的极限功率。此时为了防止微网内功率出现冗余，风力发电采取 MPPT 控制，而光伏系统采取恒压控制，使得 $P_{wt}+P_{PV}-P_{load} < P_{battery\_c}^{max}$。

模式 3：$P_{wt}^{max}+P_{PV}^{max}-P_{load} > P_{battery\_c}^{max}$，说明风电与光伏电池的最大发电功率之和少于负荷与蓄电池极限充电所吸收的功率和。此时风电与光伏都采取 MPPT 控制，并需要根据母线电压的大小改变蓄电池的充电功率，使 $P_{wt}+P_{PV}-P_{load}=P_{battery\_c}$。

模式 4：$0 < -(P_{wt}^{max}+P_{PV}^{max}-P_{load}) \leqslant P_{battery\_d}^{max}$，说明风电与光伏电池输出功率少于负载的消耗，需要蓄电池放电，且蓄电池需要放出的功率不超过其极限。为了维持功率的平衡，需要根据母线电压的大小改变蓄电池的放电功率，使 $P_{load}-(P_{wt}+P_{PV})=P_{battery\_c}$。

模式 5：$-(P_{wt}^{max}+P_{PV}^{max}-P_{load}) > P_{battery\_d}^{max}$，说明风电与光伏电池输出功率严重不足，蓄电池需要放出的电能超过其极限放电功率。为了防止微网内部出现严重功率缺额，需要根据负荷等级不同逐渐切除一部分负荷，使 $P_{load}-(P_{wt}+P_{PV})=P_{battery\_d}^{max}$。

为了验证上述控制策略的有效性和可行性，本部分在 MATLAB/Simulink 中搭建了直流微网变功率控制的模型，并进行仿真分析，其仿真结果如下：

当风速按照图 13-3 所示的曲线变化时，直流微网变功率控制各参数的变化曲线如图 13-8 所示。

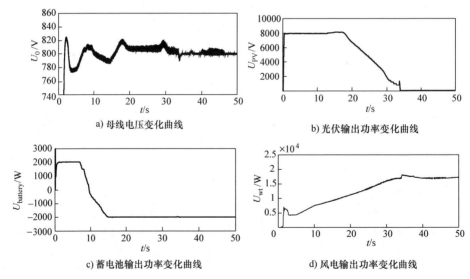

a) 母线电压变化曲线

b) 光伏输出功率变化曲线

c) 蓄电池输出功率变化曲线

d) 风电输出功率变化曲线

图 13-8　直流微网变功率控制各参数变化曲线

由图 13-8 可知，由于风速逐渐地变大，风电输出功率逐渐增加，母线电压逐渐升高，直流微网的工作模式与微网各单元控制策略如下：

1）当 $t=0\sim7s$ 时，直流微网工作于模式 5，此时蓄电池采用极限变功率放电控制，光伏系统与风电系统则采用 MPPT 控制，此时母线电压维持在 800V 附近。

2）当 $t=7\sim9s$ 时，直流微网工作于模式 4，此时蓄电池采用非极限变功率放电控制，光伏系统与风电系统则采用 MPPT 控制，此时母线电压维持在 800V 附近。

3）当 t=9~16s 时，直流微网工作于模式 3，此时蓄电池采用非极限变功率充电控制，光伏系统与风电系统则采用 MPPT 控制，此时母线电压维持在 800V 附近。

4）当 t=16~30s 时，直流微网工作于模式 2，此时蓄电池采用极限变功率充电控制，风电系统采用 MPPT 控制，而光伏系统则采用恒压控制，且随着风速的逐渐增大、风电系统输出功率的逐渐增多，光伏系统输出功率逐渐减少，直至减少到 0 附近，此时母线电压维持在 800V 附近。

5）当 t=30~50s 时，直流微网工作于模式 1，蓄电池采用极限变功率充电控制，此时光伏系统输出功率为 0，而风电系统则采用恒压控制，虽然风速逐渐增加，但是由于蓄电池、负荷、光伏的输入输出功率不变，所以为了维持母线电压的恒定，风电系统输出功率不变，此时母线电压维持在 800V 附近。

13.2.3　两种控制策略的仿真对比

13.2.1 节和 13.2.2 节分别介绍了直流微网分级控制与变功率控制的原理，以及这两种控制策略的仿真曲线。本小节将仿真分析当各种条件相同时，分级控制与变功率控制之间仿真结果的对比与其区别，进而更加鲜明地说明本节所提出的变功率控制的优点。

当风速逐渐升高时，直流微网分级控制与变功率控制的母线电压变化曲线如图 13-9 所示。

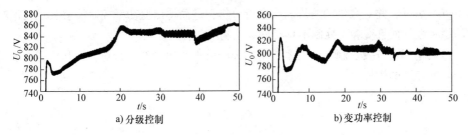

a) 分级控制　　　　　　　　　　　　　b) 变功率控制

图 13-9　风速变化时直流微网母线电压变化曲线

由图 13-9 可知，当风速发生变化时，分别采用分级控制与变功率控制的直流微网母线电压最高值与最低值的差值为 $\Delta U_0 = U_0^{max} - U_0^{min}$，其中当采用分级控制时 $\Delta U_0 = U_0^{max} - U_0^{min} = 860V - 770V = 90V$，当采用变功率控制时 $\Delta U_0 = U_0^{max} - U_0^{min} = 820V - 780V = 40V$。

当光照强度逐渐升高时，直流微网分级控制与变功率控制的母线电压变化曲线如图 13-10 所示。

由图 13-10 可知，当光照强度变化时，直流微网分别采用分级控制与变功率控制的直流微网母线电压最高值与最低值的差值为：$\Delta U_0 = U_0^{max} - U_0^{min}$，其中当采用分级控制时 $\Delta U_0 = U_0^{max} - U_0^{min} = 820V - 770V = 50V$，当采用变功率控制时 $\Delta U_0 = U_0^{max} - U_0^{min} = 810V - 780V = 30V$。

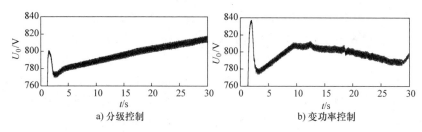

图 13-10　光照强度变化时直流微网母线电压变化曲线

　　由上述对比分析可知，直流微网采用变功率控制时其母线电压的波动小于分级控制时母线电压的波动，此为直流微网变功率控制的突出优势。

13.3　本章小结

　　本章主要的内容是研究交直流混合微网中直流微网部分的控制策略，本章首先研究直流微网常规控制策略——分级控制的基本原理及其 Simulink 仿真，从中发现了分级控制的缺陷：①直流微网母线电压波动较大；②当直流微网母线电压小范围波动时，直流微网会在各工作模式之间频繁误切换，从而减少各器件的使用寿命。

　　针对分级控制的缺陷，本章提出了直流微网变功率控制，并首先从其基本原理说明变功率控制相对于分级控制的优势，然后在 Simulink 中建立直流微网变功率控制的模型进行仿真，并对大量的仿真曲线进行分析，进而得出变功率控制能够实现直流微网的稳定性，而且变功率控制不具有分级控制所含有的缺陷。

　　最后本章对分级控制与变功率控制的 Simulink 仿真曲线进行对比，从而进一步得出变功率控制的优势。

第14章

交流微网控制策略的研究

　　由于本部分的研究方法是，首先研究直流微网、交流微网单独运行时的控制策略，然后研究直流微网与交流微网组合成交直流混合微网的控制策略，而第 13 章研究了直流微网的控制策略，因此本章的研究内容是交流微网的协调控制。本章首先研究了交流微网中各 DG 的控制策略，如 PQ 控制、V/f 控制、下垂控制，在此过程中本章发现了 PQ 控制、下垂控制与光伏系统、风电系统的不协调之处，针对上述问题，本章提出了基于直流电压的交流微网的协调控制，并对上述控制进行 Simulink 建模、仿真、分析，从而说明了基于直流电压的交流微网的协调控制可行性与可靠性。

14.1　交流微网的架构

　　本部分所研究的交流微网的拓扑结构如图 14-1 所示。

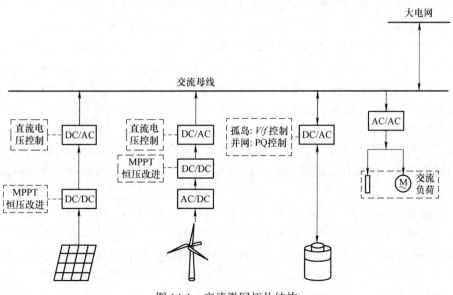

图 14-1　交流微网拓扑结构

如图 14-1 所示，本节的交流微网中光伏系统的 DC/AC 变换器由 Boost+ 逆变器组成；风电系统的 AC/AC 变换器由整流器 +Boost+ 逆变器组成；蓄电池的 DC/AC 变换器由双向 DC/AC 变换器组成，交流负荷的 AC/AC 变换器则为变压器。

14.2 交流微网控制策略的研究

交流微网中各 DG 的控制策略主要分为 PQ 控制、V/f 控制、下垂控制 3 种。其中，PQ 控制是微网依据额定的电压与频率正常运行时各单元依据要求输出指定的有功功率与无功功率的控制策略；V/f 控制是指当微网的电压与频率不能保持稳定时，DG 能够为微网提供一定的电压与频率，进而使得交流微网的母线电压与频率能够维持稳定的控制策略；下垂控制是指根据微网电压与频率的变化，各微源能够按照下垂特性调节其各自的有功功率与无功功率的控制策略。

交流微网总体控制策略分为主从控制和对等控制两种。主从控制是将交流微网各 DG 分为主控单元和从控单元两类，其中主控单元一般采取 V/f 控制以稳定微网的母线电压与频率，从控单元一般采取 PQ 控制，主从控制一般在交流微网工作于孤岛模式时所采用的控制策略；对等控制是指交流微网各单元等级相同，一般各单元都采取下垂控制，对等控制一般是在交流微网工作于并网模式时所采用的控制策略。

在微网中光伏发电、风力发电具有独特的性质，即当外界条件一定时，光伏发电、风力发电的 MPPT 控制所输出的功率为定值，且这种功率随着风速、光照强度、温度的变化而改变，具有一定的波动性。而交流微网的 PQ 控制要求微源根据有功功率与无功功率的参考值输出确定的有功功率与无功功率，下垂控制是指微源根据微网母线电压与频率的变化，调节其各自的有功功率与无功功率的输出，但是由此就会导致一些问题，如当光伏系统采用 MPPT 控制时，其输出功率为 8000W，如果光伏系统采用 PQ 控制，而设定的恒定功率为 $P=7000W$，则冗余的 1000W 会导致光伏系统 Boost 输出端电压急剧上升，进而会影响交流微网的稳定性，由此可知 PQ 控制、下垂控制与光伏系统、风电系统的协调性比较差。

本部分认为如果风电系统、光伏系统采用直流恒压控制，即保持风电系统、光伏系统逆变器前端电压即 Boost 变换器输出端电压为恒定值，逆变器将光伏发电、风力发电所输出的电能全部转换输出到交流母线上，这种控制策略将使得交流微网更加稳定。

然而如果风电系统、光伏系统采用直流电压控制，则风电系统、光伏系统的常规限功率控制——恒压控制策略就无法实现。针对这种问题，本部分对恒压控制进行一些改进，即以交流微网蓄电池充电功率替代恒压的 Boost 电路输出电压作为风电系统、光伏系统的限功率控制的主要参数，其基本原理为当交流微网蓄电池充电功率过多时，减少风电系统、光伏系统的输出功率，进而减少蓄电池的充电功率。根据微源的直流电压控制策略与风电系统、光伏系统改进型恒压控制策略，本部分提出了基于直流电压控制与改进型恒压控制的交流微网的协调控制[10]。

14.2.1　PQ 控制

根据参考文献 [11] 可知，逆变器的输出电流 i_0、输出电流 u_0 经过 dq 变换可以分别分解为 d 轴分量 i_d、u_d 和 q 轴分量 i_q、u_q，其中 u_d 通常为常数，$u_q=0$。在 dq 坐标系下逆变器输出有功功率 P 与无功功率 Q 为

$$P=u_d i_d+u_q i_q$$
$$Q=u_d i_q+u_q i_d$$

（14-1）

因此可知，当逆变器输出有功功率与无功功率分别为参考值 P_{ref}、Q_{ref} 时，逆变器输出的参考电流为

$$i_{d\_ref}=P_{ref}/u_d$$
$$i_{q\_ref}=Q_{ref}/u_d$$

（14-2）

由式（14-2）可见，对逆变器的参考电流 i_{0_ref} 进行跟踪控制可以实现对逆变器的参考有功和无功功率进行跟踪控制。因此，PQ 控制原理图如图 14-2 所示。

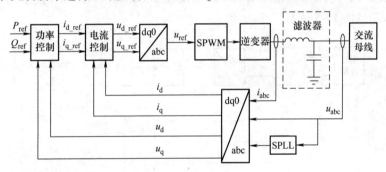

图 14-2　PQ 控制原理图

依据图 14-2 所示的 PQ 控制的原理图，可在 Simulink 中搭建 PQ 控制的仿真模型，其仿真模型如图 14-3 所示。

14.2.2　*V/f* 控制

当交流微网孤岛运行时，其母线电压与频率无法由大电网支撑，因此至少需要一个微源支撑交流微网的母线电压与频率，此时交流微网一般采用主从控制，这个支撑母线电压与频率的微源一般采用 *V/f* 控制作为交流微网的主控单元。

由此可知，*V/f* 控制的本质是无论输出多少有功功率与无功功率，此时逆变器输出的电压与频率必须保持不变，进而才能维持交流微网母线电压与频率的恒定。

V/f 控制的原理如图 14-4 所示。

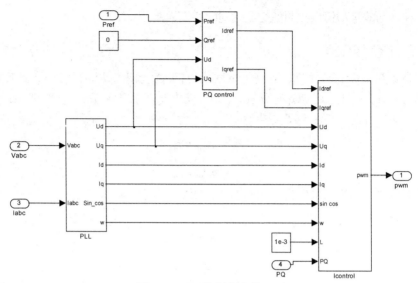

图 14-3　PQ 控制仿真模型图

依据图 14-4 所示的 V/f 控制的原理图可在 Simulink 中搭建 V/f 控制的仿真模型，其仿真模型如图 14-5 所示。

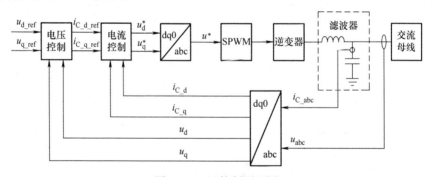

图 14-4　V/f 控制原理图

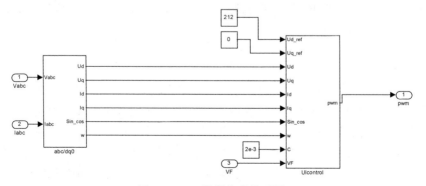

图 14-5　V/f 控制仿真模型图

14.2.3　直流电压控制

本节中的直流侧电压是指光伏系统、风电系统中 Boost 电路输出电压、逆变器输入电压。由于直流侧电压与其传输功率有关，如当 Boost 电路输出功率大于逆变器传输功率时，直流侧电压 u_{dc} 升高，当 Boost 电路输出功率小于逆变器传输功率时，直流侧电压 u_{dc} 降低。因此根据 PQ 控制的原理所提出的直流电压控制的基本原理为：用直流侧额定电压来取代 PQ 控制中的 P_{ref}，而令 $Q_{ref}=0$。

在直流电压控制中逆变器所输出的无功功率为 0，而有功功率等于 Boost 电路的输出功率，即基本原理图如图 14-6 所示。

依据图 14-6 所示的直流电压控制的原理图可在 Simulink 中搭建直流电压控制的仿真模型，其仿真模型如图 14-7 所示。

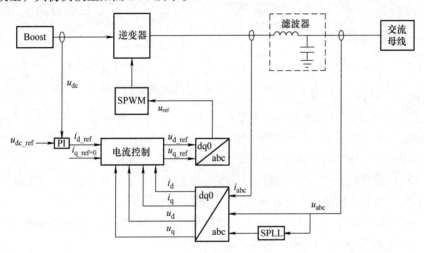

图 14-6　直流电压控制原理图

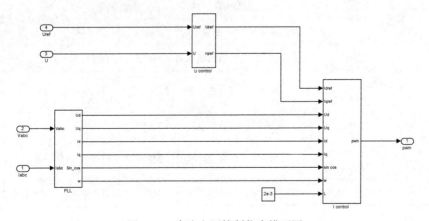

图 14-7　直流电压控制仿真模型图

14.3　基于直流电压控制与改进型恒压控制的交流微网的协调控制

由于光伏、风电系统的直流电压控制是将风电或光伏电池输出的能量全部转换为交流电，因此当交流微网中各单元输出功率过多时，需要减少风电或光伏电池的输出功率。在直流微网中，风电或光伏电池一般利用 Boost 变换器输出电压的变化而采用恒压控制来限制其输出功率，但在交流微网中，光伏、风电系统采用直流电压控制时Boost 变换器输出电压恒定，因此恒压控制就显得不合适，本节中利用"当交流微网中各单元输出功率过多，蓄电池充电功率就可能超过其极限值"的原理，对恒压控制进行改进，提出了改进型恒压控制策略，恒压控制与本节所提出的改进型恒压控制的区别如图 14-8 所示。

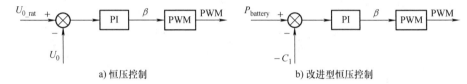

a) 恒压控制　　　　　　　　　　　　b) 改进型恒压控制

图 14-8　恒压控制与改进型恒压控制的区别

在图 14-8 中，光伏系统、风电系统的改进型恒压控制参考直流微网的光伏系统恒压控制，其主要区别为恒压控制所需要的参数为 Boost 电路输出电压与其额定值；而改进型恒压控制所需要的参数为蓄电池充电功率与其最大值。

上述改进型恒压控制的原理为当蓄电池充电功率大于其最大值时，可以通过减少光伏系统、风电系统输出功率进而减少蓄电池的充电功率。

本节所提出的基于直流电压控制与改进型恒压控制的交流微网的协调控制，其主要控制策略如图 14-1、表 14-1 所示。

表 14-1　交流微网控制策略

微网工作模式		光伏系统		风力系统		蓄电池	负荷
		Boost	逆变器	Boost	逆变器		
1	并网	MPPT	直流电压	MPPT	直流电压	PQ	正常
2	$P_{battery} \leq -C_1$；$P_{PV}=0$	—	直流电压	恒压改进	直流电压	V/f	正常
3	孤岛　$-C_1 < P_{battery} < C_2$	恒压改进	直流电压	MPPT	直流电压	V/f	正常
4	$P_{battery} \leq -C_1$；$P_{PV} > 0$	MPPT	直流电压	MPPT	直流电压	V/f	正常
5	$P_{battery} \geq C_2$	MPPT	直流电压	MPPT	直流电压	V/f	逐渐切除

注：$P_{battery}$ 为蓄电池的输出功率，C_1 为蓄电池的最大充电功率，C_2 为蓄电池的最大放电功率。

如图 14-1、表 14-1 所示，基于直流电压控制的交流微网的协调控制策略分为 5 个模式，其分别如下：

1）交流微网工作于并网模式，此时光伏系统采用 MPPT 控制 + 直流电压控制，使得光伏电池以最大功率输出电能，并将这些电能全部转化为合乎要求的交流电；风电系统采用交直交变换，并采用 MPPT 控制 + 直流电压控制，使得风电系统以最大功率输出电能，并将这些电能全部转换为直流电然后再转换为合乎要求的交流电；蓄电池采用 PQ 控制，使蓄电池以恒定功率充电。

2）交流微网工作于孤岛模式，且 $P_{battery} \leqslant -C_1$、$P_{PV}=0$，说明交流微网中微源发电功率过多致使蓄电池的充电功率大于其最大值，且光伏系统输出功率为 0，此时需要减少风电系统的输出功率。因此风电系统采用改进型恒压控制 + 直流电压控制；蓄电池采用 V/f 控制，维持母线电压与频率的稳定。

3）交流微网工作于孤岛模式，且 $-C_1 < P_{battery} < C_2$，说明交流微网中各单元输出功率与输入功率能够维持稳定。因此光伏系统采用改进型恒压控制 + 直流电压控制；风电系统采用 MPPT 控制 + 直流电压控制；蓄电池采用 V/f 控制，维持母线电压与频率的稳定。

4）交流微网工作于孤岛模式，且 $P_{battery} \leqslant -C_1$、$P_{PV} > 0$，说明交流微网中微源发电功率过多致使蓄电池的充电功率大于其最大值，此时需要减少光伏系统的输出功率。因此光伏系统采用 MPPT 控制 + 直流电压控制；风电系统采用 MPPT 控制 + 直流电压控制；蓄电池采用 V/f 控制，维持母线电压与频率的稳定。

5）交流微网工作于孤岛模式，且 $P_{battery} \geqslant C_2$，说明交流微网中负荷过多致使蓄电池的放电功率大于其最大值，此时需要逐渐减少负荷。

根据以上所研究的交流微网的控制策略，可在 Simulink 中建立仿真模型，并进行仿真。

当交流微网孤岛运行时，在温度、光照强度等条件不变且负荷 $P_{load}=10kW$ 恒定，而 $t=3s$，光照强度由 $S=800W/m^2$ 变为 $S=1000W/m^2$ 时，交流微网各参数变化曲线如图 14-9 所示。

由图 14-9a 可得，当 $t=3s$ 时，由于光照强度由 $S=800W/m^2$ 变为 $S=1000W/m^2$，此时光伏电池输出功率由 $P_{PV}=12kW$ 增加为 $P_{PV}=16kW$，增加了 4kW；而由图 14-9b 可得，当 $t=3s$ 时，蓄电池输出功率由 $P_{battery}=-5kW$ 较少为 $P_{battery}=-9kW$，减少了 4kW；由图 14-9c、d 可得，当光照强度发生变化时，交流微网母线电压与频率保持稳定。

当交流微网孤岛运行时，在温度、光照强度等条件不变且负荷 $P_{load}=10kW$ 恒定，而 $t=3s$，风速由 $v=10m/s$ 变为 $v=11m/s$ 时，交流微网各参数变化曲线如图 14-10 所示。

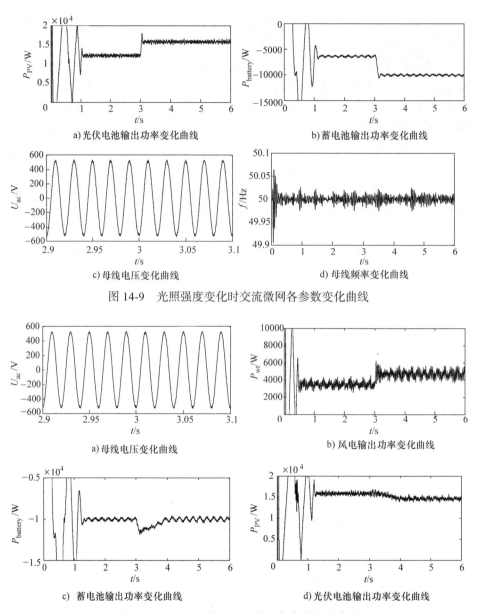

a)光伏电池输出功率变化曲线

b)蓄电池输出功率变化曲线

c)母线电压变化曲线

d)母线频率变化曲线

图 14-9　光照强度变化时交流微网各参数变化曲线

a)母线电压变化曲线

b)风电输出功率变化曲线

c)蓄电池输出功率变化曲线

d)光伏电池输出功率变化曲线

图 14-10　风速变化时交流微网各参数变化曲线

由图 14-10b 可得，当 $t=3$s 时，由于风速由 $v=10$m/s 变为 $v=11$m/s，此时风电系统输出功率由 $P_{wt}=3$kW 增加为 $P_{wt}=5$kW，增加了 2kW；而由图 14-10c 可得，当 $t=3$s 时，蓄电池输出功率由 $P_{battery}=-9.5$kW 较少为 $P_{battery}=-11.5$kW，减少了 2kW，即蓄电池充电功率增加了 2kW；由于蓄电池充电功率的最大值 $C_1=10$kW，而在 $t=3$s 时 $P_{battery} < -C_1$，因此光伏电池 Boost 电路由 MPPT 控制切换为改进型恒压控制，进而减少光伏

电池输出功率，由图 14-10d 可得，当光伏电池 Boost 电路工作模式切换后，光伏系统输出功率 P_{PV} 由 16kW 较少为 14.5kW，减少了 1.5kW；而由图 14-10c 可得，当 t=3s 后，由于光伏电池输出功率减少了 1.5kW，此时蓄电池输出功率由 $P_{battery}$= −11.5kW 增加为其最大充电功率 $P_{battery}$= −C_1=−10kW，增加了 1.5kw，即蓄电池充电功率减少了 1.5kW；由图 14-10a 可得，当风速发生变化时，交流微网母线电压与频率保持稳定。

外界条件不变、负荷 P_{load}=20kW 恒定，在 t=3s，交流微网由孤岛模式切换为并网模式时，其各个参数变化曲线如图 14-11 所示。

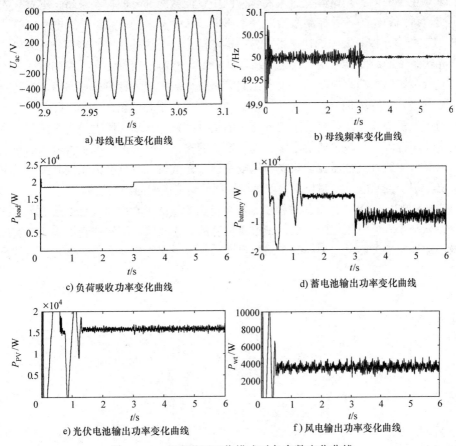

图 14-11　交流微网工作模式时各参数变化曲线

由图 14-11a、b 可知，当交流微网由孤岛模式切换为并网模式时，交流微网的母线电压与频率有变化，但变化很小；由于切换前后交流微网的母线电压与频率产生了一点变化，因此切换前后负荷的功率同样发生了变化，但变化很小，这可从图 14-11c 看出来；由图 14-11d 可知，当交流微网工作模式切换时，蓄电池的工作模式发生了变化，由 V/f 控制切换为 PQ 控制，此时蓄电池的输出功率发生了变化，当 V/f 控制时，蓄电池输出功率是由交流微网中各微源的输出功率与负荷功率决定，而当 PQ 控制时，蓄电池为恒功率充电；由图 14-11e、f 可知，由于光照强度、温度、风速不变，因此尽管交流微网工作模式发生切换，此时光伏系统、风电系统的输出功率保持恒定，仅仅在切换的瞬间，发生了时间非常短、变化非常小的冲击。

14.4　本章小结

　　本章主要的内容是研究交直流混合微网中交流微网部分的控制策略，本章首先分析了交流微网 DG 的各种控制策略的基本原理，从中发现光伏系统、风电系统等微源与 PQ 控制、V/f 控制之间的协调性非常差的缺陷。针对这种缺陷，本部分认为风电系统、光伏系统的逆变器采用直流电压控制比较好，然而采用直流电压控制时，风电系统、光伏系统的限功率控制——恒压控制策略就无法实现。针对这种问题，本部分对恒压控制进行一些改进，即以交流微网蓄电池充电功率替代恒压的 Boost 电路输出电压作为风电系统、光伏系统的限功率控制的主要参数，其基本原理为当交流微网蓄电池充电功率过多时，减少风电系统、光伏系统的输出功率，进而减少蓄电池的充电功率。根据微源的直流电压控制策略与风电系统、光伏系统改进型恒压控制策略，本部分提出了基于直流电压控制与改进型恒压控制的交流微网的协调控制。

　　本章在 Simulink 中建立仿真模型，从中得出大量的仿真曲线，对上述仿真曲线进行分析，基于直流电压控制与改进型恒压控制的交流微网的协调控制策略能够实现交流微网的稳定性，而且这种控制策略对风速、光照强度等环境的变化具有很高的抗干扰性。

第15章

交直流混合微网控制策略的研究

本章主要研究的内容是交直流微网的协调控制，由于本部分在第 13 章、第 14 章已经研究了直流微网的协调控制、交流微网的协调控制，因此本章的主要研究工作是将上述两种微网及其控制策略再加上双向 AC/DC 变换器的控制策略组合在一起，进而构成交直流混合微网的协调控制 [12]。本章将交直流混合微网的工作模式分为 4 种，在 Simulink 中建立交直流混合微网协调控制的模型，并仿真分析了混合微网分别工作于 4 种模式时微网的运行情况，然后仿真分析了混合微网在 4 种模式之间切换时，混合微网的运行情况，从而说明了本部分所研究的控制策略的可行性与有效性。

15.1　混合微网的架构及其建模

本部分在第 13 章介绍了直流微网的协调控制与其建模仿真，在第 14 章介绍了交流微网的协调控制与其建模仿真，而本章所研究的混合微网，简单来说就是将第 13 章所研究的直流微网的直流母线与第 14 章所研究的交流微网的交流母线通过双向 AC/DC 变换器连接就构成了混合微网，其拓扑结构如图 15-1 所示。

根据图 15-1 所示的混合微网的拓扑结构，本节将在 Simulink 中建立风光储交直流混合微网的仿真模型，如图 15-2 所示。

由图 15-2 可见，本部分所研究的混合微网包括直流微网部分与交流微网部分，其中直流微网部分包括光伏系统、风电系统、储能系统与负荷系统；交流微网部分同样包括光伏系统、风电系统、储能系统与负荷系统。

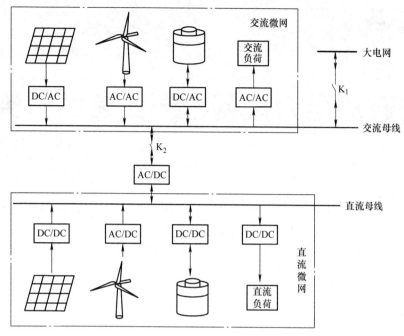

图 15-1　混合微网的拓扑结构

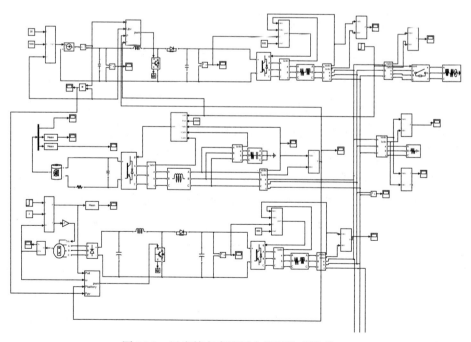

图 15-2　风光储交直流混合微网仿真模型

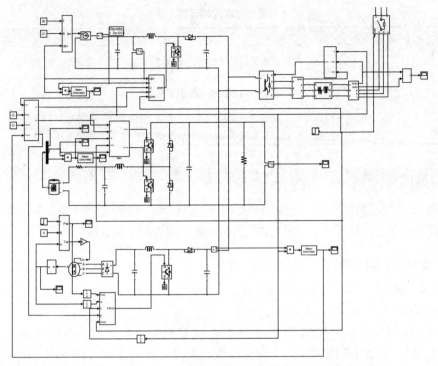

图 15-2　风光储交直流混合微网仿真模型（续）

15.2　混合微网控制策略的研究

由图 15-1 可知，交直流混合微网具有两个断路器 K_1、K_2，其中根据 K_1、K_2 的开合状态，混合微网具有 4 个工作模式。

1）K_1、K_2 都闭合，此时混合微网处于并网模式，这种模式为混合微网最平常的工作模式，也是混合微网运行概率最大的工作模式。

2）K_1 断开、K_2 闭合，此时混合微网处于孤岛模式，这种工作模式出现的概率比较少。

3）K_1 闭合、K_2 断开，此时混合微网中直流部分与交流部分断开，而交流部分与大电网连接，这种工作模式出现的概率也比较少。此时混合微网的控制策略为直流微网孤岛运行，交流微网并网运行。

4）K_1、K_2 都断开，此时混合微网中直流部分与交流部分断开，而交流部分与大电网断开，这种工作模式出现的概率同样比较少。此时混合微网的控制策略为直流微网孤岛运行，交流微网孤岛运行。

根据第 13 章所研究的直流微网控制策略与第 14 章所研究的交流微网控制策略以及上述混合微网的工作模式的分类可知，风光储交直流微网协调控制的控制策略见表 15-1。

表 15-1　混合微网控制策略

模式	直流部分	交流部分	AC/DC
1	光伏 / 风电：MPPT 储能：恒流充电	交流微网并网模式控制策略	直流电压
2	光伏 / 风电：MPPT 储能：恒流充电	交流微网孤岛模式控制策略	直流电压
3	直流微网变功率控制	交流微网并网模式控制策略	直流电压
4	直流微网变功率控制	交流微网孤岛模式控制策略	直流电压

15.3　混合微网各工作模式仿真分析

根据图 15-2 所示的风光储交直流混合微网的仿真模型，依据表 15-1 所示的风光储交直流混合微网的控制策略，对风光储交直流混合微网进行仿真分析。

15.3.1　混合微网在模式 1 的仿真分析

当 t=10s，风速由 v=8m/s 变为 v=12m/s 时，如果交直流混合微网工作于模式 1，混合微各参数变化曲线如图 15-3 所示。

由图 15-3a 可知，由于直流微网部分风力机采用 MPPT 控制，当风速变大时，风力机的输出功率按照风速的变化而变大，直流微网部分风力机输出功率由 $P_{wt\_dc\_1}$=6kW，增加为 $P_{wt\_dc\_2}$=17kW，变化大小为 $\Delta P_{wt\_dc}=P_{wt\_dc\_2}-P_{wt\_dc\_1}$=11kW。

由图 15-3b 可知，由于交流微网部分的风力机采用 MPPT+ 直流电压控制，当风速变大时，风力机的输出功率按照风速的变化而变大，交流微网部分风力机输出功率由 $P_{wt\_ac\_1}$=2kW，增加为 $P_{wt\_ac\_2}$=6kW，变化大小为 $\Delta P_{wt\_ac}=P_{wt\_ac\_2}-P_{wt\_ac\_1}$=4kW。

由图 15-3c、d 可知，由于交直流混合微网工作于模式 1，因此光伏输出功率仅受到光照强度与温度的影响，所以风速变化时光伏输出功率保持恒定。

由图 15-3e、f 可知，由于交直流混合微网工作于模式 1，直流微网部分蓄电池采用恒流控制，交流微网部分蓄电池采用 PQ 控制，因此两部分的蓄电池输出功率保持恒定，不受风速的影响。

由图 15-3g 可知，当风速变大时，由于直流微网部分风力机输出功率增加、光伏输出功率不变、储能输出功率恒定、负荷恒定，因此混合微网中直流母线向交流母线输出的功率由 P_{dc_1}=-3.5kW 增加为 P_{dc_2}=7.5kW，变化大小为 $\Delta P_{dc}=P_{dc\_2}-P_{dc\_1}$=11kW，其变化的大小等于直流微网部分风力机输出功率变化的大小，即 $\Delta P_{dc}=\Delta P_{wt\_dc}$。

由图 15-3h 可知，当风速变大时，由于交流微网中风力机输出功率增加、光伏输出功率不变、储能输出功率恒定、负荷恒定、直流母线输出功率增加，因此交流母线向大电网输出的功率由 P_{ac_1}=-14kW 增加为 P_{ac_2}=1kW，变化大小为 $\Delta P_{ac}=P_{ac\_2}-P_{ac\_1}$=15kW，其变化的大小等于直流微网部分与交流微网部分风力机输出功率变化的大小之和，即 $\Delta P_{ac}=\Delta P_{wt\_dc}+\Delta P_{wt\_ac}$=15kW。

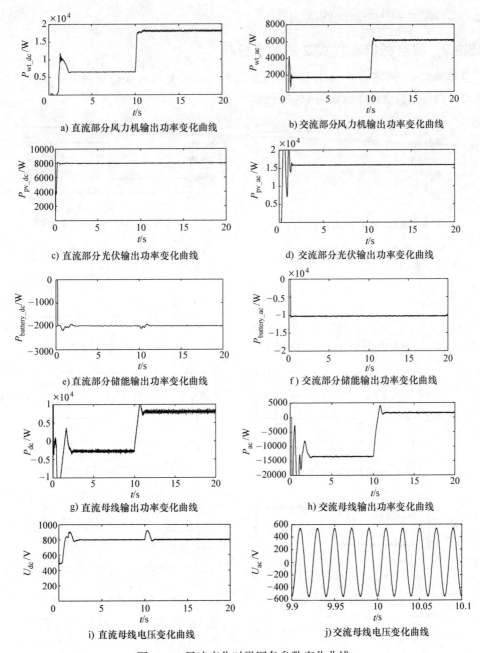

a) 直流部分风力机输出功率变化曲线

b) 交流部分风力机输出功率变化曲线

c) 直流部分光伏输出功率变化曲线

d) 交流部分光伏输出功率变化曲线

e) 直流部分储能输出功率变化曲线

f) 交流部分储能输出功率变化曲线

g) 直流母线输出功率变化曲线

h) 交流母线输出功率变化曲线

i) 直流母线电压变化曲线

j) 交流母线电压变化曲线

图 15-3　风速变化时微网各参数变化曲线

图 15-3i、j 可知，直流母线电压能够保持在其额定值 800V 左右，而交流母线电压能够保持在其额定值 380V 左右。

由图 15-3 与前面分析可知，当混合微网工作于模式 1 时，交直流混合微网能够维持其功率的平衡与母线电压的稳定。

15.3.2　混合微网在模式 2 的仿真分析

当 t=10s，风速由 v=8m/s 变为 v=12m/s 时，如果交直流混合微网工作于模式 2，混合微网各参数变化曲线如图 15-4 所示。

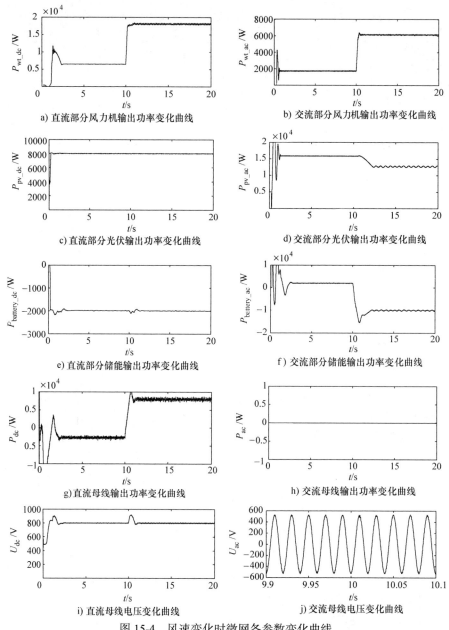

a) 直流部分风力机输出功率变化曲线

b) 交流部分风力机输出功率变化曲线

c) 直流部分光伏输出功率变化曲线

d) 交流部分光伏输出功率变化曲线

e) 直流部分储能输出功率变化曲线

f) 交流部分储能输出功率变化曲线

g) 直流母线输出功率变化曲线

h) 交流母线输出功率变化曲线

i) 直流母线电压变化曲线

j) 交流母线电压变化曲线

图 15-4　风速变化时微网各参数变化曲线

由图 15-4a 可知，由于直流微网部分风力机采用 MPPT 控制，当风速变大时，风力机的输出功率按照风速的变化而变大，直流微网部分风力机输出功率由 $P_{wt\_dc\_1}$=6kW，增加为 $P_{wt\_dc\_2}$=17kW，变化大小为 ΔP_{wt_dc}=$P_{wt\_dc\_2}$-$P_{wt\_dc\_1}$=11kW。

由图 15-4b 可知，由于交流微网部分的风力机采用 MPPT+ 直流电压控制，当风速变大时，风力机的输出功率按照风速的变化而变大，交流微网部分风力机输出功率由 $P_{wt\_ac\_1}$=2kW 增加为 $P_{wt\_ac\_2}$=6kW，变化大小为 ΔP_{wt_ac}=$P_{wt\_ac\_2}$-$P_{wt\_ac\_1}$=4kW。

由图 15-4c 可知，由于交直流混合微网工作于模式 2，因此直流微网部分光伏输出功率仅受到光照强度与温度的影响，所以风速变化时光伏输出功率保持恒定。

由图 15-4d 可知，由于交直流混合微网工作于模式 2，交流微网部分采用交流微网孤岛控制策略，因此交流微网部分光伏输出功率受到其控制策略与交流微网部分蓄电池输出功率的影响。当 t<10s 时，由于交流微网部分蓄电池输出功率大于其最大充电功率，即 $P_{battery}$>-C_1，因此交流微网部分光伏电池采用 MPPT 控制，其输出功率恒定，其大小为 $P_{PV\_ac\_1}$=17kW；而当 t=10s 时，由于交流微网部分蓄电池输出功率小于其最大充电功率，即 $P_{battery}$<-C_1，此时交流微网部分光伏电池由 MPPT 控制切换为改进型，其输出功率逐渐减少直到 t=12s 交流微网部分蓄电池输出功率等于其最大充电功率，即 $P_{battery}$=-C_1，此时交流微网部分光伏电池输出功率为 $P_{PV\_ac\_2}$=13kW，其变化的大小为 ΔP_{PV_ac}=$P_{PV\_ac\_2}$-$P_{PV\_ac\_1}$=-4kW。

由图 15-4e 可知，由于交直流混合微网工作于模式 2，直流微网部分蓄电池采用恒流控制，因此直流微网部分蓄电池输出功率保持恒定，不受风速的影响。

由图 15-4f 可知，由于交直流混合微网工作于模式 2，交流微网部分采用交流微网孤岛控制策略，因此交流微网部分蓄电池采用 V/f 控制，其输出功率由交直流混合微网各 DG 的输出输入功率决定，当 t<10s 时，交流微网部分蓄电池输出功率为 $P_{battery\_ac\_1}$=1kW；当 t=10s 时，由于交流部分与直流部分风力机输出功率突增，因此交流微网部分蓄电池输出功率突减，此时交流微网部分蓄电池输出功率为 $P_{battery\_ac\_2}$=-14kW，其变化的大小为 $\Delta P_{battery\_ac\_1}$=$P_{battery\_ac\_2}$-$P_{battery\_ac\_1}$=-15kW，其值的大小等于混合微网风电输出功率的变化值的负数，即 $\Delta P_{battery\_ac\_1}$=-（ΔP_{wt_dc}+ΔP_{wt_ac}）；当 t>10s 时，由于交流微网部分光伏电池由 MPPT 控制切换为改进型，因此交流微网部分光伏电池输出功率逐渐减少，而交流微网部分蓄电池输出功率逐渐增加，最终在 t=12s 时维持恒定，此时 $P_{battery\_ac\_3}$=-C_1=-10kW，其变化的大小为 $\Delta P_{battery\_ac\_2}$=$P_{battery\_ac\_3}$-$P_{battery\_ac\_2}$=4kW，其值的大小等于交流微网光伏输出功率的变化值的负数，即 $\Delta P_{battery\_ac\_2}$=-ΔP_{PV_ac}；交流微网部分蓄电池输出功率最终变化大小为 $\Delta P_{battery\_ac\_3}$=$P_{battery\_ac\_3}$-$P_{battery\_ac\_1}$=-11kW，其值的大小等于混合微网微源输出功率变化值的负数，即 $\Delta P_{battery\_ac\_3}$=-（ΔP_{wt_dc}+ΔP_{wt_ac}+ΔP_{PV_ac}）。

由图 15-4g 可知，当风速变大时，由于直流微网部分风力机输出功率增加、光伏输出功率不变、储能输出功率恒定、负荷恒定，因此混合微网中直流母线向交流母线

输出的功率由 $P_{dc\_1}=-3.5\mathrm{kW}$ 增加为 $P_{dc\_2}=7.5\mathrm{kW}$，变化大小为 $\Delta P_{dc}=P_{dc\_2}-P_{dc\_1}=11\mathrm{kW}$，其变化的大小等于直流微网部分风力机输出功率变化的大小，即 $\Delta P_{dc}=\Delta P_{wt\_dc}$。

由图 15-4h 可知，由于 K_1 断开，因此交流母线向大电网输出的功率为 0。

由图 15-4i、j 可知，直流母线电压能够保持在其额定值 800V 左右，而交流母线电压能够保持在其额定值 380V 左右。

由图 15-4 与前面分析可知，当混合微网工作于模式 2 时，交直流混合微网能够维持其功率的平衡与母线电压的稳定。

15.3.3 混合微网在模式 3 的仿真分析

当 $t=10\mathrm{s}$，风速由 $v=8\mathrm{m/s}$ 变为 $v=12\mathrm{m/s}$ 时，如果交直流混合微网工作于模式 3，混合微网各参数变化曲线如图 15-5 所示。

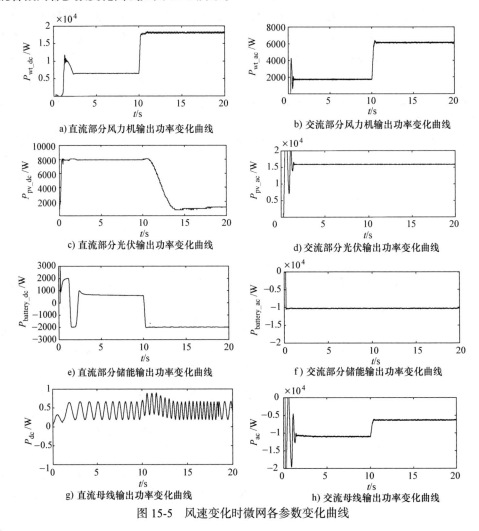

图 15-5　风速变化时微网各参数变化曲线

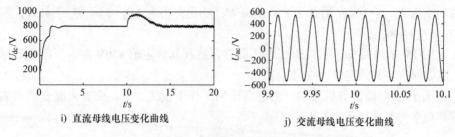

i) 直流母线电压变化曲线　　　　j) 交流母线电压变化曲线

图 15-5　风速变化时微网各参数变化曲线（续）

当混合微网运行于模式 3 时，直流微网部分采用变功率控制，交流微网部分采用交流微网并网控制。

由图 15-5a 可知，由于切换后光伏输出功率没有降为 0，因此直流微网部分风力机采用 MPPT 控制，当风速变大时，风力机的输出功率按照风速的变化而变大，直流微网部分风力机输出功率由 $P_{wt\_dc\_1}$=6kW 增加为 $P_{wt\_dc\_2}$=17kW，变化大小为 $\Delta P_{wt\_dc}=P_{wt\_dc\_2}-P_{wt\_dc\_1}$=11kW。

由图 15-5b 可知，由于交流微网部分的风力机采用 MPPT+ 直流电压控制，当风速变大时，风力机的输出功率按照风速的变化而变大，交流微网部分风力机输出功率由 $P_{wt\_ac\_1}$=2kW 增加为 $P_{wt\_ac\_2}$=6kW，变化大小为 $\Delta P_{wt\_ac}=P_{wt\_ac\_2}-P_{wt\_ac\_1}$=4kW。

由图 15-5c 可知，由于交直流混合微网工作于模式 3，直流微网部分光伏系统采用 MPPT 或变压控制。当 t<10s 时，直流微网储能没有达到其极限充电功率，因此直流微网部分光伏电池采用 MPPT 控制，其输出功率恒定，其大小为 $P_{PV\_dc\_1}$=8.1kW；而当 t=10s 时，由于直流微网微源输出功率过多，母线电压升高且蓄电池达到极限充电功率，此时光伏系统采用变压控制，其输出功率逐渐减少直到 t=14s，直流母线电压维持在其额定值 800V，直流微网部分光伏电池输出功率为 $P_{PV\_dc\_2}$=0.5kW，其变化的大小为 $\Delta P_{PV\_dc}=P_{PV\_dc\_2}-P_{PV\_dc\_1}$=-7.7kW≈-8kW。

由图 15-5d 可知，由于交直流混合微网工作于模式 3，交流微网部分光伏系统采用 MPPT+ 直流电压控制，其输出功率保持恒定。

由图 15-5e，由于交直流混合微网工作于模式 3，直流微网部分采用变功率控制，当 t<10s 时，直流微网部分蓄电池输出功率为 $P_{battery\_dc\_1}$=1kW；当 t=10s 时，由于直流微网部分输出功率过多，此时蓄电池采用极限变功率充电控制，其输出功率为 $P_{battery\_dc\_2}$=-2kW，其变化的大小为 $\Delta P_{battery\_dc}=P_{battery\_dc\_2}-P_{battery\_dc\_1}$=-3kW，且 $\Delta P_{battery\_dc}=-(\Delta P_{PV\_dc}+\Delta P_{wt\_dc})$。

由图 15-5f 可知，由于交直流混合微网工作于模式 3，交流微网部分蓄电池采用 PQ 控制，因此交流微网部分蓄电池输出功率保持恒定，不受风速的影响。

由图 15-5g 可知，由于 K_2 断开，因此直流母线向交流母线输出的功率为 0。

由图 15-5h 可知，当风速变大时，由于交流微网部分风力机输出功率增加、光伏输出功率不变、储能输出功率恒定、负荷恒定，因此混合微网中交流母线向大电网输

出的功率由 P_{ac_1}=−10kW 增加为 P_{ac_2}=−6kW，变化大小为 $\Delta P_{dc}=P_{dc\_2}-P_{dc\_1}$=4kW，因此可知，$\Delta P_{ac}=\Delta P_{wt\_ac}$。

由图 15-5i、j 可知，直流母线电压能够保持在其额定值 800V 左右，而交流母线电压能够保持在其额定值 380V 左右。

由图 15-5 与前面分析可知，当混合微网工作于模式 3 时，交直流混合微网能够维持其功率的平衡与母线电压的稳定。

15.3.4 混合微网在模式 4 的仿真分析

当 t=10s，风速由 v=8m/s 变为 v=12m/s 时，如果交直流混合微网工作于模式 4，混合微网各参数变化曲线如图 15-6 所示。

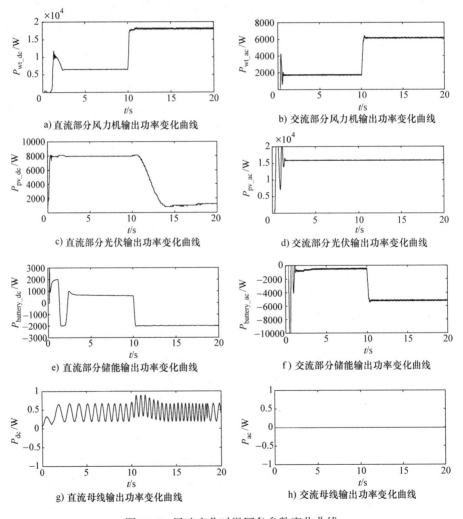

a) 直流部分风力机输出功率变化曲线

b) 交流部分风力机输出功率变化曲线

c) 直流部分光伏输出功率变化曲线

d) 交流部分光伏输出功率变化曲线

e) 直流部分储能输出功率变化曲线

f) 交流部分储能输出功率变化曲线

g) 直流母线输出功率变化曲线

h) 交流母线输出功率变化曲线

图 15-6 风速变化时微网各参数变化曲线

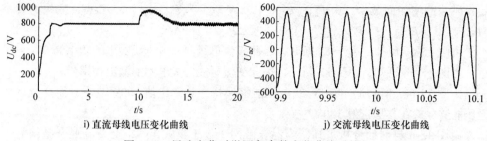

i) 直流母线电压变化曲线　　　　j) 交流母线电压变化曲线

图 15-6　风速变化时微网各参数变化曲线（续）

当混合微网运行于模式 4 时，直流微网部分采用变功率控制，交流微网部分采用交流微网孤岛控制。

由图 15-6a 可知，由于切换后光伏输出功率没有降为 0，因此直流微网部分风力机采用 MPPT 控制，当风速变大时，风力机的输出功率按照风速的变化而变大，直流微网部分风力机输出功率由 $P_{wt\_dc\_1}$=6kW 增加为 $P_{wt\_dc\_2}$=17kW，变化大小为 $\Delta P_{wt\_dc}=P_{wt\_dc\_2}-P_{wt\_dc\_1}$=11kW。

由图 15-6b 可知，由于交流微网部分储能输出功率没有达到其最大充电功率，因此交流微网部分的风力机采用 MPPT+ 直流电压控制，当风速变大时，风力机的输出功率按照风速的变化而变大，交流微网部分风力机输出功率由 $P_{wt\_ac\_1}$=2kW 增加为 $P_{wt\_ac\_2}$=6kW，变化大小为 $\Delta P_{wt\_ac}=P_{wt\_ac\_2}-P_{wt\_ac\_1}$=4kW。

由图 15-6c 可知，由于交直流混合微网工作于模式 4，直流微网部分光伏系统采用 MPPT 或变压控制。当 t<10s 时，直流微网储能没有达到其极限充电功率，因此直流微网部分光伏电池采用 MPPT 控制，其输出功率恒定，其大小为 $P_{PV\_dc\_1}$=8.3kW；而当 t=10s 时，由于直流微网微源输出功率过多，母线电压升高且蓄电池达到极限充电功率，此时光伏系统采用变压控制，其输出功率逐渐减少直到 t=14s，直流母线电压维持在其额定值 800V，直流微网部分光伏电池输出功率为 $P_{PV\_dc\_2}$=0.8kW，其变化的大小为 $\Delta P_{PV\_dc}=P_{PV\_dc\_2}-P_{PV\_dc\_1}$=-7.5kW≈-8kW。

由图 15-6d 可知，由于交直流混合微网工作于模式 4，由于交流微网部分储能输出功率没有达到其最大充电功率，因此交流微网部分光伏系统采用 MPPT+ 直流电压控制，其输出功率保持恒定。

由图 15-6e 可知，由于交直流混合微网工作于模式 4，直流微网部分采用变功率控制，当 t<10s 时，直流微网部分蓄电池输出功率为 $P_{battery\_dc\_1}$=1kW；当 t=10s 时，由于直流微网部分输出功率过多，此时蓄电池采用极限变功率充电控制，其输出功率为 $P_{battery\_dc\_2}$=-2kW，其变化的大小为 $\Delta P_{battery\_dc}=P_{battery\_dc\_2}-P_{battery\_dc\_1}$=-3kW，且 $\Delta P_{battery\_dc}=-(\Delta P_{PV\_dc}+\Delta P_{wt\_dc})$。

由图 15-6f 可知，由于交直流混合微网工作于模式 4，交流微网部分蓄电池采用 V/f 控制，其输出功率受到风电输出功率的影响，因此交流微网部分蓄电池输出功率随着风速的增加而减少，由 $P_{battery\_ac\_1}$=-1.5kW 减少为 $P_{battery\_ac\_2}$=-5.5kW，变化的大小为 $\Delta P_{battery\_ac}=P_{battery\_ac\_2}-P_{battery\_ac\_1}$=-4kW，且 $\Delta P_{battery\_ac}=-\Delta P_{wt\_ac}$。

由图 15-6g 可知，由于 K_2 断开，因此直流母线向交流母线输出的功率为 0。

由图 15-6h 可知，由于 K_1 断开，因此交流母线向大电网的输出功率为 0。

由图 15-6i、j 可知，直流母线电压能够保持在其额定值 800V 左右，而交流母线电压能够保持在其额定值 380V 左右。

由图 15-6 与前面分析可知，当混合微网工作于模式 4 时，交直流混合微网能够维持其功率的平衡与母线电压的稳定。

根据本节所示的根据风速变化，当交直流混合混合微网工作于各工作模式时，各个 DG 输出功率变化值见表 15-2。

表 15-2　各 DG 输出功率变化值

模式	直流微网部分				交流微网部分			
	光伏	风电	储能	母线	光伏	风电	储能	母线
	ΔP_{PV_dc}	ΔP_{wt_dc}	$\Delta P_{battery\_dc}$	ΔP_{dc}	ΔP_{PV_ac}	ΔP_{wl_ac}	$\Delta P_{battery\_ac}$	ΔP_{ac}
1	0	11	0	11	0	4	0	15
2	0	11	0	11	-4	4	-11	0
3	-8	11	-3	0	0	4	0	4
4	-8	11	-3	0	0	4	-4	0

由表 15-2 可以得出交直流混合微网的一些功率平衡公式：

$$\Delta P_{dc}=\Delta P_{PV\_dc}+\Delta P_{wt\_dc}+\Delta P_{battery\_dc} \tag{15-1}$$

$$\Delta P_{ac}=\Delta P_{PV\_dc}+\Delta P_{wt\_dc}+\Delta P_{battery\_dc}+\Delta P_{PV\_ac}+\Delta P_{wt\_ac}+\Delta P_{battery\_ac} \tag{15-2}$$

15.4　混合微网模式间切换的仿真分析

当交直流混合微网在上述 4 个工作模式之间相互切换时，直流母线电压、交流母线电压、交流母线频率变化曲线如图 15-7~ 图 15-12 所示。

由图 15-8~ 图 15-11 可知，当直流母线与交流母线之间的断路器 K_2 发生闭合与断开的动作时，直流母线电压有细微的波动，而上述动作对交流母线电压与频率没有影响。

由图 15-7、图 15-9、图 15-10、图 15-12 可知，当交流母线与大电网之间的断路器 K_1 发生闭合与断开的动作时，交流母线电压与频率有细微的波动，而上述动作对直流母线电压没有影响。

由图 15-7~ 图 15-12 可知，当混合微网交流微网部分孤岛运行时，交流母线电压的谐波较大，交流母线频率的波动较大；当混合微网交流微网部分并网运行时，交流母线电压的谐波较小，交流母线频率的波动较小。

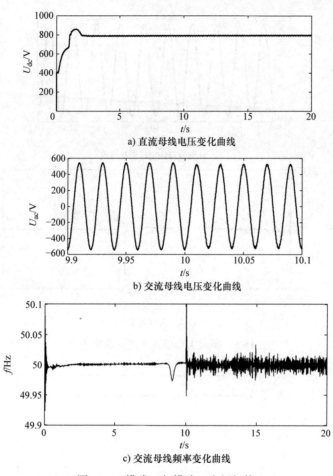

a) 直流母线电压变化曲线

b) 交流母线电压变化曲线

c) 交流母线频率变化曲线

图 15-7　模式 1 与模式 2 之间切换

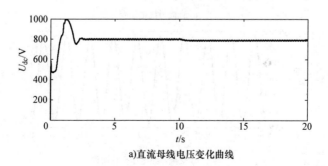

a)直流母线电压变化曲线

图 15-8　模式 1 与模式 3 之间切换

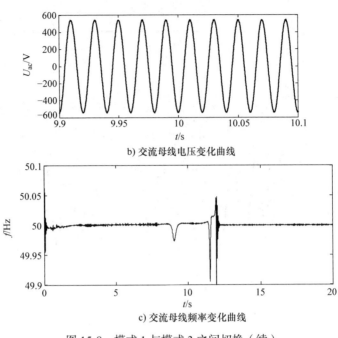

b) 交流母线电压变化曲线

c) 交流母线频率变化曲线

图 15-8　模式 1 与模式 3 之间切换（续）

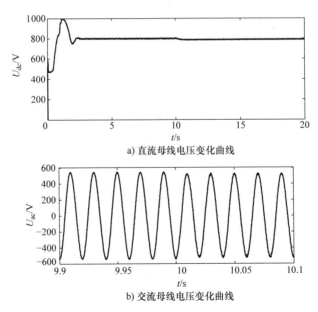

a) 直流母线电压变化曲线

b) 交流母线电压变化曲线

图 15-9　模式 1 与模式 4 之间切换

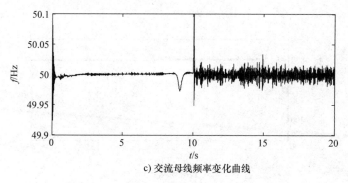

c) 交流母线频率变化曲线

图 15-9 模式 1 与模式 4 之间切换（续）

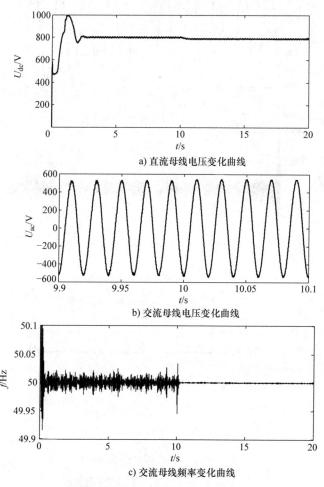

a) 直流母线电压变化曲线

b) 交流母线电压变化曲线

c) 交流母线频率变化曲线

图 15-10 模式 2 与模式 3 之间切换

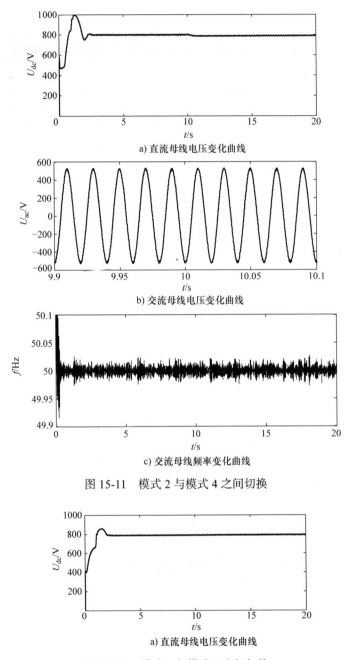

a) 直流母线电压变化曲线

b) 交流母线电压变化曲线

c) 交流母线频率变化曲线

图 15-11　模式 2 与模式 4 之间切换

a) 直流母线电压变化曲线

图 15-12　模式 3 与模式 4 之间切换

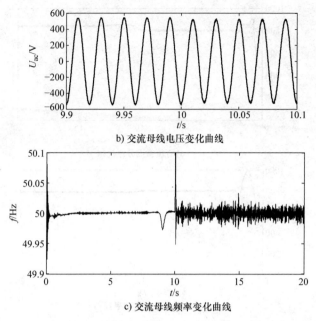

b) 交流母线电压变化曲线

c) 交流母线频率变化曲线

图 15-12　模式 3 与模式 4 之间切换（续）

由图 15-7~ 图 15-12 可知，风光储交直流微网各种工作模式之间切换时，直流母线电压、交流母线电压与频率的变化非常平滑，没有产生巨大的波动与谐波，由此可知，采用上述控制策略，交直流混合微网能够实现稳定运行，并且混合微网各工作模式之间能够实现平滑切换。

15.5　常规控制策略与新型控制策略的仿真对比分析

由第 13 章可知，当混合微网中直流微网部分孤岛运行时，直流微网的常规控制策略为分级控制，其直流母线电压根据微网各微源的输入输出功率的多少，而处于 760~840V 区间；而本部分在第 13 章提出了一种新型控制策略——变功率控制，当直流微网采用分级控制时，其直流母线电压会稳定在 800V 左右；由于本部分中交直流母线间双向 AC/DC 变换器采用直流电压控制，而直流电压控制的原理是保持直流母线的电压恒定，而传输功率。因此，由于上述两种控制策略而导致的直流母线电压波动范围的大小，使得当其他条件恒定，直流微网采用变功率控制时，混合微网的稳定性较好。

当直流微网分别采取分级控制与变功率控制的交直流混合微网中，K_2 切换时，混合微网中各参数变化曲线的仿真对比如图 15-13 所示。

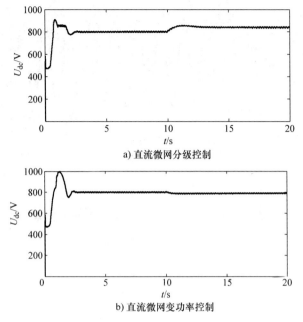

a) 直流微网分级控制

b) 直流微网变功率控制

图 5-13　混合微网直流母线电压变化曲线

由图 15-13 可知，当 t=10s，K_2 由闭合切换为断开时，混合微网中直流微网部分采用分级控制时的母线电压波动小于混合微网中直流微网部分采用变功率控制时的母线电压波动。

由此可知，混合微网直流微网部分采用变功率控制时其母线电压的稳定性，明显优于混合微网直流微网部分采用常规控制策略——分级控制。

15.6　本章小结

本章根据直流母线与交流母线之间断路器 K_2 的开断和交流母线与大电网之间断路器 K_1 的开断的情况，将交直流混合微网的工作模式分为 4 种，其中每种工作模式中直流微网部分与交流微网部分的控制策略的原理，分别见第 13 章、第 14 章。

本章在 Simulink 中详细仿真了当风速等外界条件变化时，风光储交直流混合微网分别工作于 4 种模式，混合微网中各参数的变化曲线。对上述曲线进行分析可得，本部分所采用的控制策略能够实现交直流混合微网的功率平衡与电压频率的稳定。

本章在最后对上述 4 种模式之间的切换进行了仿真分析，最后得出，本部分所采用的控制策略能够实现风光储交直流混合微网的平滑切换。

第16章

总结与展望

16.1 总结

本部分的主要研究内容是风光储交直流混合微网的协调控制，本部分对上述混合微网的研究主要从以下 4 方面展开：

1）本部分首先研究了混合微网中光伏、风电、储能这些 DG 的工作原理、工作模型与其各种控制策略的原理，并分别建立了光伏、风电、储能模块及其控制策略的 Simulink 仿真模型，通过仿真分析验证了上述 DG 控制策略的有效性与可行性。

2）本部分接下来分析了交直流混合微网中直流微网部分及其控制策略的工作原理，并建立了直流微网及其控制策略的 Simulink 仿真模型，通过仿真分析验证了直流微网控制策略的有效性与可行性。

3）本部分然后分析并建立了交直流混合微网中交流微网部分及其控制策略的工作原理与 Simulink 仿真模型，通过仿真分析验证了交流微网控制策略的有效性与可行性。

4）本部分最后分析并建立了交直流混合微网及其控制策略的工作原理与 Simulink 仿真模型，通过仿真分析验证了交直流混合微网控制策略的有效性与可行性。

本部分的主要创新点如下：

1）提出了光伏系统最大功率控制的新型控制策略——基于 VDG 的光伏系统的 MPPT 控制，这种控制策略解决了光伏系统惯性较小，致使环境变化对光伏系统稳定运行影响较大的缺点。

2）提出了光伏系统限功率控制的新型控制策略——变压控制，这种控制策略解决了光伏系统的恒压控制策略对光伏电池 P-U 特性曲线某一段曲线无能为力的缺点。

3）提出了直流微网的新型控制策略——变功率控制，这种控制策略解决了直流微网分级控制时直流母线电压的波动对直流微网稳定性影响较大和直流母线电压最大值与最小值的差值过大的缺点。

4）提出了交流微网的新型控制策略——基于直流电压控制与改进型恒压控制的交流微网的协调控制，这种控制策略解决了交流微网光伏系统、风电系统与 PQ 控制、

223

下垂控制的协调性较差，进而致使交流微网稳定性较差的缺点。

16.2　展望

本部分主要是针对 3 种 DG（光伏、风电、储能）、直流微网、交流微网等控制策略的研究，并在光伏系统传统控制策略的基础上提出了光伏系统的新型控制策略，在直流微网传统控制策略的基础上提出了直流微网的新型控制策略，在交流微网传统控制策略的基础上提出了交流微网的新型控制策略，并通过 Simulink 仿真验证，得出了一些成果。然而还有一些问题需要深入研究。

1）本部分所研究的交直流混合微网的微源种类比较少，仅研究了光伏、风电这些 DG，而对混合微网中的一些其他种类的微源，如燃料电池、微型燃气轮机等没有进行研究，因此由燃料电池、微型燃气轮机、光伏、风电等微源组成的混合微网的协调控制，需要进行更深一步的研究。

2）本部分所研究的交直流混合微网中的储能系统，仅研究蓄电池的控制策略，而对其他种类的储能系统，如超级电容、飞轮储能，以及参考文献 [54] 所示的储能变换器无缝切换等技术需要进行更深一步的研究。

3）本部分仅研究直流微网、交流微网的协调控制，而混合微网中的双向 AC/DC 变换器的控制策略仅采用了常规控制策略——直流电压控制，而对双向 AC/DC 变换器的一些新型控制策略，如参考文献 [51] 所示的 ILC 新型控制策略、参考文献 [52] 所示虚拟惯性控制策略、参考文献 [53] 所示的虚拟阻抗技术等需要进行深入研究。

4）本部分对交直流混合微网协调控制的研究，仅进行了 Simulink 软件仿真验证，因此需要更进一步对交直流混合微网的控制策略进行实物实验验证。

5）本部分对直流微网一些其他新型控制策略，如集中通信控制、集中通信与分布式控制、参考文献 [53] 所示的虚拟阻抗技术等策略需要进行深入研究。

6）本部分对交直流混合微网研究的主要方向是微网的稳定性问题，而对混合微网中如参考文献 [55] 所示的电能质量、参考文献 [56] 所示的分时电价等问题的研究较少，需要进行深入研究。

参考文献

[1] 陈志刚. 光伏系统最大功率点跟踪的设计与仿真实现 [D]. 沈阳：东北大学，2012.

[2] 程启明，杨小龙，褚思远，等. 基于虚拟直流发电机的光伏系统控制策略 [J]. 高电压技术，2017，43（7）：2097-2104.

[3] 任春光，赵耀民，韩肖清，等. 双直流母线直流微电网的协调控制 [J]. 高电压技术，2016，42（7）：2166-2173.

[4] 程启明，孙伟莎，程尹曼. 直流微网中 PV 发电系统的改进型恒压控制策略 [J]. 太阳能学报，2019，40（11）：3071-3077.

[5] 程启明，杨小龙，褚思远，等. 一种光伏电池的变压控制方法：201610017724.6[P]. 2016-01-12.

[6] 侯世英，殷忠宁，薛原，等. 独立光伏系统恒压工作模式下最优工作区的选择 [J]. 电网技术，2012，36（6）：226-231.

[7] Achaibou N，Haddadi M，Malek A. Lead acid batteries simulation including experimental validation[J]. Journal of Power Sources，2008，185（2）：1484-1491.

[8] 杨小龙，程启明，褚思远，等. 孤岛模式下光储直流微电网变功率控制策略 [J]. 电力自动化设备，2016，36（11）：67-75.

[9] 程启明，杨小龙，褚思远，等. 一种直流微网变功率控制装置及控制方法：201610019034.4[P]. 2016-01-13.

[10] 程启明，陈路，程尹曼，等. 基于改进型恒压控制与直流电压控制的交流微网协调控制方法研究 [J]. 太阳能学报，录用待发表.

[11] 刘然. 微电网运行控制策略研究 [D]. 焦作：河南理工大学，2011.

[12] 程启明，孙伟莎，谭冯忍，等. 基于变功率与直流电压组合控制的混合微电网协调控制 [J]. 广东电力，2018，31（4）：16-20.

[13] 郑永伟，陈民铀，李闯，等. 自适应调节下垂系数的微电网控制策略 [J]. 电力系统自动化，2013，37（7）：6-11.

[14] 武星，殷晓刚，宋昕，等. 中国微电网技术研究及其应用现状 [J]. 高压电器，2013，49（9）：142-149.

[15] 李斌，宝海龙，郭力. 光储微电网孤岛系统的储能控制策略 [J]. 电力自动化设备，2014，34（3）：8-15.

[16] 薛贵挺，张焰，祝达康. 孤立直流微电网运行控制策略 [J]. 电力自动化设备，2013，33（3）：112-117.

[17] Bracale A，Caramia P，Carpinelli G，et al. Optimal control strategy of a DC micro grid[J]. International Journal of Electrical Power & Energy Systems，2015，67（3）：25-38.

[18] Liu Xiong，Wang Peng，Loh P C.A hybrid AC/DC microgrid and its coordination control[J]. IEEE Transactions on Smart Grid，2011，2（2）：278-286.

[19] 白园飞，程启明，吴凯，等.独立交流微电网中储能电池与微型燃气轮机的协调控制 [J]. 电力自动化设备，2014，34（3）：65-70.

[20] 周稳，戴瑜兴，毕大强，等.交直流混合微电网协同控制策略 [J].电力自动化设备，2015，35（10）：51-57.

[21] 李玉梅，查晓明，刘飞，等.带恒功率负荷的直流微电网母线电压稳定控制策略 [J].电力自动化设备，2014，34（8）：57-64.

[22] 施婕，郑漳华，艾芊.直流微电网建模与稳定性分析 [J].电力自动化设备，2010，30（2）：86-90.

[23] 吴卫民，何远彬，耿攀，等.直流微网研究中的关键技术 [J].电工技术学报，2012，27（1）：98-106.

[24] 王毅，张丽荣，李和明，等.风电直流微网的电压分层协调控制 [J].中国电机工程学报，2013，33（4）：16-24.

[25] Josep M G，Juan C V，Jos M. et al. Hierarchical control of droop-controlled AC and DC microgrids – A General Approach Toward Standardization [J]. IEEE Transactions on Industrial Electronics，2011，58（1）：158-172.

[26] 支娜，张辉，邢小文.直流微电网协调控制策略研究 [J].西安理工大学学报，2012，28（4）：421-426.

[27] 刘家赢，韩肖清，王磊，等.直流微电网运行控制策略 [J].电网技术，2014，38（9）：2356-2362.

[28] 秦文萍，柳雪松，韩肖清，等.直流微电网储能系统自动充放电改进控制策略 [J].电网技术，2014，38（7）：1827-1834.

[29] 范柱烽，毕大强，任先文，等.光储微电网的低电压穿越控制策略研究 [J].电力系统保护与控制，2015，43（2）：6-12.

[30] 毕大强，范柱烽，解东光，等.海岛光储直流微电网自治控制策略 [J].电网技术，2015，39（4）：886-891.

[31] Moon S，Yoon S，Park J.A new low-cost centralized MPPT controller system for multiply distributed photovoltaic power conditioning modules[J].IEEE Transactions on Smart Grid，2015，6（6）：2649-2658.

[32] Xie L Y，Qi J，Weng G Q，et al.Multi-level PV inverter with photovoltaic groups independent MPPT control [C]. 17th International Conference on Electrical Machines and Systems，2014：829-834.

[33] Barnes M，Ventakaramanan G，Kondoh J，et al.Real-world microgrids-An overview[C]. IEEE International Conference on System of Systems Engineering. 2007：1-8.

[34] Pradhan R，Subudhi B.Double integral sliding mode MPPT control of a photovoltaic system[J]. IEEE Transactions on Control Systems Technology，2016，24（1）：285-292.

[35] Elgendy M A，Zahawi B，Atkinson D J.Comparison of directly connected and constant volt-

age controlled photovoltaic pumping systems[J]. IEEE Transactions on Sustainable Energy，2010，1（3）: 184-192.

[36] Kim H J，Lee Y S，Kim J H. Coordinated droop control for stand-alone DC microgrid[J]. Journal of Electrical Engineering and Technology，2014，9（3）: 1072-1079.

[37] 聂晓华. 强跟踪 UKF 算法在光伏系统 MPPT 中的应用 [J]. 电力系统保护与控制，2013，41（18）: 89-95.

[38] 张开，石季英，林济锉，等. 基于自适应滑模层极值搜索的光伏发电最大功率跟踪方法 [J]. 电力系统自动化，2015，39（12）: 33-37.

[39] 熊远生，俞立，徐建明. 光伏发电系统多模式接入直流微电网及控制方法 [J]. 电力系统保护与控制，2014，42（12）: 37-43.

[40] Wang P B，Wang W，Xu D G，et al. An autonomous control scheme for DC microgrid system[C]. 39th Annual Conference of the IEEE Industrial Electronics Society. 2013 : 1519-1523.

[41] Villalva M G，Ruppert F E. Input-controlled buck converter for photovoltaic aplications : modeling and design[C]. 4th IET Conference on Power Electronics，Machines and Drives. 2008 : 505-509.

[42] 杨新法，苏剑，吕志鹏，等. 微电网技术综述 [J]. 中国电机工程学报，2014，34（1）: 57-34.

[43] Mi Y，Zhang H，Tian Y，et al. Control and operation of hybrid solar/wind isolated DC microgrid[C]. 2014 IEEE Transportation Electrification Conference and Expo，2014 : 1-5.

[44] Hatziargyriou N，Asand H，Iravani，et al. Microgrids [J]. IEEE Power and Energy Magazine，2007，5（4）: 78-94.

[45] 郑天文，陈来军，陈天一，等. 虚拟同步发电机技术及展望 [J]. 电力系统自动化，2015，39（21）: 165-175.

[46] 吕志鹏，盛万兴，钟庆昌，等. 虚拟同步发电机及其在微电网中的应用 [J]. 中国电机工程学报，2014，34（16）: 2591-2603.

[47] 程冲，杨欢，曾正，等. 虚拟同步发电机的转子惯量自适应控制方法 [J]. 电力系统自动化，2015，39（19）: 82-89.

[48] 丁明，杨向真，苏建徽. 基于虚拟同步发电机思想的微电网逆变电源控制策略 [J]. 电力系统自动化，2009，33（8）: 89-93.

[49] 支娜，张辉. 直流微电网改进分级控制策略研究 [J]. 高电压技术，2016，42（4）: 1316-1325.

[50] 朱晓荣，蔡杰，王毅，等. 风储直流微网虚拟惯性控制技术 [J]. 中国电机工程学报，2016，36（5）: 49-58.

[51] 朱永强，贾利虎，蔡冰倩，等. 交直流混合微电网拓扑与基本控制策略综述 [J]. 高电压技术，2016，42（9）: 2756-2766.

[52] 伍文华，陈燕东，罗安，等. 一种直流微网双向并网变换器虚拟惯性控制策略 [J]. 中国电机工程学报，2016，36（0）: 1-12.

[53] 杨捷，金新民，杨晓亮，等. 交直流混合微网功率控制技术研究综述 [J]. 电网技术，2017，41（4）: 29-39.

[54] 毕大强，周稳，戴瑜兴，等．交直流混合微电网中储能变流器无缝切换策略 [J]. 电力系统自动化，2016，40（10）：84-89.

[55] 陈鹏伟，肖湘宁，陶顺．直流微网电能质量问题探讨 [J]. 电力系统自动化，2016，40（10）：148-158.

[56] 郭力，张绍辉，李霞林，等．考虑电网分时电价的直流微电网分层协调控制 [J]. 电网技术，2016，40（7）：1992-2000.

第 4 部分
微网的优化运行方法分析与研究

第17章

绪　论

17.1　研究背景及意义

进入 21 世纪以来，随着煤炭、石油等资源的价格日益上涨，常规发电成本不断增加，世界范围内的能源供应持续紧张。提高能源的利用效率、开发并加大利用可再生能源，是解决我国社会和经济快速发展过程中产生的能源需求增长与能源短缺、能源利用与保护环境之间矛盾的必然选择。20 世纪 70 年代的两次石油危机更让能源安全上升到国家安全与稳定的地位。但是，煤炭、石油、天然气等传统能源的开采量和可使用时间越来越少，而全球经济特别是新兴市场经济对能源的需求越来越大，全球面临着能源危机 [1]。我国是有着近 14 亿人口的大国，能源问题对我国现代化起着至关重要的作用。当前，我国已经进入工业化时期，对于能源需求量非常大，将达 20 多亿吨标煤，随着经济快速发展，我国能源需求每年还在持续增长，因此我国能源供给非常紧张。我国要满足能源需求，就必须寻找新的能源进行替代 [2, 3]。

微网是小规模的较分散的独立系统，它使用大量的现代电力技术将风力机、光伏板、微型燃气轮机、燃料电池、储能装置等连接起来，直接连在用户侧，可以同时提供电能、热能和冷能，实现冷热电联产（Combined Cold Heat and Power，CCHP）[4-6]。

微网将各种分布式电源、储能装置、负荷及控制设备等相结合，构成一个单一的可控单元，较好地解决了由分布式发电（Distributed Generation，DG）并网所带来的一系列问题。微网用户可以根据自己的需求选择供电方式，有优化用电的功能，这些因素也同样推动了智能电网的发展 [7, 8]。随着对微网的深入研究，不确定的经济效益必将严重地阻碍微网的发展，因此，需要深入加强对微网经济运行的研究。微网的多领域研究正在校验微网关键技术的可行性，但环境效益和清洁经济尚未得到全面的体现，微网经济评价方面仍存在许多挑战 [9]。

随着近些年世界各国科学家对微网的理论和实践等方面研究的日渐深入，国内外学者已取得一定的学术成果。但针对微网能量管理、保护及运行控制等方面仍有许多问题，目前微网的经济运行也是研究中的一个难点问题 [10]。微网的经济调度问题与大电网的调度问题截然不同：微网中的可再生能源占比较大，风力机和光伏等可再生能源发电易受天气影响，输出功率存在波动；部分 DG 可以以 CCHP 的方式同时提供电能和热（冷）能；微网中 DG 的多样性使得微网能量管理工作越发复杂，而且可比一般配电网提供更可靠的供电，来达到保障重要负荷的要求。

能源问题已成为世界性难题，此外随着碳排放的不断增加，温室效应、环境污染以及 PM2.5 等问题日益显著，发展新能源发电技术和微网技术已迫在眉睫。微网经济调度及优化运行研究作为微网技术重要理论的一部分，具有理论和工程实践价值。

17.2 微网经济优化运行国内外研究现状

17.2.1 国外微网经济优化运行研究现状

在微网能量管理系统中，微网能量优化调度通过对分布式电源、储能单元、负荷以及电网当前运行状态和历史数据进行分析，继而做出科学的评估；根据微网系统内各类型分布式电源享受的优先调度权分级、负荷分级，以及主网系统电价类型的不同选择、不同的能量调度策略，确定相应的优化调度模型，采用有效的算法求解未来不同调度周期的最优运行计划，包括对微网内可调度型单元的日前出力计划、储能单元日前调度计划和实时调度计划。

微网技术是微网能量优化调度的基础。早在 21 世纪之初，国外就开始了对微网的研究。目前，美国、欧盟和日本等国家及地区对微网的研究水平处于世界前列。

美国是最早提出微网概念的国家，美国电力可靠性技术解决方案协会（CERTS）在 2002 年就提出了微网的概念。CERTS 定义微网的基本概念是一种负荷和微源的集合。微网是包含了风、光、储等一系列分布式电源和储能装置的集合体，用大功率电力电子器件控制微网中的微源，确保微网能在孤岛和并网模式下灵活切换，微网是大电网的一个重要构成部分。美国能源部制定了"Grid 2030"发展战略，在未来 15~20 年美国将会大力发展微网技术。

早在 2005 年，欧盟提出"Smart Power Networks"概念。欧盟在未来的 15 年中将大力发展分布式电源技术，推动微网并网技术及孤岛运行技术，多个微网同时并网运行等研究。此外，欧盟将会在未来 10 年里大力发展电动汽车技术。欧盟微网主要研究问题和内容为：可再生能源的占有比、微网中的保护功能可靠性、微网在运行状态下的模式切换、电动汽车同时作为负荷和微源情况下的微网运行、微网在新电力市场机制下的运行等。

日本是一个能源匮乏的国家，尤其是本土资源十分紧缺，但其经济发展非常迅速，随着用电负荷不断增加，发展可再生能源技术势在必行。日本的微网结构允许微型燃气轮机运行在热电联产模式下，目前日本主要研究在微网的运行模式下并网和孤岛模式的平滑切换、分布式电源的灵活控制以及微网优化运行等方面。

国外在微网优化运行技术方面研究较早，它们的高校和研究机构都进行了较为深入的研究。参考文献 [11] 从电力市场的角度研究探讨了微网并网时的运行管理，从微网和外网能量交换及微源的控制策略等方面讨论了微网的控制和管理，以实现最优化运行；参考文献 [12] 根据仿真计算提出了由价格标签来控制微网运行的方法，并分析了微网带来的经济效益和环境优势；参考文献 [13] 叙述了微网技术的具体应用，肯定了微网在电力市场中的竞争力；参考文献 [14] 介绍了含有市场协调功能的微网能量管理系统，可向微网内联营和双边交易用户提供报价代理界面，从本质上将运行控制和优化调度分开；参考文献 [15] 分析了成本最低的微网机组组合和系统设计模型，并讨论了能源需求、电价和环境因素等随机因素对微网经济运行的影响；参考文献 [16] 提出通过集中竞标实现微源和负荷间的关系，由此完成调节微源以满足电力负荷的需求；参考文献 [17] 在对微网协调运行进行研究的基础上，根据电网日夜电价的差异和储能的充放电特点，提供了风力机、光伏和购电的组合方案；参考文献 [18] 依据微网经济调度模型，提出了一种微网经济最优化的运行策略，在满足电能和热能的需求下，以微网系统燃料消耗量最小为目标进行优化，同时保留最小的能量储备；参考文献 [19] 论述了相比于微型燃气轮机，小型燃气轮机能有更好的经济效益和环境效益；参考文献 [20] 分析了在满足本地热、电负荷需求并计及旋转备用的基础上，实现燃料成本最小的数学模型；参考文献 [21] 论述了包含光伏、燃料电池等 DG 的微网对减少温室气体的可行性，介绍了针对光伏等随机能源出力的优化方案，在实现最小燃料成本的基础上，讨论了各种天气随机误差对优化结果的影响；参考文献 [22] 研究了不同天气条件下光伏出力的特点，在综合考虑所有相关的技术限制、光伏出力预测及智能管理储能系统下优化各 DG 和储能系统的出力；参考文献 [23] 在研究各类分布式电源的数学模型的基础上，建立了微网优化调度模型，讨论了针对现有随机情况的问题优化算法，通过算例论述了微源的经济性；参考文献 [24] 针对孤岛运行的微网，在保障安全可靠供电的基础上引入"虚拟发电机"的思想优化微源的出力，从而实现微网的经济运行。

17.2.2　国内微网经济优化运行研究现状

国外对于微网技术的探索主要集中在美国、欧盟以及日本等地区，国外学者研究起步较早，在微网并网和孤岛运行模型、分布式电源控制以及储能容量配置等方面已取得一定研究成果，并建立了一定数量的微网示范工程，为国际上的学者提供了实际经验。国外正朝着高电压等级、大容量和多个微网并列运行的方向发展。

国内对于微网技术的研究尚处于探索阶段，微网的研究计划主要由国家电网公司牵头，中国电科院和国网电科院实行具体研究。我国也在积极推进微网技术的研究和新能源微网示范项目的建设。

目前对于微网的优化调度问题，国内学者也做了积极探索。参考文献 [25] 具体分析了分布式电源的优缺点并建立了优化数学模型，对微网中的分布式电源进行了优化管理，采用了一种小生境进化的多目标免疫算法（Immune Algorithm，IA）来优化分布式电源的出力，但它并没有考虑微网中电动汽车、联络交换功率以及储能设备的充放电指标，并且对于微网中的约束条件和价值成本也考虑较少；参考文献 [26] 对于具体的动态调度问题，采用了经典遗传算法（Genetic Algorithm，GA），通过对微网中设备容量关系以及发电成本关系确定了运行调度方案，但上述微网的结果比较简单，并未考虑多种储能装置的出现以及电动汽车在微网中的作用；参考文献 [27] 根据储能电池的充放电功率，在满足燃料电池、蓄电池的有功和无功平衡的基础上，同时考虑了电能质量以及蓄电池充放电深度等约束条件，实现考虑制热收益的综合成本最低，但上述所用的遗传算法主要针对单目标，并未涉及多目标进化算法，不适用于多目标直接求解；参考文献 [28] 充分考虑了包含电动汽车和充电站随机调度问题，运用了线性规划方法求解了问题，但并没有真正考虑优化问题，也没有建立优化模型；参考文献 [29] 提出了蓄电池容量优化模型，并基于微网的经济调度考虑，运用混合整数规划法对模型进行求解，研究计算了多种情况下的蓄电池最优容量配置，但文中鲜有对比，仅仅使用整数规划法对模型求解；参考文献 [30] 构建含多种分布式微源的微网模型，考虑了用户效益、环境保护、容量短缺等多种指标，并采用小生境遗传算法求解模型。

另外，对于微网三相负荷不平衡问题，国内外学者也都做过积极探索。参考文献 [31] 考虑了配电网的三相负荷不平衡问题，给出了配电网三相负荷不平衡模型，并采用了粒子群优化（Particle Swarm Optimization，PSO）算法求解，但 PSO 算法存在出现早熟等问题；参考文献 [32] 仅对配电网出现三相负荷不平衡的原因和常规解决方法进行了分析，并未举出案例和提出实际方案；参考文献 [33] 建立了微网负荷优化分配模型，运用 PSO 算法对模型求解，模型的构建仍处于优化调度范畴，对三相负荷不平衡尚未考虑；参考文献 [34] 对于配电网三相负荷不平衡调整进行了讨论，以某供电所为例讨论了不平衡原因以及调整方案，但其策略尚不智能，数据需为 2 天前所得，不能实时参考。

目前，国内的部分高校和研究机构对微网进行了一定的研究，但与美国、欧洲、日本等国家和地区相比，不管在参与力量还是研究成果方面，都存在一定的差距。在对微网优化运行理论的研究中，特别是在优化调度方面，应更多地关注以下几方面问题[10]：

1）根据负荷的需求和结构，合理确定微源的类型和出力，使购买、应用和转换能源达到利用的最优化是微网优化运行的关键。因此，准确评估各种微源的燃料、投资和运行维护等成本模型，开发适用于含多种分布式电源的微网经济调度模型和优化算法都有待解决。

2）目前国外对于电动汽车在微网中的运行情况有了较为深入的研究，并且在未来几十年内将会大力发展电动汽车技术。而我国电动汽车技术目前处于初步阶段，对于微网中考虑电动汽车的文章和研究也较为匮乏。多数国外研究将电动汽车不单单视为一种用电负荷，更看作一种动态的微源。

3）微网经济运行需考虑的重要问题仍然是供电可靠性和运行稳定性。新型能源结构和微网结构赋予了这些问题新的内涵。安全性及可靠性在一定程度可转化到经济性角度来考虑。例如，将微网的负荷分为敏感负荷和非敏感负荷。当供电不足或者电价较高时，可以切断部分非敏感负荷，以保障对敏感负荷的供电。敏感负荷需要较高的供电可靠性，而可中断负荷对于供电可靠性要求较低，可中断负荷虽然供电可靠性有所降低，但通过经济调节的方式可使其得到相应补偿。一般情况下，微网并网运行的可靠性较高，但当外网发生故障或者供电不足时，孤岛运行的可靠性则会更高。储能技术应用于微网，既可稳定供电，又能提供备用容量以及提高微源的可调度性，在对负荷进行削峰填谷方面同样起到了无法忽视的作用，达到了经济最优运行。

17.3　本部分主要研究内容

1. 主要研究内容

本部分围绕微网经济调度及优化运行的大背景，结合国内外微网经济运行的研究现状，对其进行了深入研究。主要内容如下：

第 17 章为绪论。该章阐述了研究的来源、研究背景及研究意义；介绍了微网能量管理系统，详细分析了微网经济调度及优化运行的国内外研究现状。

第 18 章为微网经济调度优化模型及算法。详细地介绍了微网中的分布式电源模型，包括光伏发电、风力发电、微型燃气轮机、蓄电池、燃料电池和电动汽车的稳态数学模型。此外，还介绍了本部分所使用的微网 24h 优化调度策略。

第 19 章为混合储能系统的微网经济优化运行。在第 18 章介绍的微网分布式电源稳态模型的基础上，以一个风光储互补的微网为例，建立了含电动汽车的混合储能系统微网经济调度优化模型，构造了经济和环境优化目标函数和约束条件；研究了NSGA-II 算法原理及特点，并用于求解储能系统的微网经济优化模型。通过算例验证了模型和算法的科学性以及调度策略的经济性。

第 20 章为基于改进型量子遗传算法的微网经济优化运行。该章主要是介绍了量子遗传算法的概念和原理，并且在此基础上进行了两点改进，引入了双链式结构和动态旋转角调整策略，说明了改进型量子遗传算法的特点及过程，并用于求解微网经济优化模型。通过协调优化，提高了微网的可靠性和经济性。

第 21 章为微网三相负荷不平衡经济调度及优化运行研究。详细介绍了微网三相负荷不平衡数学模型和三相负荷函数的建立。针对负荷不对称的微网，在考虑三相负荷不平衡的基础上，提出了微网经济运行优化模型，并采用第 20 章介绍的改进型量子遗传算法求解得出优化调度方案。

第 22 章为总结与展望。该章对本部分内容进行了概括，并说明了本部分研究内容存在的不足，在其基础上提出了后续工作的展望。

2. 创新点

1）本部分基于常见的量子遗传算法，引入了双链式结构和动态旋转角调整策略，提出一种改进型量子遗传算法。针对微网经济调度及优化运行是一个复杂的非线性规划问题，该算法可以有效地求解微网经济调度优化模型，得出科学且经济的调度策略。

2）本部分针对微网中可能出现的三相负荷不平衡问题，提出了一种三相负荷函数计算方法，根据微网三相负荷不平衡数学模型运用此计算方法并配合智能优化算法，可求解出合理的微网三相负荷接入方案。

第18章

微网经济调度优化模型及调度策略

　　随着能源危机和环境问题日益显著，太阳能发电、风力发电和生物质能发电等新能源发电的发展逐渐提上日程。微网将各种分布式电源、储能设备、负荷以及控制装置集合成一个整体，并且可与大电网相连，实现新能源发电的高效利用。

　　微网中包含各种类型不同特性的分布式电源，它们是构成微网的重要组成部分。对于单元级的微源进行稳态模型分析，是微网经济优化运行的基础。本章以光伏发电、风力发电、微型燃气轮机、蓄电池、燃料电池和电动汽车为研究对象，详细介绍它们的工作原理和稳态模型。经济优化的模型由于存在约束条件众多、存在停开机状态等离散变量等因素，很难用传统的线性规划与非线性规划方法求解，需要运行人工智能算法。

18.1　微网分布式电源模型

18.1.1　光伏发电数学模型

　　太阳能是地球上最丰富且是永恒的能源，它以光辐射的形式向太空发射巨大的能量，约为 3.8×10^{20}MW/s，而其中大约有 22 亿分之一照射在地球上。太阳能资源在我国新疆、西藏等省市区非常充足，理论上储量为 147×10^{18}GWh/ 年。由此可见，光伏发电在我国具有很大的发展潜力[35]。

　　光伏发电的载体为光伏电池，多个光伏电池串、并联在一起组成光伏阵列，光伏阵列输出的电能与光照强度、太阳光入射角、运行时的温度等因素有关。但微网经济运行的建模中一般可以简化认为光伏电池出力只与太阳辐射值和环境温度相关。对于玻璃－玻璃封装的光伏电池组件，可根据以下经验计算式来估算组件的温度[36]：

$$T_{\text{mod}} = T_{\text{amd}} + 30G/1000 \qquad (18\text{-}1)$$

式中　T_{mod}——组件温度；

　　　T_{amd}——环境温度；

　　　G——组件接收到太阳的辐射强度。

237

光伏出力表达式为[39, 40]

$$P_{PV} = P_{STC} \frac{G_{AC}}{G_{STC}} [1 + k(T_c - T_r)] / G_{STC} \quad （18-2）$$

式中　G_{AC}——光照强度；

　　　P_{STC}——标准测试条件（太阳光照强度为 1000W/m^2，环境温度为 25℃）下的最大测试功率；

　　　G_{STC}——标准测试条件下的光照强度，其值为 1000W/m^2；

　　　k——功率温度系数，其值为 −0.47%/K；

　　　T_c——电池板工作温度；

　　　T_r——参考温度，其值为 25℃。

18.1.2　风力机发电数学模型

风力发电也是新能源发电的一种重要形式。一般情况下，风力发电功率的大小除了与其自身装机容量相关，还与风速等气象因素紧密相关。风力机每时段的发电量是根据风力机转轴处每时段的平均风速及风力机的出力特性来决定的，近地表面的风速随高度按指数规律变化，在计算风力机的出力时，必须先把实测的每小时平均风速折算到风力机转轴处的相应值[39]。其计算表达式为

$$V = \left(\frac{H}{H_0} \right)^\alpha V_0 \quad （18-3）$$

式中　V——目标高度 H 处的风速；

　　　V_0——参考高度 H_0 处的风速；

　　　α——地面粗糙度因子，其值为 0.1428。

风力机的输出功率可根据风力机生产厂家提供的网侧输出功率曲线经过多项式拟合得到，具体公式为[37, 38]

$$P_{wt} = \begin{cases} 0 & V < V_{ci} \\ aV^3 + bV^2 + cV + d & V_{ci} \leqslant V < V_r \\ P_{wt\_rate} & V_r \leqslant V < V_{co} \\ 0 & V \geqslant V_{co} \end{cases} \quad （18-4）$$

式中　P_{wt_rate}——风力机额定功率；

　　　V_{ci}——切入风速；

　　　V_r——额定风速；

　　　V_{co}——切出风速。

可从风力机供货商处获取风速参数，系数 a、b、c、d 可由厂家提供的风力机输出功率曲线拟合获得。风力机的输出功率与风速之间的关系，如图 18-1 所示[39]。

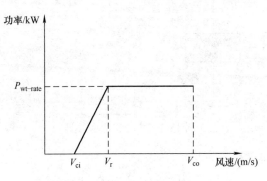

图 18-1　风力机出力与风速关系

18.1.3　微型燃气轮机数学模型

微型燃气轮机表面上的意思就是小型的燃气轮机，以汽油、柴油、天然气等为主要燃料的小型热动装置，一般来说功率在几百 kW。微型燃气轮机的工作原理是将热能转化为电能，与传统发电机相比，具有体积小、可靠性高、寿命长、污染小、质量轻、燃料适应性强以及控制灵活等特点。与现有技术相比，其发电效率较低，当装置处于满负荷运行状态时，效率可达 30% 左右；半负荷运行时效率为 10%~15%；处于热电联产状态下，为 80% 左右。

微型燃气轮机需配合永磁发电机、整流器、滤波器等构成发电系统。其工作过程为：微型燃气轮机通过燃烧天然气或石油等燃料做功，带动永磁发电机转动发电，再经整流和逆变转变为工频交流并入微网，如图 18-2 所示[40]。

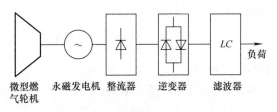

图 18-2　微型燃气轮机发电系统

由于微型燃气轮机在热电联产的工作模式下效率较高，本部分主要考虑微型燃气轮机在热电联产工作模式下的数学模型。图 18-3 为热电联产示意图[41]。

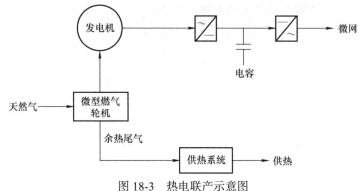

图 18-3   热电联产示意图

微型燃气轮机数学模型为[43]

$$Q_{MT}(t) = P_e(t)(1 - h_e(t) - h_1) / h_e(t) \tag{18-5}$$

式中　　$Q_{MT}(t)$——t 时刻燃气轮机余热量；

　　　　$P_e(t)$——t 时刻燃气轮机输出的电功率；

　　　　$h_e(t)$——t 时刻燃气轮机的发电效率；

　　　　h_1——t 时刻燃气轮机的散热损失系数。

$$Q_{he}(t) = Q_{MT}(t)K_{he} \tag{18-6}$$

式中　　$Q_{he}(t)$——t 时刻微型燃气轮机烟气余热供应的制热量；

　　　　K_{he}——溴冷机制热系数。

$$V_{MT} = \sum (P_e(t)\Delta t / (h_e(t)L)) \tag{18-7}$$

式中　　V_{MT}——燃气轮机消耗的天然气量；

　　　　Δt——燃气轮机的运行时间；

　　　　L——天然气低热值，取为 9.7kWh/m³。

微型燃气轮机的燃料成本计算方法为

$$C_{MT} = (C_{n1} / L)\sum (P_e(t)\Delta t / (h_e(t))) \tag{18-8}$$

式中　　C_{MT}——燃气轮机燃料成本；

　　　　C_{n1}——天然气价格，本部分取 0.5 美元 /m³。$P_e(t)$ 与 $h_e(t)$ 见参考文献 [41，42]。

18.1.4　蓄电池数学模型

　　微网中含有光伏、风力机等可再生能源发电机组，由于光伏和风力机发电有一定的随机性和不确定性，为了平衡这种间歇性的波动，微网需要配置一定容量的储能装置。配置储能装置可达到以下效果：削峰填谷，平抑微源发电出力的波动，改善微网电能质量，维持微网系统平衡稳定；作为后备电源，当微网负荷增大而分布式电源出力减小时，及时为用户供电；提高微网的经济效益，在微网与主网并网时核电价。

蓄电池可用于平抑负荷波动，进行削峰填谷；并网时实现定联络线功率控制；与风力机、光伏等新能源发电单元相配合，来稳定系统的输出功率，加强可再生能源发电的可调度性[43]。蓄电池在 t 时刻和 $t-1$ 时刻的剩余容量与蓄电池的充放电量以及蓄电池衰减量密切相关。

蓄电池放电时，$P_{SB}(t) \geq 0$，t 时刻的剩余容量为

$$S_{SOC}(t) = S_{SOC}(t-1) - P_{SB}(t)/\eta_D - D_B Q_B^S \qquad (18\text{-}9)$$

蓄电池充电时，$P_{SB}(t) \leq 0$，t 时刻的剩余容量为

$$S_{SOC}(t) = S_{SOC}(t-1) - P_{SB}(t)/\eta_C - D_B Q_B^S \qquad (18\text{-}10)$$

式中　　$S_{SOC}(t)$——t 时刻的剩余容量；

　　　　$P_{SB}(t)$——t 时刻蓄电池充放电功率；

　　　　η_D——蓄电池放电效率；

　　　　η_C——蓄电池充电效率；

　　　　D_B——蓄电池每小时自放电比率；

　　　　Q_B^S——蓄电池总容量。

18.1.5　燃料电池数学模型

燃料电池是一个电化学系统。燃料电池发电过程是，在电池内部的阳极和阴极加入燃料和空气，经过电化学反应，由于在电解质中有电离子流动，所以产生电位差，在外电路也产生电子流动，于是形成直流电。由于燃料电池没有旋转发电机，且不会燃烧，所以燃料的化学能会直接转化为电能，其效率高达 50%~70%，被视为 21 世纪重要的发电方式之一。燃料电池具有发电效率高、可靠性高、污染小、噪声低、安装便捷、控制简单等优点，但其成本较高。图 18-4 为燃料电池发电过程示意图[40]。

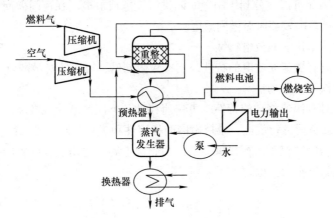

图 18-4　燃料电池发电过程示意图

燃料电池发电成本计算公式如下[44]：

$$C_{FC} = (C_{n1} / L) \sum (P_{FC}(t) \Delta t / \eta_{FC}(t)) \qquad (18\text{-}11)$$

式中　$P_{FC}(t)$——燃料电池 t 时刻的输出功率；

　　　$\eta_{FC}(t)$——燃料电池 t 时刻的效率；

$P_{FC}(t)$ 与 $\eta_{FC}(t)$ 参数见参考文献 [44]。

18.1.6　电动汽车数学模型

电动汽车主要由车载锂电池、超级电容、蓄电池等提供动力。本部分中为电动汽车运行提供能量的为超级电容。目前，一般有两种方式为电动汽车进行充电。其一是将电能耗尽的电池从车上卸下，换上已充好电的电池，此类方法快速简便，但需要提前充好和常备电池。其二是在充电站直接对电动汽车充电，但充电时间较慢[45]。

电动汽车既可以是微网的负荷，也可以作为电源。电动汽车有效合理地接入微网对于经济、环境及能源安全问题等具有重要意义。

由于电动汽车具有可移动性，相对于微网中固定的储能装置，具备以下优点：

（1）电动汽车所有权和数量

电动汽车通常保有量较大，且随着化石能源的日益匮乏、雾霾天气的逐渐增多，越来越多的家庭选择购买电动汽车。政府对于电动汽车的推广力度在一步步增强，电动汽车正快速融入我们的生活。将电动汽车作为可移动储能设备，可有效减少微网中储能装置的数量，节省电网安装成本和运营成本。

（2）电动汽车运行和闲置时间

电动汽车由于受到容量和功率的限制，一般用于人们短途的出行，属于小范围内行驶。其行驶时间一般较短而闲置时间较长。据统计，绝大多数电动汽车一天中行驶时间不超过 4h，也就是说，有 20h 的闲置时间。行驶时间通常为 7:00~9:00 和 17:00~19:00，因此可以充分利用闲置时间进行充电或放电。在夜间微网负荷率较低时充电，在白天负荷率较高时对微网放电。

（3）电动汽车快速充放电特性

超级电容具有快速充放电的特性，在接入微网后，可快速对微网放电。

（4）电动汽车可移动性

电动汽车具有快速移动的特性，可快速移动到不同区域接入微网，对附近的重要负荷和不可中断负荷进行放电，维持微网的稳定性和提高微网的可靠性。

本部分中为电动汽车运行提供能量的为超级电容，忽略超级电容的自放电率，那么电动汽车储能单元的模型为

$$S = \frac{Q}{Q_N} = \frac{C(U_C - U_{\min})}{C(U_{\max} - U_{\min})} = \frac{U_0 + \dfrac{1}{C} \int_0^t I_C dt - U_{\min}}{U_{\max} - U_{\min}} \qquad (18\text{-}12)$$

电动汽车中存储的能量为

$$W=\frac{1}{2}C(U_{max}^2-U_{min}^2)$$　（18-13）

式中　　S——电动汽车充放电后的剩余电量；

Q——超级电容存储的实际电荷量；

Q_N——超级电容存储的最大电荷量；

U_{max}——超级电容最高工作电压；

U_{min}——超级电容最低工作电压；

U_0——超级电容初始电压；

I_C——充放电电流。

18.2　微网 24h 优化调度策略

本部分主要研究的是微网并网运行模式下的经济调度及优化运行。为实现并网模式下微网经济运行，不仅要考虑微网内各个微源的出力分配和电能调度，而且要考虑微网与大电网之间的功率交互。通过混合储能系统的充放电，可以抑制由光照和风速等因素引起的光伏发电和风力发电功率的波动。在实现微网满足热、电负荷需求，电能质量可靠性和经济性的基础上，尽可能减少发电成本并使污染最小化。

本部分采取的调度策略如下：

1）优先利用微网内部的风电、光伏等清洁能源来满足微网内负荷需求，并且能与主网进行自由功率交换。

2）风电和光伏发电工作于最大功率点跟踪（MPPT）模式。

3）热电联产系统工作在以热定电运行方式，由热负荷确定微型燃气轮机的有功出力。

4）当风电、光伏和微型燃气轮机的有功出力满足全部电负荷时，首先给电动汽车和蓄电池充电，同时监测蓄电池的充放电状态，其次再给燃料电池进行充电，当电动汽车充满时可以考虑依次切除部分发电成本较高的风电或光伏。

5）电动汽车根据通过不同时段充放电控制提高微网效益，当微网电量充足时可以向电动汽车随意充电；当微网电源不足向主网购电时，出于经济性和稳定性考虑，电动汽车不允许充电，电动汽车可以将剩余的电量卖给微网。

6）当风电、光伏和微型燃气轮机的有功出力无法满足微网所有负荷时，优先选择蓄电池来放电，如仍存在有功缺额则再调用燃料电池来输出有功功率，在此期间电动汽车用户可以将车内剩余电量卖给微网，从而获取收益。

7）若所有分布式电源在出力上限范围内仍不能满足微网安全可靠运行的要求，则按照负荷重要程度依次切除。

18.3　本章小结

　　本章首先对微网中的各类分布式电源做了详细的介绍，其中包括光伏发电、风力发电、微型燃气轮机、蓄电池、燃料电池、电动汽车的数学模型、重要参数和发电特性。本部分研究的是微网 24h 的经济调度和优化运行，属于较长时间尺度下的经济调度，所以本章介绍的模型均为稳态情况下的数学模型，没有介绍暂态情况下的模型。最后介绍了微网 24h 优化调度策略，为后面章节的微网经济运行模型构造和算例分析奠定了基础。

第19章

混合储能系统的微网经济优化运行

微网经济调度及优化运行是根据微网中微源、储能装置和负荷的当前或历史数据进行分析评估微网的运行状态，考虑不同的运行模式，从而选择合适的经济调度策略。针对微网的数学模型，选择合适的智能算法对模型进行优化求解，得出未来一段时间内的微网最优运行计划。

本章以经济和环境成本最小为目标，建立了含电动汽车、光伏阵列、风力机、微型燃气轮机、燃料电池、蓄电池以及同时包含热电负荷的微网多目标优化调度模型，特别考虑了在电动汽车同时作为负荷和发电单元，且计及热电联产制热收益的基础上，采用 NSGA-Ⅱ多目标优化算法进行求解，求解出 24h 内优化调度方案，说明了模型的科学性和调度策略的经济性[46, 47]。

19.1 微网经济优化数学模型

19.1.1 目标函数

1. 运行成本函数

本部分采用常规的日前调度模型，目标函数为微网一天内发电成本 F_1，微网运行的总成本包括安装成本、运行维护成本、燃料成本与外网购售电成本；同时实现污染物排放 F_2 最小[26, 27, 42, 43]。

运行总成本函数 F_1 可表示为

$$\min F_1 = \sum_{t=1}^{T_1} \sum_{i=1}^{N} ((C_i^{\text{Install}} + C_{i,t}^{\text{OM}} + C_{i,t}^{\text{Fuel}}) + C_{i,t}^{\text{Grid}}) \tag{19-1}$$

式中　F_1——微网运行的总成本；

C_i^{Install}——第 i 种分布式发电单元的安装成本；

$C_{i,t}^{\text{OM}}$——第 i 种分布式发电单元的运行维护成本；

$C_{i,t}^{\text{Fuel}}$——第 i 种分布式发电单元的所用燃料成本；

$C_{i,t}^{\text{Grid}}$——微网与大电网之间交换功率的成本；

N——分布式发电单元的装机总数。

（1）安装成本

$$C_i^{\text{Install}} = R_i^{\text{Install}} S_i, \ i=1,\cdots,N \tag{19-2}$$

式中　R_i^{Install}——第 i 种分布式发电单元的单位安装成本（元 /kW）；

　　　S_i——第 i 种分布式发电单元的初始安装容量（kW）。

（2）运行维护成本

$$C_{i,t}^{\text{OM}} = R_{i,t}^{\text{OM}} P_{i,t}, \ i=1,\cdots,N, \ t=1,\cdots,T_i \tag{19-3}$$

式中　$R_{i,t}^{\text{OM}}$——第 i 台分布式发电单元的单位运行维护费用 [元 /（kWh）] ；

　　　$P_{i,t}$——第 i 台分布式发电单元单位时间（1h）发电量（kW）。

（3）燃料成本

$$C_{i,t}^{\text{Fuel}} = R_{i,t}^{\text{Fuel}} P_{i,t}, \ i=1,\cdots,N, \ t=1,\cdots,T_i \tag{19-4}$$

式中　$R_{i,t}^{\text{Fuel}}$——第 i 台分布式发电单元的单位燃料费用 [元 /（kWh）]，可再生能源分布式发电单元由于不需要使用燃料，该项取 0。

（4）与外电网购售电成本

$$C_i^{\text{Grid}} = R_{\text{Grid},t} P_{\text{Grid},t}, \ t=1,\cdots,T_i \tag{19-5}$$

式中　$R_{\text{Grid},t}$——t 时间段内外电网的实时电价；

　　　$P_{\text{Grid},t}$——t 时间段内微网与外电网交互电量，当微网向大电网送电时其值为正，当大电网向微网送电时其值为负。

2. 最小化污染物排放

$$\min F_2 = \sum_{t=1}^{T_i} (\sum_{j=1}^{W} \mu_j (\sum_{i=1}^{N} K_{ij} P_{i,t} + K_{\text{Grid},j} P_{\text{Grid},t})) \tag{19-6}$$

式中　F_2——污染物处理费用；

　　　μ_j——第 j 种污染物（CO_2、SO_2、NO_x）处理费用；

　　　K_{ij}——第 i 个分布式发电单元第 j 类污染物排放系数；

　　$K_{\text{Grid},j}$——大电网第 j 类污染物排放系数，对于新能源分布式发电单元，该项取 0。

19.1.2　约束条件

1. 等式约束

（1）有功功率平衡约束

$$\sum_i^N P_{i,t} + P_{\text{SB},t} + P_{\text{Grid},t} - P_{\text{Load},t} = 0, \ t=1,\cdots,T_i \tag{19-7}$$

式中　$P_{i,t}$——t 时刻第 i 种分布式发电单元出力；

　　　$P_{\text{Grid},t}$——t 时刻微网与外电网交换功率；

$P_{\text{Load},t}$ ——t 时刻负荷；

T_i ——仿真优化总时长。

（2）蓄电池一次充放电量约束

$$\text{SOC}_t - P_{\text{Batt},t}/\text{BAT}_{\text{cap}} = \text{SOC}_{t+1}, \ t=1,\cdots,T_i \qquad（19-8）$$

式中　SOC_t ——蓄电池 t 时刻 SOC 值；

$P_{\text{Batt},t}$ ——t 时刻蓄电池放（充电）电量，放电取正，充电取负；

BAT_{cap} ——蓄电池总容量[26, 42]。

2. 不等式约束

（1）发电机输出功率约束

$$P_{i,t}^{\min} \leqslant P_{i,t} \leqslant P_{i,t}^{\max}, \ i=1,\cdots,N, \ t=1,\cdots,T_i \qquad（19-9）$$

式中　$P_{i,t}^{\min}$、$P_{i,t}^{\max}$ ——第 i 种分布式发电单元 t 时刻出力的上、下限。

（2）蓄电池运行约束

$$P_{\text{SB,min}} \leqslant P_{\text{SB}}(t) \leqslant P_{\text{SB,max}} \qquad（19-10）$$

$$-S_{\text{inv,SB}} \leqslant P_{\text{SB}}(t) \leqslant S_{\text{inv,SB}} \qquad（19-11）$$

式中　$P_{\text{SB,min}}$ ——蓄电池最小有功功率；

$P_{\text{SB,max}}$ ——蓄电池最大有功功率；

$S_{\text{inv,SB}}$ ——逆变器容量。

（3）电动汽车充放电约束

$$P_{\text{EV,min}} \leqslant P_{\text{EV}}(t) \leqslant P_{\text{EV,max}} \qquad（19-12）$$

$$-S_{\text{inv,EV}} \leqslant P_{\text{EV}}(t) \leqslant S_{\text{inv,EV}} \qquad（19-13）$$

式中　$P_{\text{EV,min}}$ ——电动汽车最小有功功率；

$P_{\text{EV,max}}$ ——电动汽车最大有功功率；

$S_{\text{inv,EV}}$ ——逆变器容量。

（4）燃料电池运行约束

$$P_{\text{FC,min}} \leqslant P_{\text{FC}}(t) \leqslant P_{\text{FC,max}} \qquad（19-14）$$

$$P_{\text{FC}}(t) \leqslant S_{\text{inv,FC}} \qquad（19-15）$$

式中　$P_{\text{FC,min}}$、$P_{\text{FC,max}}$ ——燃料电池有功功率的最大值、最小值；

$P_{\text{FC}}(t)$ ——t 时刻燃料电池交流侧的有功功率；

$S_{\text{inv,FC}}$ ——燃料电池逆变器的容量。

蓄电池、电动汽车和燃料电池逆变器的容量优先分配给有功出力。

（5）微网与外网交互功率约束

$$P_{\text{Grid},t}^{\min} \leqslant P_{\text{Grid},t} \leqslant P_{\text{Grid},t}^{\max} \qquad（19-16）$$

式中　$P_{\text{Grid},t}^{\min}$、$P_{\text{Grid},t}^{\max}$——t 时刻微网与外电网交互功率上、下限。

（6）旋转备用约束

$$
\begin{aligned}
&P_{\text{PV}}(t)+P_{\text{WT}}(t)+P_{\text{MT}}(t)+\min\left\{P_{\text{SB,max}},\sqrt{(S_{\text{inv,SB}})^2-(Q_{\text{SB}}(t))^2},\right.\\
&\left.(S_{\text{SOC}}(t-1)-S_{\text{SOCmin}}-D_{\text{B}}Q_{\text{B}}^{\text{S}})\eta_{\text{D}}\right\}+\\
&\min\left\{P_{\text{FC,max}},\sqrt{(S_{\text{inv,FC}})^2-(Q_{\text{FC}}(t))^2}\right\}+P_{\text{Grid,max}}\geq P_{\text{D}}(t)+P_{\text{loss}}(t)+R(t)
\end{aligned}
\tag{19-17}
$$

式中　$P_{\text{D}}(t)$、$P_{\text{loss}}(t)$、$R(t)$——t 时刻微网系统的总负荷、总网损和所需备用容量。由于孤岛运行方式下微源容量不充裕，且重负荷时段需要考虑切除部分非敏感负荷，故此式只需在并网运行方式下考虑。

19.2　NSGA-II 多目标优化算法

19.2.1　NSGA-II 算法基本原理

多目标遗传算法是主要应用于求解两个及以上目标函数的一种智能算法，其核心思想是权衡各个目标函数之间的关系，找出使得各个目标函数都尽可能达到比较大或比较小的函数值的最优解集。在众多多目标优化的遗传算法中，NSGA-II 算法是影响最大和应用范围最广的一种多目标遗传算法。在其出现以后，由于其实用有效，使得该算法已经成为求解多目标优化问题的基本算法之一。

NSGA-II 算法在 NSGA 算法的基础上做了如下改进：将非支配排序、拥挤距离以及拥挤比较算子加入到原 NSGA 算法中，得出第二代 NSGA 算法，即 NSGA-II 算法[50, 51]。

NSGA-II 是一种启发式多目标优化算法，由 NSGA 算法改进。在近 10 年中，NSGA-II 多目标优化算法已经在工程实际中广泛运用。NSGA-II 的优点主要如下：

1）提出了一种快速非支配排序方法，减少了算法计算的复杂度。此外，它使亲本群体和后代种群组合，并且下一代的种群是从双空间中选择，从而保留了最为优秀的所有个体。

2）精英策略的引入，以确保在进化过程中父代中的优秀个体得以保留在子代中，保证优秀个体的遗传，从而提高优化结果的准确性。

3）由于 NSGA 中需要由人工指定共享参数，所以 NSGA-II 采用一种新的方法，即拥挤度和拥挤度比较算子，并将其指定为种群中个体间的比较标准；通过此方法，使得整个 Pareto 域均匀地分布了准 Pareto 域中的个体，提高了种群的多样性和个体丰富程度。

19.2.2　NSGA-Ⅱ算法求解流程

图 19-1 为 NSGA-Ⅱ多目标优化原理流程图。

NSGA-Ⅱ的具体过程描述如下：

1）随机产生初代种群 P_0，接着对初代种群进行非劣排序，将秩赋予初代种群中每个个体；再对初代种群执行二元锦标赛选择、交叉和变异操作，得到新的种群 Q_0，令 $t=0$。

2）形成新的群体 $R_t=P_t \cup Q_t$，对新的种群 R_t 进行非劣排序，获得非劣前端 F_1，F_2，…。

3）对全部 F_i 按拥挤比较操作 Π_n 进行排序，并选择最佳的 N 个体形成种群 P_{t+1}。

4）使种群 P_{t+1} 执行复制、交叉和变异，形成种群 Q_{t+1}。

5）如果终止条件成立，则结束；否则，$t=t+1$，转到步骤 2。

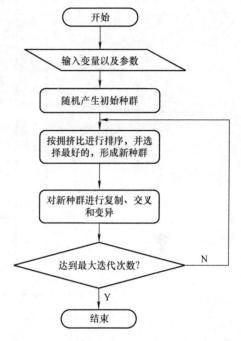

图 19-1　NSGA-Ⅱ多目标优化原理的流程图

19.3　算例分析

1. 微网基础结构及算例数据

本算例采用的微网系统结构如图 19-2 所示。

图中，微网由工业负荷 4、热电负荷 5、微型燃气轮机 6、居民负荷 9、商业负荷 10、风力机 11、蓄电池 12、光伏电池 14、电动汽车 16、允许中断负荷 17 和燃料电池 18 等组成，且微网处于并网模式运行状态。蓄电池额定容量为 500kWh，放电深度在 50%~75% 时充电最佳，因此初始电量设置为 60%，充放电效率为 1，忽略自放电，蓄电池的逆变器容量为 40kVA；燃料电池的逆变器容量为 30kVA；电动汽车的功率上、下限分别设为 30kW、−30kW，其逆变器容量为 30kVA；燃料电池工作于以热定电，因此它与微型燃气轮机发出的功率呈线性关系，制热收益为 0.12 元 /kWh；用电峰时为 8:00~20:00，用电谷时为 20:00~8:00。

微网中日电负荷以及日热负荷情况如图 19-3 所示；各个分布式电源参数见表 19-1；各个微源的安装成本和电量成本见表 19-2；间歇性发电微源的有功功率曲线如图 19-4 所示；各个微源污染物的排放数据见表 19-3；污染物价值标准、罚款等级见参考文献 [52]。

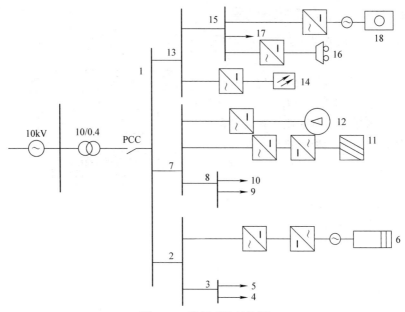

图 19-2　微网系统结构图

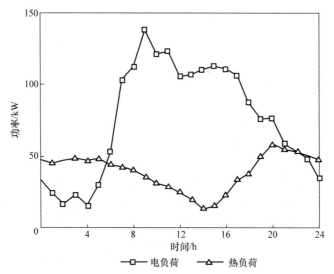

图 19-3　微网中热负荷和电负荷情况

表 19-1　各微源的基本参数

电源类型	寿命 / 年	功率下限 /kW	功率上限 /kW
微型燃气轮机	8	4	40
燃料电池	15	5	35
光伏电池	20	0	20
风力机	15	0	25
储能	10	−50	50

表 19-2　各微源的安装成本和电量成本

技术类型	发电规模 /kW	安装 / 投资 / 成本 /(美元 /kWh)	电量成本 / (美元 /kWh)
传统火力发电	—	—	0.045
微型燃气轮机	50~5000	200~800	0.055~0.100
风力机组	20~2000	1000~1500	0.055~0.150
微透平机组	25~75	1000~1500	0.075~0.100
燃料电池	5~2000	3000~4000	0.100~0.150
光伏电池	1~100	1500~6500	0.150~0.200

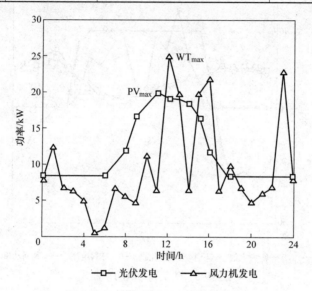

图 19-4　光伏和风力机的输出功率

表 19-3　各个微源污染物的排放数据

发电方式		NO_x	CO_2	CO	SO_2
传统发电方式	煤炭发电	0.1547~3.09383	86.4725	—	0.1083~3.9446
	天然气发电	0.0077~1.5469	49.0372	—	0.4641
	残余燃料油	0.0077~1.5469	72.3956	—	—
分布式发电	微型燃气轮机	0.6188	184.0829	0.1702	0.000928
	内燃机（燃气）	4.7954	170.1607	1.2221	0.0232
	内燃机（柴油）	4.3314	232.0373	2.3204	0.4641
	燃料电池	<0.025	635.04	0.0545	0
	光伏发电	0	0	0	0
	风能发电	0	0	0	0

2. 优化结果与分析

以经济成本和环境成本为目标，对微网进行优化。热负荷－电功率曲线如图 19-5 所示，蓄电池 S_{SOC} 如图 19-6 所示。由图可见，0:00~8:00，微网的负荷还比较轻，分布式电源将剩余的电能给蓄电池充电；8:00~20:00，微网中存在有功缺额，光伏、风力机和微型燃气轮机的出力不能满足微网中的负荷需求，这时调用蓄电池放电，保证微网电能质量；8:00~15:00，此时蓄电池能满足微网中的负荷需求，可以减少调用燃料电池的有功出力。20:00~6:00，蓄电池进行充电，由于燃料电池的环境成本较低，优先调用燃料电池提供有功功率。燃料电池工作于以热定电模式，因此与风力机发出功率呈线性关系。

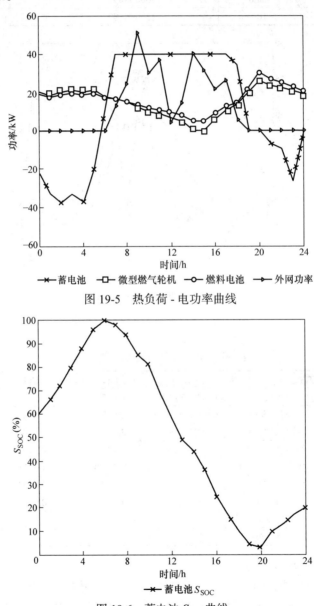

图 19-5 热负荷 - 电功率曲线

图 19-6 蓄电池 S_{SOC} 曲线

　　无电动汽车的电池储能系统功率曲线如图 19-7 所示。由图可见，蓄电池和燃料电池作为后备电源的情况下，6:00~18:00，蓄电池满容量向微网发送功率，18:00~6:00，微网中负荷较轻，蓄电池处于充电模式，而燃料电池加大放电量。7:00~17:00，蓄电池和燃料电池无法满足微网中的有功缺额，需要从外网购电来满足微网功率缺额。

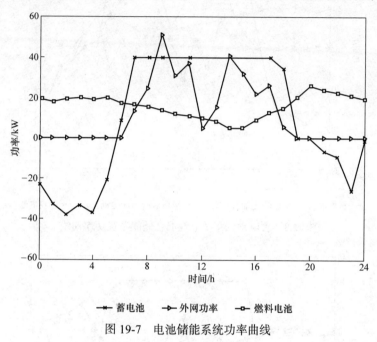

图 19-7　电池储能系统功率曲线

　　含电动汽车及电池混合储能系统功率曲线如图 19-8 所示。由图可见，蓄电池、燃料电池与电动汽车共同作为后备电源时，电池系统与电动汽车两者相互配合使微网中的功率更为平缓，并且在微网出现有功缺额时，减少了微网从外网中的购电量，提升了微网的经济效益。同时，电动汽车在微网出现有功功率短缺时可以向微网售电，当微网中功率充足时可进行充电，很好地起到了"削峰填谷"的作用。

　　并网模式下微网优化结果如图 19-9 所示。并网模式下微网调度结果如图 19-10 所示。由图可见，光伏、风力机、蓄电池和电动汽车的电量成本是比较低的，微网应优先调用无污染的光伏和风力机来满足所需功率；由于燃料电池的电量成本明显高于蓄电池，因此应优先调用蓄电池，同时电动汽车用户可向微网输送功率，这样不仅可以减少蓄电池的充放电次数，而且还能延长蓄电池的寿命，当微网出现有功缺额时可再调用燃料电池；风力机成本最高、对环境污染最大，应最后考虑调用。

　　并网模式下微网内各微源出力的优化结果如图 19-11 所示。由图可见，光伏和风力机工作于 MPPT 模式；由于蓄电池放电深度为 50%~75% 时充电最佳，7:00~18:00，蓄电池的放电模式保持在 75%；6:00~18:00，电动汽车用户根据微网负荷情况向微网进行售卖电；0:00~7:00 和 18:00~24:00，微网中负荷较轻，光伏和风力机在满足热、

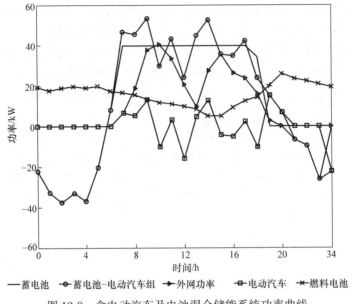

图 19-8　含电动汽车及电池混合储能系统功率曲线

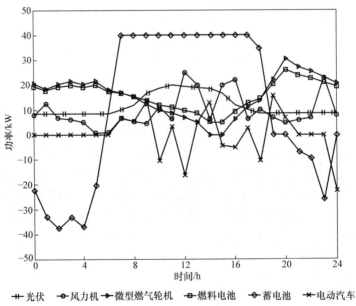

图 19-9　并网模式下微网优化结果

电负荷要求后向蓄电池充电，蓄电池处于充电模式；此时优先调用燃料电池，再调用微型燃气轮机来满足有功缺额。7:00~18:00，微网中用电量大幅上升，蓄电池处于放电模式，电动汽车用户也向微网输送电能，减少燃料电池和微型燃气轮机的出力。

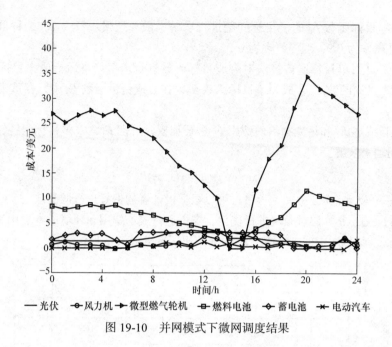

图 19-10　并网模式下微网调度结果

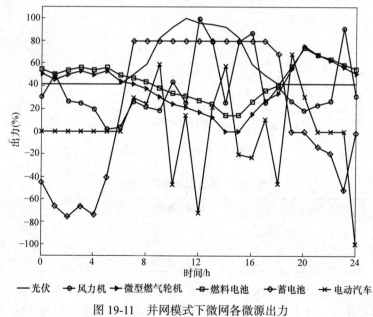

图 19-11　并网模式下微网各微源出力

为了说明本部分采用的 NSGA-II 多目标优化算法的优势，下面将它与传统的单目标遗传算法进行比较。

首先，采用 NSGA-II 多目标优化算法对微网进行优化，对运行成本目标函数 F_1

和环境成本目标函数 F_2 的多目标问题进行求解。最大迭代次数为 200，种群规模为 500，交叉概率为 0.9，变异概率为 0.1。

其次，再用单目标遗传算法对合成目标函数进行求解。将运行成本目标函数 F_1 和环境成本目标函数 F_2 合成为单目标函数 F_3，在合成目标函数 F_3 中，权重系数 w 取为 0.8。

将运行成本 F_1 和污染物治理费用 F_2 进行加权，可把 F_1、F_2 多目标问题转化为单目标 F_3 问题来求解。

$$\min F_3 = wF_1 + (1-w)F_2 \tag{19-18}$$

式中 w——权重系数，$0 \leqslant w \leqslant 1$，可以根据设计者的偏好进行调整。

采用 NSGA-II 算法对微网进行优化，求得运行成本费用和环境成本费用为目标的 Pareto 最优解集如图 19-12 所示。表 19-4 给出了部分 Pareto 最优解。

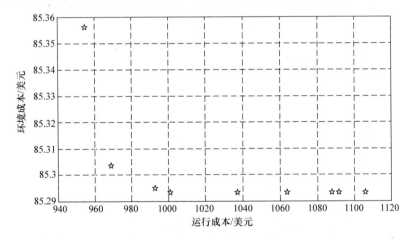

图 19-12 Pareto 最优解分布

表 19-4 多目标成本花费结果

序号	运行成本费用 / 美元	环境成本费用 / 美元	总费用 / 美元
1	955	86.357	1042.357
2	968	85.306	1053.306
3	1002	85.293	1087.293

NSGA-II 多目标优化算法考虑了多方面的因素，包括运行成本和环境成本，这更为合理和符合实际。对于多目标优化的解集，决策者可以根据当时的具体情况，包括国家政策、发电成本、环境情况等，选择合适的运行方案。因此，其方案选择具有很大的灵活性。

当合成为单目标函数时，使用单目标遗传算法进行优化仿真。表 19-5 给出了单目标遗传算法的结果，它综合考虑了运行成本和环境成本。

表 19-5　单目标优化结果

w 取值	运行成本费用 / 美元	环境成本费用 / 美元	总费用 / 美元
0.9	1057.37	158.18	1215.55
0.8	1076.27	163.46	1239.73
0.7	1109.81	168.33	1278.14

　　通过 NSGA-Ⅱ多目标优化算法和单目标遗传算法的优化结果可知，多目标直接优化后所需总费用为 1000 多美元，而单目标求解后的总费用为 1200 多美元，多目标优化的解明显优于单目标。这说明 NSGA-Ⅱ多目标优化搜索得到 Pareto 前端解更加接近真实的 Pareto 前端，并且有更好的宽广性。此外，在 NSGA-Ⅱ的 Pareto 前端中，非支配解分布非常均匀。因此，NSGA-Ⅱ多目标优化算法具有更好的收敛性和多样性。

19.4　本章小结

　　本章根据分布式电源、储能单元和负荷的复杂关系，在前一章介绍的分布式微源稳态模型基础上，研究了微网在并网模式下的经济调度及优化运行。

　　目标函数从经济性出发，包括安装成本、运行维护成本、燃料成本和外网购售电成本，以及从环保性角度考虑，减少排放各种有害气体，减少雾霾。建立了一个包含光伏、风力机、燃料电池、蓄电池、电动汽车、微型燃气轮机以及计及热电负荷的微网实例，得出了并网模式下的微网调度策略。通过与蓄电池储能系统的对比，含电动汽车的混合储能系统不仅减少了蓄电池的充放电次数，延长了蓄电池的运行寿命，而且电动汽车在微网中起到了"削峰填谷"的作用，提高了系统的经济性和环保性。此外，在考虑了多种约束条件下，使用算法对处于并网模式运行下的含电动汽车的微网算例进行优化调度，使得微网的经济效益和环境效益达到最优，在多个目标中求得了最优解集。另外，本部分还采用单目标遗传算法对同一例子进行优化去求解，把 NSGA-Ⅱ多目标优化算法和单目标遗传算法的优化结果进行比较，得出 NSGA-Ⅱ算法比传统遗传算法有更好的可行性和灵活性。

第20章

基于改进型量子遗传算法的微网经济优化运行

微网中包含光伏、风力机等可再生能源发电单元，但由于风、光等自然资源具有间歇性和波动性，并且当前负荷预测精确度有待提高，这一类问题给微网经济优化运行带来了不小的挑战。微网的经济优化调度是一个具有重要经济和社会效益的复杂问题。为了实现由分布式电源组成的微网以更为经济、灵活、环保的方式运行，充分发挥分布式电源的发电优势，针对微网优化调度的问题，本章建立了多种微源协同工作下且计及制热收益的微网多目标优化模型，并以经济效益最大化、环境成本最小化进行微网多目标优化。在优化求解过程中，本章所使用的量子优化算法中引入了双链式结构和动态旋转角调整策略，得出了一种新的改进型量子遗传算法，并与传统的遗传算法和基本的量子遗传算法进行了对比[53]。最后通过算例验证了本章所提出的模型、策略和算法的有效性和可行性。

20.1　微网经济调度及优化运行模型

20.1.1　目标函数

本章构造的目标函数包括运行成本函数和环境成本函数。运行成本函数包括：安装成本、运行维护成本、燃料成本，以及与外电网购售电成本。目标函数与第19章的构造方法相同。

20.1.2　约束条件

本章建立的约束条件包括等式约束和不等式约束。其中等式约束有有功功率平衡约束和蓄电池一次充放电量约束；不等式约束有发电机输出功率约束、蓄电池运行约束、电动汽车充放电约束和微网允许与外网交互功率约束。约束条件与第19章的建立方法相同。

20.2　改进型量子遗传算法求解

20.2.1　量子遗传算法基本原理

量子遗传算法（Quantum Genetic Algorithm，QGA）就是将量子理论与遗传算法相结合的一种智能算法。量子遗传算法将量子编码和量子门引入到算法中，量子比特编码应用于染色体编码，使得一条染色体可以表示多种状态，增加了种群多样性；量子门用于染色体更新，使得算法收敛速度更快。

1. 量子比特编码

在量子理论概念中，通常将信息存储在双态量子系统中，这就是量子比特。量子比特与普通位的差别在于量子比特可以同时位于两种量子态的叠加态中：

$$|\varphi\rangle = \alpha|0\rangle\ \beta|1\rangle \tag{20-1}$$

式中　$|0\rangle$、$|1\rangle$——自旋向下、自旋向上态，1 个量子比特可同时包含 $|0\rangle$ 和 $|1\rangle$ 的信息；

　　　　α、β——两个幅常数，它们满足：

$$|\alpha|^2 + |\beta|^2 = 1 \tag{20-2}$$

2. 量子门更新

将量子门概念引入到遗传算法中，作为算法的执行器，用于个体上染色体的更新操作。量子旋转门的调整操作为

$$U(\theta_i) = \begin{bmatrix} \cos(\theta_i) & -\sin(\theta_i) \\ \sin(\theta_i) & \cos(\theta_i) \end{bmatrix} \tag{20-3}$$

其更新过程如下：

$$\begin{bmatrix} \alpha_i' \\ \beta_i' \end{bmatrix} = U(\theta_i)\begin{bmatrix} \alpha_i \\ \beta_i \end{bmatrix} = \begin{bmatrix} \cos(\theta_i) & -\sin(\theta_i) \\ \sin(\theta_i) & \cos(\theta_i) \end{bmatrix}\begin{bmatrix} \alpha_i \\ \beta_i \end{bmatrix} \tag{20-4}$$

式中　$(\alpha_i, \beta_i)^{\mathrm{T}}$——染色体的第 i 个量子比特旋转门更新前的概率幅；

　　　　$(\alpha_i', \beta_i')^{\mathrm{T}}$——染色体的第 i 个量子比特旋转门更新前后的概率幅；

　　　　θ_i——旋转角，通过事先设计的调整策略计算出它的大小和符号。

量子旋转门示意图如图 20-1 所示[53]。

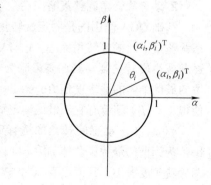

20.2.2　改进型量子遗传算法基本原理

本章基于典型 GA 和基本的 QGA，得出了一

图 20-1　量子旋转门示意图

种改进型 QGA（Improved QGA，IQGA）。IQGA 改进之处主要有：采用一种双链式结构，克服编码存在的随机性及基础 OGA 在优化求解过程中存在的频繁解码的问题，并采用动态调整旋转角策略和自适应的调整算法搜索角度。

1. 双链式结构操作

双链式结构相比单链式结构能够表达更多。使用多个量子比特编码的 m 个参数基因方法的公式如下：

$$q_j^t = \begin{bmatrix} \alpha_{11}^t\ \alpha_{12}^t \cdots \alpha_{1k}^t\ \alpha_{21}^t\ \alpha_{22}^t \cdots \alpha_{2k}^t\ \alpha_{m1}^t\ \alpha_{m2}^t \cdots \alpha_{mk}^t \\ \beta_{11}^t\ \beta_{12}^t \cdots \beta_{1k}^t\ \beta_{21}^t\ \beta_{22}^t \cdots \beta_{2k}^t\ \beta_{m1}^t\ \beta_{m2}^t \cdots \beta_{mk}^t \end{bmatrix} \tag{20-5}$$

式中　q_j^t——第 t 代第 j 个个体的染色体；

　　　k——编码每个基因的量子比特数；

　　　m——染色体的基因个数。

在双链式结构中种群为 $Q(t)=\{q_1^t, q_2^t, \cdots, q_n^t\}$，其中 n 为规模，q_i^t 为一条量子染色体，m 为量子位个数。由于种群初始化具有一定的随机性并且量子态概率幅应符合归一化要求，第 i 个染色体的双链编码定义为[22]

$$q_i^t = \begin{bmatrix} \alpha_{i1}\ \alpha_{i2} \cdots \alpha_{im} \\ \beta_{i1}\ \beta_{i2} \cdots \beta_{im} \end{bmatrix} = \begin{bmatrix} \cos(t_{i1})\ \cos(t_{i2}) \cdots \cos(t_{ij}) \cdots \cos(t_{im}) \\ \sin(t_{i1})\ \sin(t_{i2}) \cdots \sin(t_{ij}) \cdots \sin(t_{im}) \end{bmatrix} \tag{20-6}$$

式中　$t_{ij}=2\pi \times rand$，$rand$ 为（0，1）的随机数；$i=1, 2, \cdots, n$；$j=1, 2, \cdots, m$。在双链式结构中，由于每条染色体中都含有两条并列的基因链，每条基因链可代表一个优化解。因此，每条染色体代表搜索空间中的两个最优解：

$$P_{ic}=(\cos(t_{i1}),\ \cos(t_{i2}),\ \cdots,\ \cos(t_{im})) \tag{20-7}$$

$$P_{is}=(\sin(t_{i1}),\ \sin(t_{i2}),\ \cdots,\ \sin(t_{im})) \tag{20-8}$$

式中　P_{ic}——"余弦"解；

　　　P_{is}——"正弦"解[54-56]。

2. 动态旋转角调整策略

基础 QGA 使用的是固定旋转角策略，本部分得出的 IQGA 可以根据进化进程动态调整量子门的旋转角大小。IQGA 旋转角的初始值设定较大，随着迭代次数的增大逐渐减小旋转角度。其调整策略为：对个体 q_j^t 进行测量，评估其适应度 $f(x_j)^t$，与保留的最优个体的适应度值 $f(best)$ 进行比较，根据比较结果调整 q_j^t 中相应位量子比特，使得（α，β）朝着有利于最优确定解的方向进化。

$s(\alpha_i, \beta_j)$ 动态旋转角的选择策略见表 20-1。表中，x_i 为当前染色体的第 i 位；$best_i$ 为当前的最优染色体的第 i 位；$f(x)$ 为适应度函数；$s(\alpha_i, \beta_i)$ 为旋转角方向；$\Delta\theta_i$ 为旋转角度大小，其值由表 20-1 中所列的选择策略确定。

表 20-1　动态旋转角选择策略

x_i	x'_i	$best_i$	$f(x) > f(best_i)$	$\Delta\theta_i$	$\Delta\theta'_i$	$s(\alpha_i, \beta_i)$			
						$\alpha_i\beta_i > 0$	$\alpha_i\beta_i < 0$	$\alpha_i=0$	$\beta_i=0$
0	0	0	FALSE	0	0	0	0	0	0
0	0	0	TRUE	0	0	0	0	0	0
0	0	1	FALSE	0.01π	γ	+1	−1	0	± 1
0	0	1	TRUE	0.01π	γ	−1	+1	± 1	0
1	1	0	FALSE	0.01π	γ	−1	+1	± 1	0
1	1	0	TRUE	0.01π	γ	+1	−1	0	± 1
1	1	1	FALSE	0	0	0	0	0	0
1	1	1	TRUE	0	0	0	0	0	0

表中 γ 的表达式为

$$\gamma = 0.002\pi + 0.004\pi((\text{b.fitness} - \text{fitness}(i))/\text{b.fitness}) + 0.5\exp(1)^{\wedge}(1 - \text{maxgen/gen})$$

$$(20\text{-}9)$$

式中　　b.fitness——最优适应度值；

　　　　fitness(i)——当前适应度值；

　　　　maxgen——最大进化代数；

　　　　gen——当前进化代数。

该调整策略是将个体 q'_i 当前的测量值的适应度 $f(x)$ 与该种群当前最优个体的适应度值 $f(best_i)$ 进行比较，如果 $f(x) > f(best_i)$，则调整 q'_i 中相应位量子比特，使得概率幅对（α_i，β_i）向着有利于 x_i 出现的方向演化；反之，如果 $f(x) < f(best_i)$，则调整 q'_i 中相应位量子比特，使得（α_i，β_i）向着有利于 best 出现的方向演化。

20.2.3　改进型量子遗传算法流程

图 20-2 为 IQGA 原理流程图。IQGA 的具体过程描述如下：

1）初始化种群 $Q(t_0)$，随机产生多个染色体，用量子比特进行编码。

2）对初始种群 $Q(t_0)$ 中的每个个体进行一次测量，得到对应的确定解 $P(t_0)$。

3）对各确定解进行适应度评估。

4）记录最优个体和对应的适应度。

5）判断整个算法迭代过程是否可以结束，若满足算法完成条件则跳出，否则继续迭代。

6）判断是否采用新的量子门旋转角度，若不采用则继续计算；若采用则跳转到步骤 12）。

7）对种群 $Q(t)$ 中的每个个体实施一次测量，得到相应的确定解。

8）对各确定解进行适应度评估。

9）利用量子旋转门 $U(t)$ 对个体实施调整，得到新的种群 $Q(t+1)$。

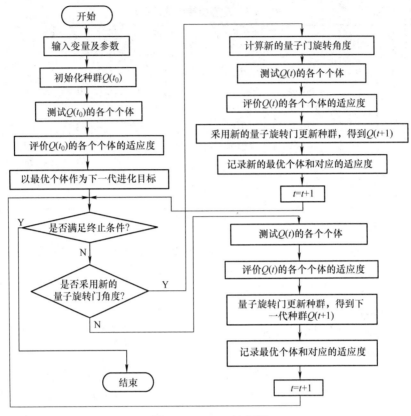

图 20-2　IQGA 流程图

10）记录最优个体和对应的适应度。

11）将迭代次数 t 加 1，返回步骤 5）。

12）计算新的量子门旋转角度。

13）对种群 $Q(t)$ 中的每个个体进行一次测量，从而获取相应的确定解。

14）对各确定解进行适应度评估。

15）利用量子旋转门 $U(t)$ 对个体进行调整，获取新的种群 $Q(t+1)$。

16）记录最优个体和对应的适应度。

17）将迭代次数 t 加 1，返回步骤 5）。

20.3　算例分析

1. 微网系统结构及算例数据

本章的算例采用的微网结构如图 20-3 所示。图中的微网由工业负荷（4）、热电负荷（5）、微型燃气轮机（6）、居民负荷（9）、商业负荷（10）、风力机（11）、燃料电池（12）、光伏电池（14）、电动汽车（16）、允许中断负荷（17）和蓄电池（18）等组成，且微网处于并网模式运行状态。蓄电池额定容量为 800kWh，放电深度为 50%~75% 时充电最佳，因此初始电量设置为 60%，充放电效率为 1，忽略自放电，蓄电池逆变器容量为 50kVA；燃料电池的逆变器容量为 30kVA；电动汽车的功率上、下限分别设为 30kW、−30kW，其逆变器容量为 30kVA；燃料电池工作于以热定电，因此它与微型燃气轮机发出功率呈线性关系，制热收益为 0.12 元 /kWh；用电峰时为 8:00 ~20:00，用电谷时为 20:00~8:00。

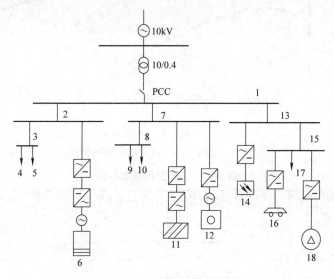

图 20-3　微网系统结构图

微网中日电负荷以及日热负荷情况如图 20-4 所示；各个分布式电源参数见表 20-2；各个微源的安装成本和电量成本与上一章算例参数相同；间歇性发电微源的有功功率曲线如图 20-5 所示；各个微源污染物的排放数据见污染物价值标准、罚款等级与上一章算例参数相同，见参考文献 [52] 和参考文献 [58]。

2. 优化结果与分析

以经济成本和环境成本为目标，对上述微网进行优化。热负荷 – 电功率曲线如图 20-6 所示，蓄电池 S_{SOC} 如图 20-7 所示。由图可见，0:00 ~8:00 时微网的负荷还比较轻，分布式电源将剩余的电能给蓄电池充电；8:00~20:00 时，微网中存在有功缺额，光伏、风力机和微型燃气轮机的出力不能满足微网中的负荷需求，这时调用蓄电池放电，保证微网电能质量；8:00~15:00 时，蓄电池能满足微网中的负荷需求，可以减少调用燃料电池的有功出力。20:00 ~6:00 时，蓄电池进行充电，由于燃料电池的环境成本较低，优先调用燃料电池提供有功功率。燃料电池工作于以热定电模式，因此与风力机发出功率呈线性关系。

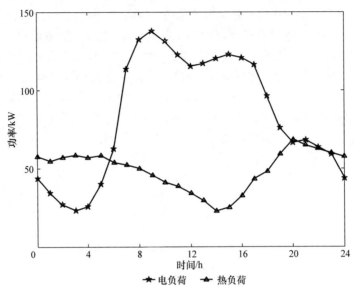

图 20-4   微网中热负荷和电负荷的情况

表 20-2   各微源的基本参数

电源类型	寿命 / 年	功率下限 /kW	功率上限 /kW
微型燃气轮机	8	4	40
燃料电池	15	5	35
光伏电池	20	0	20
风力机	15	0	25
储能	10	−50	50

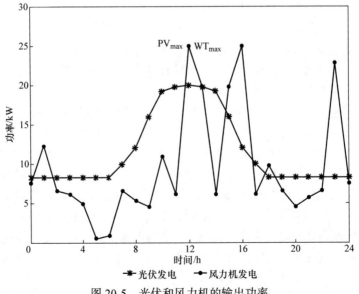

图 20-5   光伏和风力机的输出功率

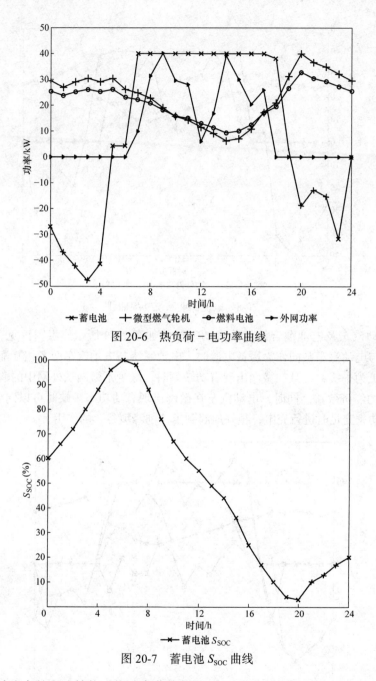

图 20-6　热负荷－电功率曲线

图 20-7　蓄电池 S_{SOC} 曲线

无电动汽车的电池储能系统功率曲线如图 20-8 所示。由图可见,蓄电池和燃料电池作为后备电源的情况下,6:00~18:00 时蓄电池满容量向微网发送功率,18:00~6:00 时,微网中负荷较轻,蓄电池处于充电模式,而燃料电池加大放电量。7:00~17:00 时,蓄电池和燃料电池无法满足微网中的有功缺额,需要从外网购电来满足微网功率缺额。

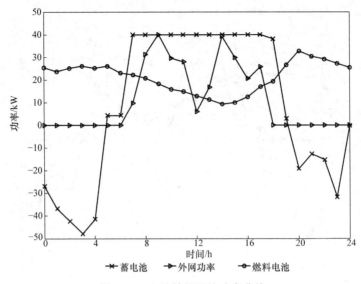

图 20-8　电池储能系统功率曲线

含电动汽车及电池混合储能系统功率曲线如图 20-9 所示。由图可见，蓄电池、燃料电池与电动汽车共同作为后备电源时，电池系统与电动汽车两者相互配合使微网中的功率更为平缓，并且在微网出现有功缺额时，减少了微网从外网中的购电量，提升了微网的经济效益。同时，电动汽车在微网出现有功功率短缺时可以向微网售电，当微网中功率充足时进行充电，很好地起到了"削峰填谷"的作用。

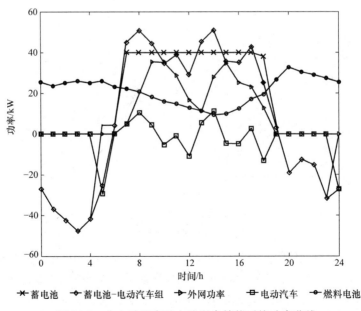

图 20-9　含电动汽车及电池混合储能系统功率曲线

　　并网模式下微网优化结果如图 20-10 所示。并网模式下微网调度结果如图 20-11 所示。由图可见，光伏、风力机、蓄电池和电动汽车的电量成本是比较低的，微网应优先调用无污染的光伏和风力机来满足所需功率；由于燃料电池的电量成本明显高于蓄电池，因此应优先调用蓄电池，同时电动汽车用户可向微网输送功率，这样不仅可以减少蓄电池的充放电次数，还可以延长蓄电池寿命，当微网出现有功缺额时可再调用燃料电池；风力机成本最高、对环境污染最大，应最后考虑调用。

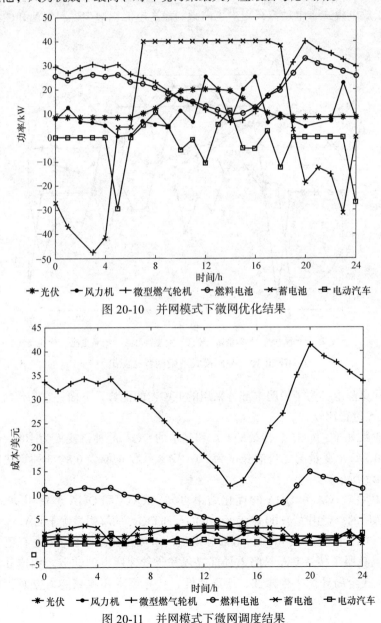

图 20-10　并网模式下微网优化结果

图 20-11　并网模式下微网调度结果

　　并网模式下微网内各微源出力的优化结果如图 20-12 所示。由图可见，光伏和风力机工作于 MPPT 模式；由于蓄电池放电深度为 50%~75% 时充电最佳，7:00~18:00 时蓄电池的放电模式保持在 75%；6:00~18:00 时，电动汽车用户根据微网负荷波动情况向微网进行售卖电；0:00~7:00 时和 18:00~24:00 时，微网中负荷较轻，光伏和风力机在满足热、电负荷要求后向蓄电池充电，蓄电池处于充电模式；此时优先调用燃料电池，再调用微型燃气轮机来满足有功缺额。7:00~18:00 时，微网中用电量大幅上升，蓄电池处于放电模式，电动汽车用户也向微网输送电能，减少燃料电池和微型燃气轮机的出力。

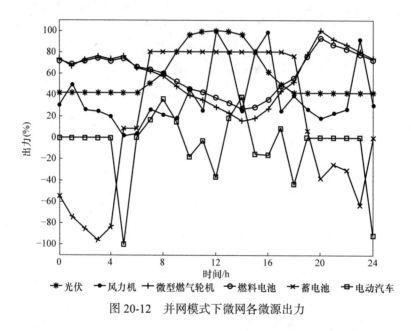

图 20-12　并网模式下微网各微源出力

　　在优化算法上，为了说明本部分采用的 IQGA 的优势，下面将它与传统的 GA 和基本的 QGA 进行比较。

　　仿真参数如下：IQGA、传统的 GA 和基本的 QGA 的种群规模为 100，最大遗传代数为 200，每个变量的二进制长度为 20，权重系数 w 取为 0.8。3 种算法的进化曲线如图 20-13 所示。

　　通过 IQGA、GA 和 QGA 的优化结果可知，IQGA 和 QGA 总费用 900 多美元，而 GA 求解后的总费用为 1800 多美元，IQGA 和 QGA 的解明显优于 GA。

　　由图 20-13 和表 20-3 可知，本部分得出的 IQGA 比基本的 QGA 有更快的搜索速度，并且克服了传统 GA 易陷入局部寻优和收敛速度慢的缺点。相比其他两种算法，IQGA 在全局寻优、鲁棒性、搜索速度、计算精度和收敛能力方面都有一定的优越性。

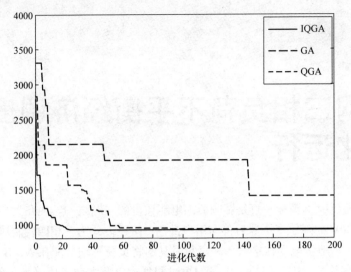

图 20-13　3 种算法进化过程图

表 20-3　仿真结果

算法	进化代数	总费用 / 美元
IQGA	23	977
GA	142	1380
QGA	58	977

20.4　本章小结

　　本章为了充分发挥微网经济效益和环境效益，建立了一个基于经济调度策略的混合储能模型，得出了并网模式下的微网经济调度策略。通过与蓄电池储能系统的对比，含电动汽车的混合储能系统不仅减少了蓄电池的充放电次数，延长了蓄电池的运行寿命，并且电动汽车在微网中起到了"削峰填谷"的作用，提高了系统的经济性和环保性。此外，本部分采用传统 GA 和基本 QGA 对同一例子进行优化去求解，与 IQGA 优化结果进行比较，得出本部分提出的 IQGA 在求解该复杂非线性调度问题时，具有更好的全局寻优能力、收敛速度和鲁棒性等。

　　此外，本章综合考虑多个子目标，构建了微网优化运行的多目标函数。在满足系统的等式和不等式约束条件前提下，运用 IQGA 对微网中微源的出力进行了优化调度，为微网的经济、安全、稳定、绿色运行提供了有效途径。

第21章

微网三相负荷不平衡经济调度及优化运行

　　微网三相负荷不平衡一直是影响微网电能质量的问题之一。现在大多数的微网是先经 10kV/400V 的降压变压器后再向用户供电，接线方式为三相四线制居多，少数为三相三线制。当地供电局在接入单相负荷时基本将负荷平均分配在 A、B、C 三相上，但在实际工作及运行中，用户用电量的短时间猛增以及大功率用电设备的持续运行，迫使配电侧的三相负荷不平衡问题日益严重。微网三相负荷不对称是导致微网出现三相负荷不平衡的主要原因，尤其是在微网低压台区，低压配电线路不合理、单相接入负荷不可控、单相负荷不同时性以及三相负荷性质不同等因素，使得微网三相负荷不平衡问题日益突出。

　　微网系统中三相负荷经常具有三相不平衡的特点，这通常会影响微网电能质量和安全运行。为了解决微网中普遍存在的三相负荷不平衡问题，本章详细分析了微网三相负荷不平衡的特征，提出了一种新的微网三相负荷计算方法，并采用了上一章所介绍的 IQGA 对模型进行优化求解，求解得出合适的解，从而获得最优的三相负荷接入方案[59]。最后通过算例仿真验证了所提模型、策略和算法的有效性和可行性。

21.1　微网三相负荷不平衡数学模型

21.1.1　微网三相负荷不平衡

　　21 世纪我国配电线路的接线方式大多为三相四线制，变压器的接线方式为 Y/Y0，在 380V 的线路中超过 85% 的负荷为单相负荷，此外单相负荷运行时间不一样，以及装接表考虑不全等原因，致使微网三相负荷不平衡的现象广为存在。微网的负荷多存在随机性和动态性，所以有序地接入单相负荷，降低微网三相负荷不平衡度显得尤为重要。

1. 微网三相负荷不平衡优化模型

　　微网用户共有 N 个，微网用户接入相序可用如下矩阵表示：

$$\boldsymbol{M} = \begin{bmatrix} m_{A1} & m_{B1} & m_{C1} \\ m_{A2} & m_{B2} & m_{C2} \\ \vdots & \vdots & \vdots \\ m_{AN} & m_{BN} & m_{CN} \end{bmatrix} \tag{21-1}$$

式中　$m_{xi} \in (0,1)$，其中，$x = $A、B、C，$i = 1, 2, 3, \cdots, N$。

$m_{xi} = 0$、1 时分别表示第 i 个负荷不接入、接入第 x 相序。一般情况下微网内居民用户负荷以单相负荷为主，则 $m_{Ai} + m_{Bi} + m_{Ci} = 1$。设用户的换相成本为 $\boldsymbol{H} = [h_1 \ h_2 \ \cdots \ h_N]$，用户表号为 $\boldsymbol{J} = [j_1 \ j_2 \ \cdots \ j_N]$，用户负荷为 $\boldsymbol{P} = [p_1 \ p_2 \ \cdots \ p_N]$。设 $G(m_{Ai}, m_{Bi}, m_{Ci})$ 表示用户 i 是否换相，$G \in (0,1)$，当 $G = 0$ 时表示用户换相，当 $G = 1$ 时表示用户换相。

本章采用常规的微网日内负荷模型，以三相负荷不平衡度最低的情况下，经济成本最小为目标，建立的数学模型为

$$\begin{cases} \min \quad h = H[G(m_{A1}, m_{B1}, m_{C1}) \ G(m_{A2}, m_{B2}, m_{C2}) \\ \qquad\qquad \cdots G(m_{AN}, m_{BN}, m_{CN})]^{\mathrm{T}} \\ \text{s.t.} \\ \quad G(m_{Ai}, m_{Bi}, m_{Ci}) = 0, [m_{Ai} \ m_{Bi} \ m_{Ci}] = [m_{Ai}^0 \ m_{Bi}^0 \ m_{Ci}^0] \\ \quad G(m_{Ai}, m_{Bi}, m_{Ci}) = 1, [m_{Ai} \ m_{Bi} \ m_{Ci}] \neq [m_{Ai}^0 \ m_{Bi}^0 \ m_{Ci}^0] \end{cases} \tag{21-2}$$

$$\boldsymbol{PM} = [P_A \ P_B \ P_C] \tag{21-3}$$

三相负荷不平衡度数学模型为

$$\nabla = \frac{\sqrt{(P_A - 0.5P_B - 0.5P_C)^2 + 0.75(P_C - P_B)^2}}{P_A + P_B + P_C} \leqslant \nabla_{\max}, \ P_A \geqslant 0, \ P_B \geqslant 0, \ P_C \geqslant 0 \tag{21-4}$$

式中　$\nabla_{\max}$——三相负荷不平衡度的最大值；
$\qquad m_{xi}^0$——各个单相负荷的初始相序[33]。

2. 微网三相负荷不平衡度分析

假设某微网在一段时间 T 内，对用户负荷进行分相 x，$x \in$（A，B，C），用电负荷为 P_x，相平均电压为 U_x，功率因数为 $\cos\theta$，则平均分相电流 I_x 计算方法为[33]

$$I_x = P_x / (U_x T \cos\theta) \tag{21-5}$$

设 A、B、C 三相的平均负荷电流为 I_{Aav}、I_{Bav}、I_{Cav}，零线平均负荷电流为 I_{nav}，这里用零线平均负荷电流和三相负荷总电流的比值表示三相不平衡程度 ∇，其计算公式为

$$\nabla = I_{nav} / (I_{Aav} + I_{Bav} + I_{Cav}) \tag{21-6}$$

三相负荷电流和零线负荷电流的矢量关系为 $\boldsymbol{I}_{nav} = \boldsymbol{I}_{Aav} + \boldsymbol{I}_{Bav} + \boldsymbol{I}_{Cav}$，根据电力系统中正序、负序和零序之间的关系可得

$$\boldsymbol{I}_{\text{nav}} = I_{\text{Aav}} + a^2 I_{\text{Bav}} + a I_{\text{Cav}} \qquad (21\text{-}7)$$

式中 $a = -0.5 + \mathrm{j}\sqrt{3}/2$，则 $\boldsymbol{I}_{\text{nav}}$ 的幅值为

$$I_{\text{n}} = \sqrt{(I_{\text{A}} - 0.5 I_{\text{B}} - 0.5 I_{\text{C}})^2 + 0.75(I_{\text{C}} - I_{\text{B}})^2} \qquad (21\text{-}8)$$

有中性线的配电线路电压波动变换较小，但是电流会出现不平衡的情况。简化分析，A、B、C 三相平均电压大约相等，功率因数可近似为 1，通过上述公式计算可得

$$\nabla = \frac{\sqrt{(P_{\text{A}} - 0.5 P_{\text{B}} - 0.5 P_{\text{C}})^2 + 0.75(P_{\text{C}} - P_{\text{B}})^2}}{P_{\text{A}} + P_{\text{B}} + P_{\text{C}}} \qquad (21\text{-}9)$$

21.1.2 微网三相负荷函数建立

微网三相负荷平均值为

$$\overline{P}_{\text{v}} = \left(\sum_{i=1}^{n_{\text{A}}} P_{\text{A}i} + \sum_{i=1}^{n_{\text{B}}} P_{\text{B}i} + \sum_{i=1}^{n_{\text{C}}} P_{\text{C}i} \right) \Big/ 3 \qquad (21\text{-}10)$$

式中 $P_{\text{A}i}$、$P_{\text{B}i}$、$P_{\text{C}i}$——微网 A、B、C 三相中第 i 个负荷；

$\overline{P}_{\text{v}}$——三相负荷平均值。

微网三相负荷函数 P_{ABC} 为

$$P_{\text{ABC}} = \left(\sum_{i=1}^{n_{\text{A}}} P_{\text{A}i} - \overline{P}_{\text{v}} \right)^2 + \left(\sum_{i=1}^{n_{\text{B}}} P_{\text{B}i} - \overline{P}_{\text{v}} \right)^2 + \left(\sum_{i=1}^{n_{\text{C}}} P_{\text{C}i} - \overline{P}_{\text{v}} \right)^2 \qquad (21\text{-}11)$$

式中 n_{A}、n_{B}、n_{C}——A、B、C 三相中的所有负荷个数。

21.2 算例分析

本章的算例采用微网台区拓扑结构如图 21-1 所示。图中，假设微网用户负荷分为 3 个小区，且每个小区有 3 个主要负荷。微网台区接线方式采用三相四线制与单相两线制组合接线方式。

1. 算例 1

此时微网内各相用户的月用电量见表 21-1；微网居民社区电气结构如图 21-2 所示。表 21-1 中的数据加上括号"前"表示未经优化时的负荷相序情况。根据表 21-1

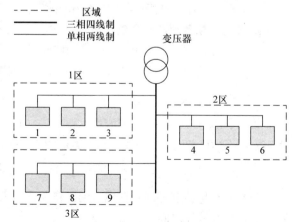

图 21-1 微网三相负荷拓扑图

中的数据可计算出式（21-9）的微网三相负荷不平衡度∇=8.821%，由此可知，微网的三相负荷不平衡度较为严重。

表 21-1　调整前后微网各相用户的月用电量

总表箱编号	各相用户的月用电量 /kWh		
	A 相	B 相	C 相
1	1795（前）	—	1795（后）
2	—	1932（前，后）	—
3	1833（后）	—	1833（前）
4	1521（前）	—	1521（后）
5	—	2910（前）	2910（后）
6	2210（后）	—	2210（前）
7	1870（前）	1870（后）	—
8	2223（后）	2223（前）	—
9	—	2412（后）	2412（前）

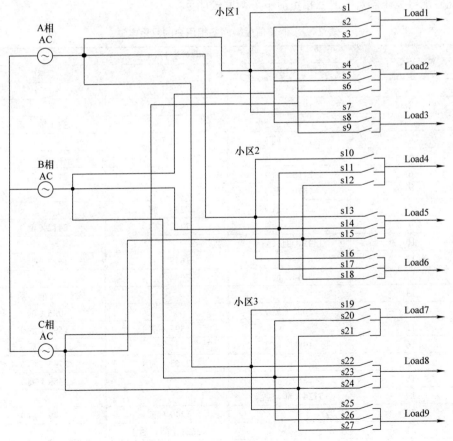

图 21-2　微网居民社区电气结构图

运用上一章所介绍的 IQGA 对微网三相负荷不平衡模型进行求解。算法参数设置如下：IQGA 的种群规模为 100，最大遗传代数为 200，每个变量的二进制长度为 20，从而获得最优的三相负荷接入方案。经过计算后的新的相序方案见表 21-1。表 21-1 中的数据加上括号"后"表示经过本部分所提优化后的负荷相序变化情况。

由表 21-1 可见，1 号总表箱用户从 A 相调整到 C 相；3 号总表箱用户的相序从 C 相调整到 A 相；4 号总表箱用户的相序从 A 相调整到 C 相；5 号总表箱用户的相序从 B 相调整到 C 相；6 号总表箱用户的相序从 C 相调整到 A 相；7 号总表箱用户的相序从 A 相调整到 B 相；8 号总表箱用户的相序从 B 相调整到 A 相；9 号总表箱用户的相序从 C 相调整到 B 相。

调整后的微网三相负荷不平衡度 ∇ =0.296%，比调整前的 ∇ =8.821% 大大降低，因此本调整方案具有科学性和优越性。

2. 算例 2

此时微网内用户负荷见表 21-2。由此可计算出三相负荷不平衡度 ∇ =4.395%，可见此时配电变压器台区的三相负荷不平衡度较严重。

表 21-2　调整前后微网各相用户的月用电量

总表箱编号	各相用户的月用电量 /kWh		
	A 相	B 相	C 相
1	1795（前）	1795（后）	
2	1932（后）	1932（前）	
3			1833（前，后）
4	1521（前）	1521（后）	
5		2910（前，后）	
6	2110（后）		2110（前）
7	1870（前）	1870（后）	
8	2223（后）	2223（前）	
9		2412（后）	2412（前）
10	1345（前，后）		
11		1678（前）	1678（后）
12	3044（前）	3044（后）	
13			2988（前，后）
14	3006（后）		3006（前）
15		1597（前）	1597（后）
16	1988（前）		1988（后）
17		2763（前）	2763（后）
18	2389（后）		2389（前）
19	3124（前，后）		
20		1249（前）	1249（后）
21		2621（前，后）	
22	2056（前）		2056（后）

此时算法参数设置如下：IQGA 种群规模设为 100，最大遗传代数设为 200，每个变量的二进制长度设为 20。

经过优化计算后的新的相序方案见表 21-2。由表 21-2 可见，1 号总表箱用户的相序从 A 相调整到 B 相；2 号总表箱用户的相序从 B 相调整到 A 相；3 号总表箱用户的相序没有调整；4 号总表箱用户的相序从 A 相调整到 B 相；5 号总表箱用户的相序没有调整；6 号总表箱用户的相序从 C 相调整到 A 相；7 号总表箱用户的相序从 A 相调整到 B 相；8 号总表箱用户的相序从 B 相调整到 A 相；9 号总表箱用户的相序从 C 相调整到 B 相；10 号总表箱用户的相序没有调整；11 号总表箱用户的相序从 B 相调整到 C 相；12 号总表箱用户的相序从 A 相调整到 B 相；13 号总表箱用户的相序没有调整；14 号总表箱用户的相序从 C 相调整到 A 相；15 号总表箱用户的相序从 B 相调整到 C 相；16 号总表箱用户的相序从 A 相调整到 C 相；17 号总表箱用户的相序从 B 相调整到 C 相；18 号总表箱用户的相序从 C 相调整到 A 相；19 号总表箱用户的相序没有调整；20 号总表箱用户的相序从 B 相调整到 C 相；21 号总表箱用户的相序没有调整；22 号总表箱用户的相序从 A 相调整到 C 相。

调整后的微网三相负荷不平衡度∇=2.998%，比调整前的∇=4.395% 也有较大降低，因此，通过本部分相序调整优化方案会可提高微网电能质量。

21.3　本章小结

本章在考虑到微网中的大多数微源承受三相负荷不平衡的能力有限，通过调节每一相上的负荷，让微网三相负荷接近平衡，可使并网时联络线功率恢复对称。据此进一步构建了微网三相负荷不平衡模型，提出了一种计算微网三相负荷新方法以及解决微网三相负荷不平衡的优化调度策略。在考虑平衡约束和不平衡约束的条件下，运用了 IQGA 对微网三相负荷不平衡模型进行求解，得出一套相序调整方案，经过仿真验证了所提模型、策略和算法的有效性和可行性。本部分所提的负荷调整方案对微网三相负荷不平衡度的降低、线路损耗的减小、配电变压器损耗的减少、配电变压器出力的合理分配以及用电设备安全运行效率的提高等方面都具有参考指导价值。

第22章

总结与展望

22.1　总结

　　随着世界经济的快速发展和能耗的日益增加，使开发可再生能源以及构建可再生能源系统成为电力行业的必然趋势。微网能够整合可再生能源发电等分布式电源的优势，结合负荷、储能单元及控制装置，构成单一可控的单元，向用户同时提供电能、热能和冷能，实现冷热电联产。由于分布式电源具有间歇性、随机性、不对称性和多样性等特点，在满足安全性、可靠性和供电质量等约束条件下，对微网系统的电源进行优化调度、合理分配出力，实现冷、热、电各种能源的综合优化，以达到分布式电源微网系统的优化运行成为现代电力工业领域新的研究热点。针对这些问题进行了深入的研究，主要研究内容如下：

　　1）在对风力机、光伏、蓄电池、微型燃气轮机、燃料电池、柴油发电机等分布式电源出力和成本模型进行研究的基础上，建立了各种分布式电源的稳态计算模型，并针对可再生能源发电和负荷预测等不确定性，建立了数学模型。

　　2）针对一个典型的微网，本部分以经济和环境成本最小为目标，建立了含电动汽车、光伏、风力机、微型燃气轮机、燃料电池、蓄电池以及同时包含热电负荷的微网多目标优化调度模型，在考虑电动汽车同时作为负荷和发电单元，且计及热电联产制热收益的基础上，构造目标函数包括安装成本、运行维护成本、燃料成本与外网购售电成本和环境成本，并设立含有功平衡约束、蓄电池充放电约束、电动汽车充放电约束以及与外网功率交换约束等一系列约束条件，最后采用NSGA-Ⅱ多目标优化算法进行求解，求解出24h优化调度方案，并与单目标优化算法进行对比，说明了模型的科学性和调度策略的经济性。

　　3）考虑到微网经济优化运行问题是一个复杂的非线性问题，在研究典型QGA原理的基础上，分别从量子比特编码、量子门更新两个方面，结合遗传操作，引入双链式结构和动态旋转角调整策略，得到了一种IQGA，用于求解微网经济调度优化模型，并求解出24h内优化调度方案，并与传统的GA和基本的QGA进行对比，验证了本部分所建模型和所提算法的可行性和有效性。尤其是IQGA，在收敛速度、计算精度和收敛能力方面都有一定的优越性。

4）由于微网常常会出现三相负荷不平衡的情况。本部分以三相负荷不平衡度和经济效益指标，建立微网三相负荷不平衡模型，构造了三相负荷函数，以选择用户的相序接入顺序为解决方案，运用了 IQGA 对微网模型优化求解，得出最优的相序调整方案。最后通过仿真实验验证了所提模型、策略和算法的有效性和科学性。

22.2　展望

本部分仅对微网经济调度及优化运行进行了理论研究与仿真分析，由于条件所限尚未进行实验验证，希望今后能结合微网实验室进一步进行研究和验证。结合本部分的研究工作，还可以对以下几个问题和方向进一步研究：

1）本部分仅仅是对微网中的有功功率进行调度，从而满足微网的经济可靠运行，但对于无功功率尚未考虑，今后可研究无功功率进对微网优化运行的影响。

2）本部分中热电联产系统都是采用"以热定电"的方式，可对比分析"以电定热"与"以热定电"两种方式对微网经济运行的影响及各自的适用场合。

3）深入研究电动汽车的数学模型及调度策略，从而进一步分析电动汽车的加入对微网经济运行与优化调度的影响。深化研究储能单元的模型使其更符合实际运行状况，仔细分析储能的运行策略，使得微网运行具有更好的经济效益，同时较好地延长储能的使用寿命。

第4部分

参考文献

[1] 刘振亚. 全球能源互联网 [M]. 北京：中国电力出版社，2015.

[2] 王成山，王守相. 分布式发电供能系统若干问题研究 [J]. 电力系统自动化，2008，32（20）：27-31.

[3] Hatziargyriou N，Asano H，Iranvani R，et al. Microgrids[J]. IEEE Power and Energy Magazine，2007，5（4）：78-94.

[4] Chris Marnay，Hiroshi Asano，Stavros Papathanassiou，et al. Policymaking for microgrids[J]. IEEE Power and Energy Magazine，2008，6（3）：66-77.

[5] 张美霞，陈洁，杨秀，等. 微网经济运行研究综述 [J]. 华东电力，2012，40（9）：1480-1485.

[6] 郑漳华，艾芊. 微电网的研究现状及在我国的应用前景 [J]. 电网技术，2008，32（16）：27-32.

[7] Lassetter R，Akhil A，Marnay C，et al. The CERTS microgrid concept [EB/OL][2008-10-18]. CERTS，http://certs.lbl.gov/pdf/50829.pdf.

[8] Hristiyan Kanchev，Di Lu，Frederic Colas，et al. Energy management and operational planning of a microgrid with a PV-based active generator for smart grid applications[J]. IEEE Transactions on Industrial Electronics，2011，58（10）：4583-4592.

[9] 郭佳欢. 微网经济运行优化的研究 [D]. 北京：华北电力大学，2010.

[10] 季美红. 基于粒子群算法的微电网多目标经济调度模型研究 [D]. 合肥：合肥工业大学，2010.

[11] Hatziargyriou N D，Dimeas A，Tsikalakis A G，et al. Management of microgrids in market environment[C]. International Conference on Future Power Systems，Amsterdam，Netherlands，2005：1-7.

[12] Pudjianto D，Strbac G，van Overbeeke F，et al. Investigation of regulatory，commercial，economic and environmental issues in microgrids[C]. International Conference on Future Power Systems，Amsterdam，Netherlands，2005：1-6.

[13] Davis M W. Mini gas turbines and high speed generators a preferred choice for serving large commercial customers and microgrids II. Microgrids[C]. IEEE Power Engineering Society Summer Meeting，Chicago，USA，2002：682-687.

[14] Alibhai Z，Lum R，Huster A，et al. Coordination of distributed energy resources[C]. IEEE Annual Meeting of Fuzzy Information，2004：913-918.

[15] HawkesA D，LeachM A. Modelling high level system design and unit commitment for a microgrid[J]. Applied Energy，2009，86（7-8）：1253–1265.

[16] Alibhai Z，Gruver W A，Kotak D B，et al. Distributed coordination of micro-grids using

bilateral contracts[C]. IEEE International Conference on Systems，Man and Cybernetics，Hague，Holland，2004：1990-1995.

[17] Toyoda J，Saitoh H，Minazawa K，et al. Security Enhancement of Multiple Distributed Generation by the Harmonized Grouping[C]. Transmission and Distribution Conference and Exhibition，Asia and Pacific，2005：1-5.

[18] Hernandez-Aramburo C A，Green T C. Fuel consumption minimisation of a microgrid [C]. Conference Record of the IEEE 39th IAS Annual Meeting Seattle，USA，2004：2063-2068.

[19] Davis M W. Mini gas turbines and high speed generators a preferred choice for serving large commercial customers and microgrids I. Generating system[C]. IEEE Power Engineering Society Summer Meeting，Chicago，USA，2002：669-676.

[20] Hernandez-Aramburo C A，Green T C，Mugniot N. Fuel Consumption Minimization of a Microgrid[J]. IEEE Transactions on Industry Applications，2005，41（3）：673-681.

[21] Shin-ya Obara，Abeer Galal El-Sayed. Compound microgrid installation operation planning of a PEFC and photovoltaics with prediction of electricity Production using GA and numerical weather information[J]. International Journal of Hydrogen Energy，34（19）：8213-8222.

[22] ChenC，Duan S，Cai T，et al. Smart energy management system for optimal microgrid economic operation[J]. IET Renewable Power Generation，2011，5（3）：258-267.

[23] Handschin E，Neise F，Neumann H，et al. Optimal operation of dispersed generation under uncertainty Using mathematical programming[J]. Electrical Power and Energy Systems，2006，28（9）：618-626.

[24] Hugo Morais，Peter Kadar，Marilio Cardoso，et al. VPP Operating in the isolated grid[C]. IEEE Power and Energy Society General Meeting-Conversion and Delivery of Electrical Energy in the 21st Century，2008：1-6.

[25] 王新刚，艾芊，徐伟华. 含分布式发电的微网能量管理多目标优化 [J]. 电力系统保护与控制，2009，37（20）：79-83.

[26] 丁明，张颖媛，茆美琴，等. 集中控制式微网系统的稳态建模与运行优化 [J]. 电力系统自动化，2009，33（24）：78-82.

[27] 陈洁，杨秀，朱兰，等. 基于遗传算法的热电联产型微网经济运行优化 [J]. 电力系统保护与控制，2013，4（8）：7-15.

[28] 苗轶群，江全元，曹一家. 考虑电动汽车及换电站的微网随机调度研究 [J]. 电力自动化设备，2012，32（9）：18-24.

[29] 许丹，丁强，潘毅，等. 含基于经济调度的微电网蓄电池容量优化 [J]. 电力系统保护与控制，2011，39（17）：55-59.

[30] 周晓燕，刘天琪，沈浩东，等. 含多种分布式电源的微电网经济调度研究 [J]. 电工电能新技术，2013，32（1）：5-8.

[31] 张明，谢珊珊，罗云峰. 低压配电网三相负荷不平衡优化模型的研究 [J]. 武汉科技大学学报，2015，38（1）：59-63.

[32] 吴联梓，王磊，司远. 浅谈低压配电网三相负荷不平衡问题 [J]. 科技与展望，2014，12（23）：80-81.

[33] 陈达威，朱桂萍. 微电网负荷优化分配 [J]. 电力系统自动化，2010，10（20）：45-50.

[34] 侯剑波，乔晓东. 配电网运行监测系统对三相负荷不平衡调整的探讨 [J]. 农村电气化，

279

2015，7（9）：20-22.

[35] 崔容强，赵春江，吴达成 . 并网型太阳能光伏发电系统 [M]. 北京：化学工业出版社，2007.

[36] 刘宏，吴达成，杨志刚，等 . 家用太阳能光伏电源系统 [M]. 北京：化学工业出版社，2007.

[37] Gavanidou E S，Bakirtzis A G．Design of a stand alone system with renewable energy sources using trade off methods[J]．IEEE Transactions on Energy Conversion，1992，7（1）：42-48．

[38] Lasnier F，Ang T G. Photovoltaic Engineering Handbook[M]．New York：IOP Publishing Ltd.，1990.

[39] 沈玉明 . 微电网电源容量优化配置与最优经济运行的模型和算法研究 [D]. 重庆：重庆大学，2014.

[40] 秦青 . 微电网能量管理系统经济优化的研究 [D]. 北京：北京建筑大学，2013.

[41] 苏玲，张建华，王利，等 . 微网相关问题及技术研究 [J]. 电力系统保护与控制，2010，38（19）：235-239.

[42] 李乐 . 微网的经济运行研究 [D]. 北京：华北电力大学，2011.

[43] 丁明，张颖媛，茆美琴，等 . 包含钠硫电池储能的微网系统经济运行优化 [J]. 中国电机工程学报，2011，31（4）：7-14.

[44] 杨为 . 分布式电源的优化调度 [D]. 合肥：合肥工业大学，2010.

[45] 杨赞 . 含电动汽车微电网经济调度研究 [D]. 杭州：浙江工业大学，2013.

[46] 黄山，程启明，程尹曼，等 . 含电动汽车混合储能系统的微网多目标经济优化运行 [J]. 高压电器，2017，53（10）：142-150.

[47] 程启明，黄山，褚思远，等 . 一种含电动汽车混合储能系统的微网多目标运行调度方法：201610273527.0[P]. 2016-04-28.

[48] 牛焕娜，黄秀琼，杨仁刚，等 . 微电网能量管理系统结构体系研究与设计 [J]. 可再生能源，2013，31（6）：47-51.

[49] 周辉仁 . 递阶遗传算法理论及其应用研究 [D]. 天津：天津大学，2008.

[50] 谭艳艳 . 几种改进的分解类多目标进化算法及其应用 [D]. 西安：西安电子科技大学，2013.

[51] 陈小庆，侯中喜，郭良民，等．基于 NSGA-II 的改进多目标遗传算法 [J]. 计算机应用，2006，26（10）：2453-2457.

[52] 钱科军，袁越，石晓丹，等 . 分布式发电的环境效益分析 [J]. 中国电机工程学报，2008，28（29）：11-15.

[53] 程启明，黄山，程尹曼 . 基于改进型量子遗传算法的微网经济优化运行 [J]. 高压电器，2018，54（3）：136-145.

[54] 蒋一鎏 . 微电网电源的优化配置及其经济调度 [D]. 上海：上海电力学院，2014.

[55] 沙林秀，贺昱曜，陈延伟 . 一种变步长双链量子遗传算法 [J]. 计算机工程与应用，2012，48（20）：59-63.

[56] 周建平，林韩，温步瀛，等 . 改进量子遗传算法在输电网规划中的应用 [J]. 电力系统保护与控制，2012，40（19）：90-96.

[57] 刑焕来，潘炜，邹喜华，等 . 一种解决组合优化问题的改进型量子遗传算法 [J]. 电子学报，2007，35（10）：1999-2004.

[58] 牛铭，黄伟，郭佳欢，等 . 微网并网时的经济运行研究 [J]. 电网技术，2010，34（11）：38-42.

[59] 程启明，黄山，张强，等 . 微电网三相负荷不平衡的量子遗传优化算法研究 [J]. 电机与控制应用，2017，44（5）：56-62.